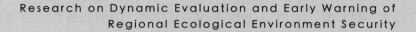

Research on Dynamic Evaluation and Early Warning of
Regional Ecological Environment Security

区域生态安全
动态评价与风险预警研究

何　刚　李恕洲　著

中国科学技术大学出版社

内 容 简 介

本书以淮河生态经济带为研究对象,分析该区域 25 个地级市的社会经济发展和生态环境现状,围绕区域生态安全和环境风险问题,以生态安全影响要素及其内在作用机理为依据,从生态环境、社会经济两方面构建评价指标体系,运用 TOPSIS 模型评价区域生态安全水平时空演变情况,并结合等维新息 DGM(1,1)模型和 ARIMA 模型对区域生态安全水平发展趋势作预警研判,再采用情景分析法进行子系统和关键因子的模拟调控分析,优化调控决策。最后运用多种模型对淮河生态经济带及子区域的生态安全、生态脆弱性及资源承载力等展开评价和环境风险预警研究。本研究对厘清淮河生态经济带现存生态环境问题,提高该区域生态环境建设水平,制定统筹区域发展、改善生态环境状况的政策,具有较强的理论与现实意义。本书可供相关专业的研究生及环境风险管理研究领域学者参阅。

图书在版编目(CIP)数据

区域生态安全动态评价与风险预警研究/何刚,李恕洲著. —合肥:中国科学技术大学出版社,2022.10
ISBN 978-7-312-05179-1

Ⅰ.区… Ⅱ.①何… ②李… Ⅲ.淮河—流域—区域生态环境—环境生态评价—安全评价—研究 Ⅳ.X826

中国版本图书馆 CIP 数据核字(2022)第 034123 号

区域生态安全动态评价与风险预警研究
QUYU SHENGTAI ANQUAN DONGTAI PINGJIA YU FENGXIAN YUJING YANJIU

出版　中国科学技术大学出版社
　　　安徽省合肥市金寨路 96 号,230026
　　　http://press.ustc.edu.cn
　　　https://zgkxjsdxcbs.tmall.com
印刷　安徽国文彩印有限公司
发行　中国科学技术大学出版社
开本　710 mm×1000 mm　1/16
印张　15.25
字数　311 千
版次　2022 年 10 月第 1 版
印次　2022 年 10 月第 1 次印刷
定价　60.00 元

前　　言

　　生态安全是国家安全体系的重要基石,是实现可持续发展的基础和保障。在发展区域经济的同时,自然环境与资源压力加大引发许多区域型生态环境问题。2020 年 6 月,国家发改委和自然资源部共同编制的《全国重要生态系统保护和修复重大工程总体规划(2021—2035 年)》指出,以统筹山水林田湖草一体化保护和修复为主线,促进生态系统良性循环和永续利用。习近平总书记指出,要将生态安全纳入国家安全体系之中,坚持绿色发展,有度有序利用自然构建科学合理的区域生态安全格局,把生态环境保护和生态文明建设提升到了国家战略高度。因此,区域生态安全问题对实现区域高质量可持续发展至关重要,而不同区域生态安全水平受自然禀赋、生态环境、社会经济发展状况的异质性等众多因素影响,如何科学、有效地测度区域生态安全水平,识别区域差异的来源并提出针对性改善生态环境的对策建议,实现区域高质量协同发展,已经成为学术界研究的重点课题。

　　本书以淮河生态经济带为研究对象,基于生态安全的复杂性和系统性,剖析 2008 年至 2017 年该区域生态环境发展状况,按照生态文明建设和可持续发展的要求,以生态环境影响要素及其具体表征和内在的作用机制为突破口,主要从生态环境和社会经济方面选择评价指标,对指标进行优选及分析、量化指标层级结构,进而构建切实有效的区域生态安全评价指标体系。采用熵值法辨析、计算各指标权重,根据权重值明晰指标对区域生态安全的影响程度。运用 TOPSIS 模型评价淮河生态经济带生态安全水平时空演变情况,并结合等维新息 DGM(1,1)模型和 ARIMA 模型对区域生态安全水平发展趋势作预警研判,再采用情景分析法进行子系统和关键因子的模拟调控分析,优化调控决策。最后运用正态云模型、耦合模型、集对分析、物元分析、相对承载力模型等多种方法,对淮河生态经济带及子区域的生态安全、生态脆弱性及资源承载力等展开评价或预警研究。本书对掌握淮河生态经济带现存生态环境问题,实现资源节约、环境友好社会目标,提高区域生态环境建设水平,制定统筹区域发展、改善生态环境状况的政策提供决策依据,具有较强的理论与现实意义。

本书撰写过程中,金兰、杨静雯、周庆婷、鲍珂宇等研究生做了大量的信息采集和文献资料整理工作,在此表示感谢。

由于作者水平有限,本书所研究的视角和内容未及全面,难免有不妥之处,敬请读者给予批评指正。

作　者

安徽理工大学

2022 年 1 月

目　　录

第一章　绪　　论

第一节　研究背景

20 世纪 70 年代之后,西方发达国家的经济迅速发展,社会财富急剧增加,人们生活水平快速提高。然而,随着社会的快速发展,工业文明的弊端逐渐暴露,人类肆意开发和无度索取,造成生态系统严重退化、资源过度消耗、环境承载力透支等一系列生态危机。生态安全的概念,最早是 1977 年由美国地球政策研究所所长莱斯特·R·布朗在《建设一个持续发展的社会》一书中提出的,他将安全概念引入环境变化,提出生态安全是国家安全内容之一[1]。目前对于生态安全的概念尚未形成统一标准,学术界中有广义和狭义两种理解。广义理解是以美国国际应用系统分析研究所(IASA)在 1989 年提出的定义为代表:生态安全是指在人的生活、健康、安乐、基本权利、生活保障来源、必要资源、社会秩序和人类适应环境变化的能力等方面不受威胁的状态,包括自然生态安全、经济生态安全和社会生态安全,组成一个复合生态安全系统;狭义的生态安全是指自然和半自然生态系统的安全,即生态系统完整性和健康的整体水平反映[2]。

生态安全当前在我国也是研究热点之一。国内对于生态安全的研究起步较晚,以国务院 2000 年发布的《全国生态环境保护纲要》为标志,纲要首次明确提出了"维护国家生态安全"的目标,认为保障国家生态安全是生态保护的首要任务[3]。我国部分学者也对生态安全的概念展开了描述,余谋昌从正反两个方面对生态安全的概念进行了表述。陈国阶认为生态安全是指人类赖以生存和发展的生态环境处于健康和可持续发展状态[4]。高长波等人则认为区域生态安全是指生态环境问题不会对人类生存和持续发展造成威胁,并能够不断得到改善的状态[5]。左伟提出生态安全是指一个国家生存和发展所需的生态环境处于不受或少受破坏与威胁的状态[6]。我国着力开始进行生态安全的研究,主要有以下三个方面的特殊背景和客观要求[7]。

首先是国内生态环境形势不容乐观,自然灾害时有发生。据统计资料显示,建国初期我国水土流失面积为 1.16×10^6 km²，由于利用和管理不当等原因，至 1997 年水土流失面积已增加到 1.826×10^6 km²，约占全国土地面积的 19%，土壤流失量每年达 5×10^9 t，土壤内的有机物和养分大量减少。新中国成立以来，我国耕地面积平均每年减少 4.7×10^5 hm²。1983—1985 年，我国耕地面积平均每年减少约 7.6×10^5 hm²，1986—1990 年平均每年减少 4.74×10^5 hm²。尽管实施土地法以来，我国耕地面积现状有所好转，减少速度放缓，但仍处于较低水平。此外，土地沙漠化、草原退化、物种灭绝等生态环境问题也日益加剧，旱涝、地震、滑坡、泥石流等自然灾害层出不穷，对我国生态环境造成了极大的伤害与打击，生态环境保护已成为我国发展的必然要求。

二是我国西部大开发的生态环境保护和建设引起了国家及人民群众对于生态安全问题的关注。1999 年 11 月中央经济工作部署，着手实施西部大开发战略。西部大开发实施以来，西部地区国民生产总值逐年增长，2000—2018 年，GDP 总量从 16654.62 亿元增长到 184302.11 亿元，占全国比重的 20.47%，即使在全球金融危机和经济新常态形势下也处于快速增长。然而西部地区水土流失、土地沙漠化、水资源相对匮乏、生态承载力薄弱等生态环境问题也变得极其尖锐。实施西部大开发战略以来，在党中央、国务院的正确领导及大力支持下，西部地区以退耕还林还草、退牧还草、天然林保护、石漠化综合治理、水土保持、湿地保护与恢复以及自然保护区生态保护与建设等为代表的一系列生态重点工程持续推进，耕地、水流、湿地、荒漠、草原、森林等领域的生态补偿机制逐步完善，西部地区的生态环境问题得到有效治理和完善。国家西部大开发的生态环境保护和建设，使得我国国民生态环境保护的意识逐渐提高。

三是西方国家生态安全理论和实践对我国产生的影响。美国、英国、德国和加拿大等国以及北约、欧洲安全与合作组织、欧盟、联合国等国际组织针对生态环境与安全问题开展了大量研究讨论，出现了一批代表性研究报告和著述，其中较为著名的有北约的《国际背景下的环境与安全》(*Environmental & Security in an International Context*,1999)；德国外交部、环境部、经济合作部的《环境和安全：通过合作预防危机》(*Environmental and Security: Crisis Prevention Through Cooperation*,2000)；美国的《环境变化和安全：项目报告》(*Environmental Change & Security Project Report: The Woodrow Wilson Centre*,2000)；加拿大的《环境、短缺和暴力》(*Environment, Scarcity and Violence*,1999)；1992 年联合国召开环境与发展高峰会议，专题商讨危害全球生态安全的环境问题，并通过了会议宣言和相关公约[8]。

除相关报告外，西方国家也展开了众多实践活动。例如美国率先采取相关措施。美国国防部 1993 年成立了"环境安全办公室"，并自 1995 年起每年向总统和国会提交关于环境安全的年度报告；美国白宫 1996 年发表的《国家安全科学和技术战略》指出："环境压力加剧所造成的地区性冲突或者国家内部冲突，都可能使美国卷入代价高昂而且危险的军事干预、维护和平或者人道主义活动"。美国环保局1999年9月提交了题为《环境安全：通过环境保护加强国家安全》的报告。西方国家在生态环境保护方面展开的活动和相关主题讨论对我国产生了重大影响，推动了我国生态环境保护事业的启蒙与发展[9]。

总之，保护生态环境，建设生态文明，走文明发展道路，已经成为当今时代发展的潮流走向。生态环境是人类社会赖以生存的基础，国家及社会也越来越重视生态安全方面的保护和建设问题。生态恶化及其可能引起的暴力冲突，被公认为非传统的重大安全威胁之一，因此生态安全或环境安全问题已引起我国以及国际社会的高度关注。

第二节 国内外研究现状

一、生态承载力

承载力（Carrying Capacity）一词原为物理力学中的一个物理量，是指物体在不产生任何破坏时所能够承受的最大负荷，并可以通过野外及室外的力学实验得到具体数据[10-11]，现已演变成为对发展的限制程度进行描述的最常用术语[12]。随着社会经济的快速发展和工业化、城镇化的不断推进，水资源污染、植被退化、水土流失、土地沙漠化以及资源短缺等一系列生态问题的不断出现，承载力一词逐渐用于描述生态系统对环境变化的最大承受能力。1921年，Park和Burgess在人类生态学领域首次提出承载力概念，用以表征资源环境限制因子对人类社会物质增长过程的重要影响，对之后的生态承载力、资源承载力乃至环境承载力都产生了及其重要的影响[13]。承载力逐渐引起了一些学者的广泛关注，美国学者Hadwen和Palmer（1922）在研究驯鹿数量时也提出"承载力"一词[14]；Errington（1934）将承载力思想和方法应用到野生生物的研究中，初步解释了生物量数量密度与物种恢复之间的关系[15]；Odum（1953）出版了全球第一部生态学教材，系统介绍了承载力的含义和应用，生态承载力由此正式成为生态学研究的重要领域[16]。随着生态承载力相关研究的不断推进，国外对于生态承载力的研究，逐渐从静态转向动态，从定性转为定量，从单一要素转向多要素乃至整个生态系统，对于生态承载力的概念也日趋完善。生态承载力是指在一定区域范围内，作为子项的自然资源、生态环境以及社会经济等协调可持续发展的前提下，自然-经济-社会复合生态系统能够最大限度地容纳的人类活动强度，该含义与生态容量、环境容量等一脉相承，同属于可持续发展的范畴[17-19]。生态承载力概念的提出，使承载力研究从生态系统中的单一要素转向整个生态系统，更多地关注生态系统的完整性、稳定性和协调性。早期生态承载力的研究,多基于生态系统对承载对象的容纳能力,体现为一种平衡的状态。

我国学者在总结及吸收国外经验教训的基础上对承载力展开了研究。根据1990—2020年《中国期刊全文数据库(CNKI)》统计,自2003开始,关于生态承载力的文献开始大幅度增加,主题包括生态承载力、生态安全、生态盈余、承载力分析、承载力研究、生态环境,等等。任美锷先生是我国最早注意到承载力研究重要性的学者,在20世纪40年代末通过对四川省农作物生产力分布的地理研究,首次对以农业生产力为基础的土地承载力进行了计算[20]。1986年中科院综考会等多家科研单位联合开展了"中国土地生产潜力及人口承载量研究",被公认为我国迄今为止所进行的最为全面的土地承载力方面的研究[21]。随着研究的不断深入,20世纪80年代末,我国对于承载力的研究逐渐丰富化。近年来,关于生态承载力的量化方法的研究日益丰富,提出了一系列观点,主要研究者为王家骥和高吉喜,代表成果是对黑河流域生态承载力的研究[22-23]。高吉喜在研究黑河流域生态承载力状况时将生态承载力定义为生态系统的自我维持、自我调节能力,资源与环境子系统的供容能力及其可维育的社会经济活动强度和具有一定生活水平的人口数量;并指出资源环境承载力是生态承载力的基础条件,环境承载力是生态承载力的约束条件,生态弹性力是生态承载力的支持条件[24]。朱玉林等基于压力-状态-响应模型,利用灰色加权关联理论,对长株潭城市圈2006—2015年生态承载力安全指数以及安全警度进行了计算和判定[25]。王宁等通过构建额尔齐斯河流域生态承载力评价指标体系,依据隶属度原则,利用AHP法求得各指标权重值,并基于生态承载力综合评价方法对研究区的系统弹性度、资源承载指数和资源承载压力度进行分级评价,并提出合理化建议[26]。徐晓锋等利用生态足迹方法计算了1991—2003年甘肃省14个地区和86个县两级行政区域的人均生态足迹、生态承载力和生态预算值,并预测了各县级行政区域2004—2015年的各项数值[27]。付强等基于改进的PCNN与模糊算法相结合的生态承载力评价新模型,得出三江平原各个地理分区的生态承载力综合评价结果[28]。刘洪丽等采用主成分分析法和独立性分析法筛选指标,建立矿区生态承载力评价指标体系,采用集对分析法对民勤县红沙岗矿区的生态承载力状况进行了定量分析[29]。伴晓森等运用生态足迹模型对石家庄1996—2006年的生态足迹、生态承载力、生态赤字等进行了测算与纵向对比分析,并与国内其他地区的生态承载力状况进行了横向对比分析[30]。熊建新等利用层析分析与状态空间法,从生态弹性力、资源环境承载力以及社会经济协调力三个方面构建了洞庭湖区域生态承载力评价指标体系,分别对该区域2001年、2005年和2010年3个时期的生态承载力进行了定量评价[31]。刘东等以生态承载力供需关系为研究切入点,运用生态足迹模型,构建生态承载力供需平衡指数(ECCI),对我国县域尺度生态承载力供需平衡状况进行了系统评价[32]。苏海民等根据城市生态系统健康发展与生物免疫系统的相似性,利用安徽省相关数据,运用生物免疫模型对 2005—2014 年安徽省生态承载力和社会经济发展压力变化趋势进行了实证研究,基于此判断了城市化发展的可持续状态[33]。张琴琴等基于 SD 模型对吐鲁番地区生态、资源环境以及经济三个系统的发展趋势进行了动态模拟[34]。纪学朋等利用状态空间法分析了甘肃省 2010 年生态承载力的空间分异特征、空间关联特征以及耦合协调性[35]。朱嘉伟等以河南省为例,利用一种生态环境承载力评价新方法——生态环境质量指数动态评价法对该地区的生态环境承载力进行了评价和研究[36]。李国志利用生态足迹模型对浙江省的生态足迹以及承载力进行了测算,并利用 IPAT 模型对生态足迹因素进行分解[37]。胡向红等基于二阶段锡尔系数对黔南州旅游生态环境承载力进行了定量测度[38]。岳东霞等利用元胞自动机——马尔科夫模型对石羊河流域的生态承载力进行了时空预测[39]。崔昊天等基于 PSR 模型对连云港市的生态承载力进行了综合评价[40]。由此,当前我国对于生态承载力的研究和评价方法较多,尚未形成统一标准,主要有生态足迹法[41]、网络分析法[42]、耦合协调模型[43]、层次分析法[44]、TOPSIS 模型[45]、正态云模型[46]等。

作为生态环境分析过程中较为常用的重要方法之一,生态足迹法(Ecological Footprint Method)是 1992 年加拿大生态经济学家 William Rees 和 Wackernagel 提出的一种度量可持续发展程度的生物物理方法,即基于土地面积的量化指标[47]。将其定义为:任何已知人口所消费的所有资源和吸纳这些人口法所产生的所有废弃物所需要的生物生产土地的总面积和水资源量。在计算中,不同的资源和能源消费类型均被折算为耕地、草地、林地、建筑用地、化石燃料用地和水域六种生物生产土地面积类型(这六种土地类型在空间上被假设是互相排斥的)[48]。由于六类土地面积的生态生产力不同,在计算所得到的各类土地面积上均乘以一个均衡因子。生态足迹法通过测度区域生态足迹和生态承载力在二维尺度上评价区域可持续发展状况,是一种量化区域自然资本利用状况的有效手段,但在测度过程中存在无法区分流量资本和存量资本等不足。由此,Niccolucci 等(2009)提出三维生态足迹模型的概念,将表征自然资本流量利用程度的足迹广度和表征自然资本存量占用水平的足迹深度两个指标引入生态足迹研究中,实现生态足迹研究在三维尺度上向纵深的拓展[49]。

生态足迹法主要利用生物生产性土地进行计算,需要基于两个基本事实:人类可以确定自身消费的绝大多数资源及其所产生的废弃物的数量;且这些资源和废弃物能转换成相应的能够提供或消纳这些流量的、具有生物生产力的陆地或水域面积。生态足迹法主要考虑了化石能源用地、耕地、林地、牧草地、建筑用地以及水域等六种类型的土地面积,模型计算是将这六种具有不同生态生产力的生物生产面积进行加权求和[50]。生态足迹法计算主要涉及生态足迹核算公式和生态承载力核算公式,对两者计算结果进行比较(扣除 12% 的面积用于生物多样性保护),如果生态足迹大于生态承载力,则说明存在生态安全问题,不利于可持续发展;如果生态足迹小于生态承载力,则说明当前活动仍处于环境承受范围内,是有利于可持续发展的。

生态足迹核算公式为

$$EF = Nef = N\sum_{i=1}^{n}(r_ic_i/p_i) \tag{1-1}$$

式中:i 为消费商品和投入的类型,EF 为总的生态足迹,N 为人口数,ef 为人均生态足迹,r_i 为当量因子,c_i 为 i 类商品的人均消费量,p_i 为 i 类消费商品的世界平均生产能力[51]。

生态承载力核算公式为

$$EC = Nec = N\sum_{j=1}^{6}(a_jr_j/y_j) \tag{1-2}$$

式中:j 为生物生产性土地的类型,EC 为区域总生态承载力,N 为区域总人口数,ec 为人均生物生产性土地面积,a_j 为人均实际占有的生物生产面积,r_j 为当量因子,y_j 为产量因子[52]。

生态足迹法已广泛运用于生态环境质量评价中。Wackernagel 等早在 1997 年就首次利用生态足迹模型计算了全球生态足迹。世界自然基金会自 1998 年开始发布的自然世界状况以及人类活动对自然环境影响的《地球生命力报告》显示:从 1970 年到 2003 年,全球"生命地球指数"下降了 30%,人类正在以一种历史上前所未有的速度破坏着自然生态系统;2003 年全球生态足迹为 141 亿公顷,人均足迹为 2.2 个全球公顷,生产性面积提供的总量为 11.2 个全球公顷,人均生物承载力为 1.8 个全球公顷。Lenzen 和 Murray(2001)利用实用土地面积和排放物对澳大利亚的生态足迹进行了测算,结果表明研究区的生态足迹为 13.6 ha/cap[53]。Cuadra 等(2007)将生态足迹法、经济成本与收益评价和能值分析三种方法相结合,对尼加拉瓜的甘蓝、番茄、玉米、波罗、菜豆和咖啡等热带作物生产的经济效益与可持续发展性进行了测算评估[54]。Turner 等将生态足迹法与投入产出法相结合,对国际贸易中的资源利用和污染转移进行了研究[55]。Rawshan Ara Begum 等(2009)基于改进的投入产出方法和生态账户计算了马来西亚的生态足迹,认为马来西亚人均 0.304 公顷就能够满足现有消费和生活方式[56]。

1999 年生态足迹法引入我国。根据《中国期刊全文数据库(CNKI)》统计资料显示,自 1999 年引进生态足迹法以来,采取生态足迹对我国生态问题评价的文献大量增加。赵勇等利用生态足迹的方法对郑州市 1998—2002 年的生态足迹进行了计算和分析,结果表明 1998—2002 年郑州市人均生态足迹平均为 1.1380 hm²,实际生态承载力为 0.4229 hm²,在此基础上提出提高郑州市可持续发展的对策[57]。周洁等应用生态足迹法对安徽省铜陵市 2000—2003 年间的生态足迹指标进行了计算,通过对生态足迹、生态承载力、生态赤字、万元 GDP 生态足迹等指标的变化趋势来分析和评价铜陵市近年来的可持续发展水平,并提出循环经济建设和生态补偿等提高铜陵市可持续发展竞争力的政策建议[58]。斯蔼等以松嫩平原为例,运用生态足迹模型对松嫩平原西部 1989 年和 2001 年的可持续状况进行了量化研究和对比分析,并采用相对指标法对研究区 10 个县、市的可持续性进行分级[59]。紫檀等运用生态足迹法对内蒙古武川县 2002 年的生态足迹和承载力进行了定量评价,结果表明研究区生态足迹为 1.29 hm²/人,生态承载力为 0.95 hm²/人,生态赤字为 0.34 hm²/人,当前发展不可持续[60]。赵昕等运用生态足迹法对宝鸡市 2004 年生态足迹进行计算[61]。魏黎灵等以闽三角城市群为研究区,测算了 2010—2015 年的区域生态足迹、生态承载力、生态赤字以及生态压力指数,评价区域生态安全状态[62]。占本厚等应用生态足迹法对 2004—2010 年的江西省可持续发展状况进行了研究[63]。段铸等引入生态足迹概念,对京津冀各省市 2004—2013 年的生态承受力进行了计算[64]。杨雪荻等基于"省公顷"概念改进传统生态足迹模型,对甘肃省 2005—2015 年的生态安全演变状况展开了定量评价[65]。

随着国家及世界对生态承载力的关注,要求加强生态承载力的交叉综合研究,从系统的角度对生态的承载力问题进行探索和研究。为了提高生态承载力研究的科学性和实用性,需要加强生态承载力的动态模拟研究,建立一套能够反映生态承载力本质的模型体系,实现对生态承载潜力的估算及动态变化过程的预测,使得其在技术上可行,科学上有依据,能够反映生态承载力问题的多元性、非线性、动态性、多重反馈的基本特征。同时需要加强对生态承载力基础理论的相关研究,即生态系统的复杂性理论-要素之间的复杂性研究,从而为生态承载力研究寻找新思路、新方法,找出生态环境的最大承载力,为国家制定政策、规划等宏观措施提供科学依据,从而实现可持续发展。

二、生态环境评价

当前,人类社会已意识到生态环境对于生存发展的重要性,如何对生态环境进行适当评价是较为重要的问题之一。生态环境评价是指基于生态学理论基础,对区域生态环境质量及状态进行定性或定量研究,根据评价结果以判断区域生态环境是否利于可持续发展。当前,针对生态环境的评价多偏向于定量评价,即建立相关评价模型及体系,对生态环境问题进行评价。

通过对相关文献的梳理能够发现,国外文献中采用方法和模型对生态环境进行相关评价的研究较早,相关文献也较多。Marco Trevisan(2000)采用非点源农业危险指数(NPSA-HI)及利用 GIS 技术评价了意大利的 Cremona 省农业行为对城市生态环境的影响[66]。Cherp(2001)以中东欧、中亚部分国家为例,运用系统分析方法分析了对这些国家的生态环境保护和评价理念、方法,并进行了横向和纵向的比较研究[67]。Matthew 等(2001)利用生态足迹法对美国各大城市生态系统模型进行比较[68]。Qi Hao-weng(2001)等将遥感技术、GIS 技术和城市水文分布模型相结合,从环境与资源的角度对中国珠江三角洲进行生态模型评价[69]。Wang

Haiyan(2002)运用综合模糊评价法对中国湖南省株洲市总体环境质量进行研究，并使用 GM(1,1)模型对株洲市未来五年总体环境质量进行预测[70]。随着相关研究的逐渐增加及深入，国外对于生态环境问题的相关研究呈现出立体化、多样化趋势，研究角度也逐渐丰富。Mortberg(2007)等运用 GIS 和 EDSS 技术，对瑞典斯德哥尔摩城市化对生物多样性的影响进行了研究[71]。Li Zhong-wu(2007)等运用 RS 和 GIS 技术以及 Delphi 和 AHP 法对中国湖南省长沙市典型的红土丘陵地区进行了生态环境评价研究[72]。Hao Zhang(2008)等对中国上海大都市圈 1990—2003 年的生态健康状况进行评价，结果发现 GDP 大幅度增长的情况下单位 GDP 能耗、水耗、污水和废弃排放都在上升，生活垃圾排放严重影响环境质量，居民健康状况呈现不断恶化趋势，绝对寿命和相对寿命均有所降低[73]。Arild Vatn(2009)基于制度架构的角度对环境评价的方法问题进行了分析[74]。Leslie Richardson 和 John Loomis(2009)运用 CVM(权变价值方法)模型 WTP(支付意愿)方法分析了美国珍稀濒临野生动物的经济学价值[75]。Maria Perevochtchikova 等(2011)以墨西哥联邦区(FD)为研究对象，确定在环境评价过程中的主要方法、技术和运营方式，指出具体指标计划，并于 2013 年发表了针对墨西哥联邦区发展指标计划对环境影响评估的研究结果[76]。

我国针对生态环境评价较国外相比起步较晚，在 2006 年，国家环保局正式颁布了《生态环境状况评价技术规范(试行)》并于当年 5 月 1 日起开始实施，规定了生态环境状况评价的指标体系和计算方法。傅伯杰(1992)利用 AHP 法对中国各省区生态环境质量进行排序及预警[77]。阎伍玖等(1995)运用模糊综合评价模型对安徽省芜湖市农业生态环境进行了研究并提出合理化改善建议[78]。高志强等(1999)基于用数字环境模型对中国土地资源生态环境质量进行定量评价，并生成我国土地资源生态环境综合评价图[79]。郝永红(2002)利用灰色系统评估方法对我国区域生态环境质量进行评价[80]。汤洁等(2006)结合层次分析法和综合评分法，对吉林省镇赉县的土地生态安全综合指数进行了计算[81]。李洪义等(2006)基于人工神经网络方法对生态环境质量进行定量评价及预测[82]。厉彦玲(2007)以中国贵州省遵义县为研究区域，利用灰色聚类分析方法对该地区生态环境质量进行了综合评价[83]。随着国外对于生态环境评价的多样化，近年来国内对于生态环境评价角度逐渐丰富，方法逐渐多样。马勇等(2017)通过建立旅游经济-交通状况-生态环境三者间的耦合协调模型，对 2006—2015 年神农架林区协调发展状况进行了综合实证分析[84]。黄光球等(2018)采用了随机 Petri 网(SPN)对矿区生态环境脆弱度进行了动态评价[85]。刘轩等(2016)以北京市山区小流域为研究对象，利用变异系数法对该地区小流域生态环境质量进行定量评价[86]。魏伟等(2015)在 GIS 技术支持下，运用层次分析法和熵权法的组合赋权实现了石羊流域的生态环境质量综合评价[87]。王奎峰等(2014)采用压力-状态-响应(P-S-R)概念模型构建综合评价指标体系，运用层次分析法确定指标权重，利用模糊数学综合评价对山东半岛生态环境承载力进行评估[88]。韩鹏冉等(2018)运用 GIS 空间分析技术,对克拉玛依市中部城区外围的生态环境敏感性进行了评价[89]。童佩珊等(2018)基于 PSR 和 GCQ 模型分析了厦漳泉城市群 2010—2015 年经济与生态环境间的耦合协调关系[90]。陈燕丽等(2018)等结合熵权、DPSIR 模型和正态云模型,对我国各省市的生态环境状况进行了定量测度[91]。陈振武等(2017)根据矿区生态环境质量状况,利用 AHP 确定评价指标权重,应用 FUZZY 对其进行综合评价,该综合评价模型效果较好[92]。姚昆等(2019)将 GIS 与 AHP-PCA 相结合的模型运用到大渡河中上游地区 2000—2015 年生态环境脆弱性评价中[93]。史建军(2019)利用综合指数和响应指数模型,对我国 30 个省份 2006—2015 年的生态环境变化进行评价,并利用 GMM 模型对响应指数进行因素分析[94]。陈国栋等(2020)利用 BIB-LCJ 模型对长荡湖湿地公园的生态环境进行评价分析[95]。

通过国内外对于生态环境评价的研究能够发现,国外侧重于实际数据对生态环境状况进行定量分析,而国内较多采用理论与模型相结合的研究。目前针对生态环境评价主要存在两个方面的问题:一是评价指标选取问题,评价指标选取是否合适、科学以及全面是对生态环境进行评价的基础和关键;二是评价方法的使用是否恰当、适用,这是生态环境评价结果科学性的保证。

三、生态安全预警

预警(Early-Warning)一词源于军事术语,19 世纪后期逐渐开始运用于民用领域,比如在宏观经济调控中的经济预警[96]。随后逐步扩展到自然灾害预警、区域预警和部门预警等领域。生态安全预警伴随着可持续发展概念的提出而逐渐成为研究的热点话题,早期也被称为生态预报。生态环境预警主要由两个部分构成:预警分析和预控对策。预警分析是对生态系统的逆化演替、退化、恶化等现象进行识别、分析、诊断,并由此做出警告;预控对策是根据预警分析的活动结果,对系统演变过程中的不协调现象和可能发生的生态危机表现出的征兆进行控制与矫正[97]。生态环境是一个不断变化、演替的系统,而人类需要依靠生态环境系统的稳定生存与发展。生态环境变化与演进的过程是多种方向的,有向着积极的方向演化,也有向消极的方向发展。这种进化的过程是环境因素与人类因素相互作用的结果,现阶段生态环境的变化更多是人类因素导致的。生态环境自身的演变过程是一个漫长而缓慢的过程(排除一些自然灾害现象的出现),而人类给生态环境带来的影响往往是在短时间内使生态环境发生质的改变。生态系统具有一定的可恢复能力,在生态占用超出最小阈值、生态服务功能严重受损之后,生态系统有可能在一定的条件下得到完全恢复,但在受损达到一定程度后,生态系统的恶化将呈现不可逆态势,因此生态安全预警是一项具有重大研究意义的课题。当今,全球生态环境正面临着人类社会发展带来的沉重的压力与影响,生态环境问题的变化将直接影响到人类的生存环境与身体健康,以及一个国家的可持续发展。因此,检测、预测生态环境的变化趋势是人们所关注的热点话题。近些年,国内外学术界十分重视生态安全预警研究(图 1-1)。

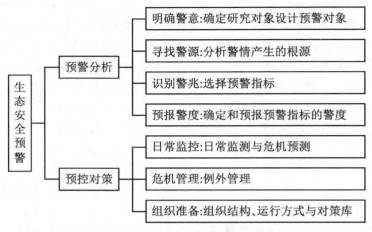

图 1-1　生态安全预警内容框架图

国外对于生态安全预警研究主要建立在生态风险评价、生态预报的基础之上。1975 年联合国环境规划署首次建立了全球环境监测系统(GEMS),由此开始了对生态预警的理论与方法的系统性研究[98]。随后联合国规划署还建立了区域预警与评估系统来演示全球环境现状与演化趋势,以此为区域政府决策提供环境预警的建议。美国环保局 Hirsch 博士通过对生态环境预警的研究,将生态预警定义为监测生态环境系统的演变过程、原因,以及人类的社会生产活动对生态结构所造成的后果。Bruce 指出生态环境预警就是通过对生态系统破坏、环境污染和资源消耗等警兆进行识别,以及分析警源的变化,采用定性和定量相结合的预警模型提前对某种隐蔽存在或突发性警情进行预报,从而保护生态环境[99]。英国 Slessor 教授建立的 ECCO 模型,为生态环境的协调发展提供了一种新的思路方法[100]。Brown 运用 Mechanistic-Empirical 方法对切萨皮克海湾生态系统进行了短期预报[101]。Ricciardi 对 Hemimysis Anomala 入侵北美产生的生态影响进行了预测[102]。Brent 等人将包含陆地和水生生态环境的 25 个变量确定为核心监测变量(CMV),并进一步应用于生态环境变化早期预警系统[103]。Parr 等将人为因素作为预警环境的重要参数,对预警监测体系中警源监测进行了重要的补充[104]。Braat 和 Sukopp 等利用系统优化和数理建模的思想研究城市发展与其环境演变的交互作用机理,利用耦合协调理论和 BP 神经网络对城市化与生态环境协调度进行测算和预测,建立城市化与生态环境协调发展预警系统,以实现对城市化和生态环境协调发展的动态检测[105-106]。B. N. KouypoB 把俄罗斯科学院所编制的全俄尖锐生态状况分布图(1∶800 万)作为国家生态预报的基础[107]。图中将全俄分成灾难性、危机性和临界性共三级生态状况,200 多个生态状况尖锐区。欧美国家许多学者分别从不同侧面开始进行生态预警方面的研究。比如美国为了防治西南部大草原的沙漠化,开始把植物之间的裸露区指数、牧草覆盖度、营养性繁殖体覆盖度等作为沙漠化的早期预警指标,采用卫星监测和地面观测相结合的方法确定草场生态系统由正常发展到有风险和沙漠化不同阶段的临界值[108]。美国环境保护基金会与自然资源保护委员会还建立了全球变暖预警,采用 Web GIS 形式对气温逐渐升高的地区做信号标记。美国科学促进会(AAAS)在 2000 年召开的年会上确定了生态预报(Ecological-Forecasting)为该年会的四个重要主题之一。Tilman、Clark(2001)等针对由农业驱动的全球变化提出安全预警,并指出人口增长导致生态破坏、水消耗的速度加快,给全球生态系统带来巨大威胁[109]。Sarah 对预警指标与物种、营养水平和生态系统类型之间的非线性丰度变化之间的一致性进行了全面测试,发现海洋的养护管理需要使用容易获得的数据对生态系统变化进行有效的早期预警,提出丰度数据的方差和自相关作为候选指标,它们始终无法预测非线性变化,而应采用一系列潜在指标的多变量方法,使预警指标成为预防生态系统变化的有效工具[110]。Shasha Lu 分析了时空格局的变化和森林生态安全预警指标(FESEWI)的动态演变,通过使用系统动力学模型分析了 7 年的 FESEWI 值的时空差异,预测了之后 15 年该地区生态安全的演变趋势,为森林生态安全决策提供理论参考[111]。Amal 等人建立基于 PSR 模型的城市生态安全预警指标体系,利用系统动力学方法与综合指标方法相结合,构建了生态安全预警模型,预测城市生态环境发展趋势[112]。Vasilis 和 Vishwesha 认为许多动力系统,在临界点上可能会发生向相反状态的重要转变,使用各种所谓的"早期预警信号"来确定系统是否接近关键过渡,用模拟生态数据来验证时间序列发生关键转变来达到生态预警[113-114]。

国内关于生态安全预警的研究是从 20 世纪 90 年代开始的,最早是始于 1993 年,傅伯杰首次对预期生态安全预警的基本原理和方法进行阐述,认为可以运用区域可持续发展程度作为区域生态安全预警的评价指标,建立区域生态安全预警的评价指标体系[115]。随后国内对于生态安全预警的研究不断发展,也呈现出了独特的研究现象。理论研究方面,傅伯杰(1993)对生态预警进行了深入的研究,提出以区域可持续发展能力作为区域生态安全预警的综合指标;对生态安全预警的相关概念作了详细解析,认为预警指标总体上可以分为发展性指标和制约性指标两类[116]。随后董伟等(2007)从生态安全理论的视角,总结国内外研究成果,分析了生态安全体系中的生态安全预警的含义、研究方法和特征,提出了加强生态安全预警的建议[117]。郭中伟(2001)提出生态安全是国家安全的重要组成部分,为及时应对可能出现的突变型生态环境灾害和社会事件,需要建立完善的预警、预防和应急管理措施,并且国家应把生态安全预警当作一种社会公益性的项目来组织实施[118]。研究对象方面,主要包括:城市、土地、耕地、流域、森林等。相关学者以不同发展现状的城市为研究对象,从资源预警、生态预警和环境预警等方面构建城市生态环境预警指标体系,设立预警参照标准与预警界限、警灯、警度,对研究区进行了生态环境预警研究[119-125]。而在土地生态安全预警方面,国内众多学者基于P-S-R模型构建土地生态安全预警评价指标体系,运用灰色预测模型、GM(1,1)预测模型、RBF模型等,对不同区域的土地生态安全进行评价与预警研究[126-131]。张玉珍等(2012)利用物元分析方法对闽江流域生态安全评价及预警展开研究,研究结果显示,闽江流域生态安全状态良好[132]。陈妮等(2018)基于森林生态安全预警指标体系,从区县尺度对北京市森林生态安全预警的时空差异进行分析,主要探讨森林生态安全预警指数演化的时空格局变化及其驱动力机制[133]。张芝艳等(2019)研究永仁县耕地资源的数量安全价值、质量安全价值、社会经济安全价值和生态安全价值,并利用预测模型对永仁县耕地资源的安全值进行了预测[134-135]。魏宏伟(2019)分析了水资源复合系统和安全预警内涵与特征,分别从警源、警情、警兆三个方面建立了水资源安全预警指标体系,利用突变理论的突变级数法进行分解,利用突变模糊隶属函数和归一化综合量化方法,得到了区域水资源安全总的隶属级别[136]。而在研究方法方面,相关成果由定性研究逐渐向定量分析转化,并提出了大量的研究方法与模型,主要包括模糊综合评价法[137-139]、投影寻踪方法[140]、物元模型[141-144]、惩罚型变权模型[145-147]、可拓−马尔科夫模型[148]、灰色预测法[149]、RBF神经网络模型[150-151]、等维新息动态预测模型[152]等方法,此类方法大大地促进了生态环境预警研究的进一步发展。宋丽丽等(2017)以鄂尔多斯市为研究对象,运用BP神经网络方法构建滚动预测模型,对研究区未来5年的生态风险进行预测评价[153]。李政等(2018)构建了基于DPSIR模型的耕地生态安全预警评价指标体系,采用改进的熵权TOPSIS法进行警情分析,并运用ARIMA模型模拟未来5年警情变化趋势[154]。范胜龙等(2016)运用PSR评价模型建立评价指标体系、熵权法确定权重,采用无偏GM(1,1)模型进行预测,通过障碍度模型确定障碍因子。提出通过出台惠农政策、大力开展土地整治及宣传耕地生态安全知识等措施有利于提高耕地生态安全[155]。赵宏波等(2014)运用变权-物元分析模型对吉林省区域生态安全的预警等级进行了测度,并结合灰色系统GM(1,1)预测模型对区域生态安全态势进行预测预警[156]。王耕等(2007)提出生态安全是地域性的,具体地域需要具体分析。针对生态安全特点和P-S-R框架研究的不足,从地理科学和安全科学视角探讨了区域生态安全隐患因素、空间评价以及安全预警等问题[157]。

通过对国内外生态安全预警的研究现状分析,可以看出生态安全预警研究是生态环境可持续发展的必要的基础性研究。国外研究侧重的是某种生态环境的生态风险评价与生态预报,国内的研究主要是采取理论与模型方法相结合的实证性研究。目前生态安全预警研究的重点是:科学的预警指标体系的构建、选择拟合性好的预测方法以及合理的警情划分标准制定研究。

四、环境灾害

经历了20世纪80年代高速的经济发展浪潮后,我国众多地区出现了不同程度的生态环境问题。进入 21 世纪以来,极端环境灾害事件在全球范围内肆虐,全球变暖、冰川融化导致的全球海平面上升,雾霾天气、地震、海啸、洪涝、干旱等环境灾害频繁发生。环境灾害对经济社会的影响深远,如 2008 年的汶川地震,死亡人数 87150 人(包括失踪人数),直接经济损失高达 8450 多亿元。大量研究显示,人口的增长、资源的过度开发、对环境任意的改造与破坏,是导致自然灾害发生的重要原因;另一方面,自然灾害的发生,破坏了环境和资源,危害了人民生命财产的安全,阻碍了社会经济的发展。环境灾害的发生分为可预测型与不可预测型,针对可预测型环境灾害,进行预警可以较好地避免因灾害蒙受的损失;针对不可预测型灾害,在进行预警预测时,通常将风险评估引入技术流程中去,提高预警的精确度。环境灾害是自然因素和人类社会经济因素共同作用的结果,具有自然属性和社会属性,它造成的损失程度受环境灾害的种类(如洪涝、海啸、地震、台风等)以及环境灾害的危险性影响,亦取决于遇灾区域的承载能力[158]。区域环境灾害的危险性越大,区域的承载能力越小,环境灾害造成的损失越大,环境灾害带来的风险越高。评价区域的环境脆弱性即衡量区域的灾害承载能力。环境灾害问题是影响一个区域可持续发展的重要因素。

1989—1995 年国家科学技术委员会、国家计划委员会、国家对外贸易经济委员会委自然灾害综合研究组按着由单类向综合的思路,组织多部门、多学科的多位专家对我国 7 大类 21 种自然灾害进行了大规模调查、资料整理分析和综合研究。出版了《中国重大自然灾害及减灾对策》及全国性挂图 7 幅,第一次对我国自然灾害的总况从文字、数据、图像等角度进行了全面的反映[159]。并初步建立了中国自然灾害综合信息系统,为我国自然灾害综合研究和减灾奠定了基础。1990 年联合国开展"国际减灾十年"活动,1994 年联合国第一届国际减灾大会通过横滨战略,提出了建立更安全世界的预防、防备和减轻灾害的指导方针,2005 年联合国大会又通过神户战略,提出将减灾战略由减轻灾害调整为减轻灾害风险,并从单纯的减灾调整为把减灾与可持续发展相结合[160]。2008 年,在瑞士达沃斯举行的第二届国际灾害与风险会议,提出将高度重视致灾因子、灾害与风险研究整合为一体,强调形成全球与区域性的综合灾害风险防范模式与范式。随着防灾减灾意识的不断深化与发展,国内外有关环境灾害的研究取得了不少成果。目前关于环境灾害的研究主要集中于环境灾害发生的危害性、恢复性、风险分析、风险规划、准确评价,环境灾害出现时采取的应急管理研究和区域承载灾害的能力,即生态脆弱性[161-164]。这些研究可为制定科学合理的经济社会发展规划提供依据,对于制定主动的防灾减灾战略、进行积极的风险管理具有重大意义。依据环境灾害的类别,现有的风险评价成果颇丰。以高吉喜为代表的相关学者提出了区域洪水灾害易损性概念,认为洪水灾害易损性是指在一定社会经济条件下,特定区域各类承灾体在遭受不同强度洪水后可能造成的损失程度;建立了包括致灾因子、孕灾环境、承灾体属性和社会救灾能力在内的洪水灾害易损性评价指标体系[165]。相关学者从气象学、地理学、灾害科学、环境科学等学科观点出发,提出了洪涝灾害风险指数,用其来评估不同相关损失风险及各因子对风险的贡献[166]。刘兰芳等(2006)以衡阳3市辖区的县域为评价单元,通过选取6个指标,建立模糊模型对洪水灾害易损性进行评价[167]。莫建飞等(2012)采用层次分析及加权综合法建立农业暴雨洪涝灾害风险评估模型,借助GIS技术,计算广西农业暴雨洪涝灾害致灾因子危险性、孕灾环境敏感性、承灾体易损性、防灾减灾能力及综合风险指数[168]。近些年,农业旱灾常有发生。为减轻灾害带来的损失,相关学者从农业旱灾风险分析的风险辨识、风险评估、风险管理研究等环节进行分析,并以不同区域干旱区为研究对象,构建干旱综合评价指标,综合测度干旱区生态脆弱性[169-171]。杜云等(2013)从风险识别、风险估算和风险图绘制方面对淮河流域农业旱灾风险进行了评估,结果表明淮河流域中部暖温带旱灾风险最高,是淮河流域抗旱工作的重点区域[172]。李磊等(2012)系统地分析了区域旱灾系统的结构体系,将区域旱灾风险分为致旱因子危险性、孕灾环境不稳定性和承灾体脆弱性三个子系统,建立了基于投影寻踪聚类思想的区域旱灾综合风险动态评估模型,为区域旱灾综合风险评估提供了参考依据[173]。石勇等(2009)在理清自然灾害风险系统构成的基础上,总结其风险评估的三种方法:基于历史数据、指标体系和情景模拟[174]。刘斌涛等(2014)对灾害频发地域川滇黔进行灾害发生实地调查和数据分析,构建地震、泥石流、崩塌滑坡、洪涝、干旱、冰雹和低温冷害等7个主要灾种的危险度评价指标体系和评价指标数据库,并利用GIS空间分析功能获取研究区自然灾害危险度综合评价图[175]。依据前人的研究结论,相关学者近五年的研究重点是从实证研究出发,结合数理模型[176]、云模型[177]、SRP模型[178],利用GIS等技术,对我国不同的区域生态脆弱性进行定量分析,并发现生态脆弱性偏高的地方主要分布在工业发达、人口众多、地势较高的城乡住宅用地及农业区。赵卫权等(2007)探讨应用主成分分析法对影响重庆自然灾害易损的社会因素进行分析,构建主要成分和确定权重,再利用GIS技术对灾害的社会易损度进行综合空间分析计算[179]。王文圣等(2009)基于集对原理提出了自然灾害风险度评价新方法——集对分析法(SPAM),以全国各省自然灾害资料为例,探讨集对分析法在自然灾害风险度评价中的应用,表明SPAM是可行而有效的[180]。

环境灾害风险管理是防灾减灾的必要研究基础,防灾减灾三大体系分别为监测预报体系、防御体系和应急救援体系,这三大体系既是防灾减灾工作的基础环节,也是实现区域社会经济可持续发展的迫切需要[181-182]。关于环境灾害风险管理,诸多学者进行了研究。张林鹏等(2002)提出一种洪水灾害易损性信息管理系统,系统在与GIS、遥感等空间技术结合后,能够高效地完成各种洪水灾害损失的快速评估与预测分析工作,可独立作为对区域洪水灾害易损性研究的数据基础和理论支撑[183]。杨春燕等(2005)基于区域自然灾害系统理论,构建了农业旱灾灾害系统及其脆弱性评价指标体系,建立了农业旱灾脆弱性综合评价模型,指出农业旱灾脆弱性评价是一个过程性评价[184]。曹永强等(2011)基于农业干旱风险理论,从农业干旱致灾因子危险性和承灾体脆弱性两方面分析大连市农业干旱风险,应用基于离差最大化的组合赋权法确定指标权重,利用可变模糊法对 2002 年农业干旱风险进行综合评价[185]。李强等(2007)以泉州海岸带为研究对象,选取自然灾害和社会经济两个子系统,建立两级模糊综合评判模型,对泉州海岸带自然灾害易损性进行了综合评判[186]。刘延国等(2017)基于 2012—2015 年岷江上游山区 25 个自然灾害社会易损性评价指标,运用投影寻踪-因子分析,筛选构建出社会经济与保障易损性、社会弱势人口易损性、社会发展阶段易损性 3 因子的指标体系,并进行易损性综合评价及主控要素分析[187]。牛全福等(2011)基于 GIS 技术和信息量模型方法,以坡度、坡向、高程、坡形、地貌类型、断层距和地层岩性为评价因子,通过空间分析计算各因子的信息量,分析地质灾害在各因子中的空间分布特征。对各评价因子图层进行空间建模,为灾区重建提供参考依据[188]。袁永博等(2013)基于主客观组合权重的模糊可变模型,评价了旱涝灾害等级[189]。叶正伟等(2013)从环境灾害风险的脆弱性、暴露性与恢复能力 3 个方面,构建了江苏省南通市环境灾害风险评价的指标体系,并利用 AHP-TOPSIS 方法对南通市环境灾害风险进行评价[190]。张秋文等(2014)提出了基于云模型改进的水库诱发地震风险多级模糊综合评价方法。应用云模型改进的方法,对长江三峡水库的诱发地震风险进行了多级模糊综合评价实验,极大地提高了评价结果的鲁棒性和可视化[191]。胡娟等(2014)通过分析云南省共计 1101 次山洪地质灾害案例和近 12 年的逐日降水数据,探讨山洪地质灾害与降水之间的关系,提出适用于本省的山洪地质灾害气象预报预警的方法[192]。蔡维英等(2016)用 DEM 数据,结合美国 SCS(Soil Conservation Service)模型,建立了分布式的山区中小流域山洪灾害模拟模型,并在长白山景区松江河流域进行验证[193]。罗日洪等(2017)为了提高山洪灾害防治管理的针对性,选取了历年最大 6 h 暴雨均值、高程标准差、河网密度、土壤类型 4 个危险性因子和人口密度、人均 GDP、土地利用类型 3 个易损性因子,通过 GIS 空间叠加分析,对曹江上游小流域进行了山洪灾害风险区划,可为本区域的山洪灾害风险识别提供科学依据[194]。

综上所述,学术界系统地研究了环境灾害,主要包括灾害风险评价、灾害预防、应急管理研究等。基于相关学者的研究成果,根据自然灾害风险的形成机理,结合影响灾害风险的因素,建立灾害风险评估体系。为当地针对灾害现象的建设提供正确的指导方向,为风险管理提供依据,能够为相关部门在为区域经济可持续发展制定防灾减灾政策时提供一定的借鉴,有利于维护区域生态环境的安全,进而有利于实现整个生态系统的可持续性。

第三节　研究目的及意义

　　人类社会的发展离不开生态环境,生态安全问题直接关系到人类日常活动。在以生态环境为依托的经济发展时期,生态安全已成为经济发展的重要影响因素,其对经济增长的作用大于社会环境。研究区域生态安全动态预警主要是为了解决生态问题难以修复的问题,预警是在生态问题已然形成之前发出相应的警报提醒,以便及时采取有效举措来保护生态环境,实现可持续发展。

一、研究目的

　　生态安全一般指"一个国家或地区的生态环境资源状况能持续满足社会经济发展需要,社会经济发展不受或少受来自资源和生态环境的制约与威胁的状态"。它是整个生态经济系统和可持续发展的生态保障,是区域或国家其他安全的载体和基础。近年来,在经济持续快速增长的背景下,淮河生态经济带生态环境问题也发生了深刻变化。随着几十年来更加剧烈的人类活动和不合理的开发,区域积累了大量的生态隐患和环境欠债,由生态安全引起的问题频频发生。淮河生态经济带生态环境在快速的社会经济发展过程中面临着严峻的形势。主要表现在:① 水土流失严重,荒漠化加剧,耕地资源减少;② 湖泊退化,水资源枯竭加速,污染严重;③ 环境污染,有毒化学品、环境激素影响人体健康;④ 物种灭绝,"基因污染"潜伏着极大风险。在我国,由于生态灾害和环境污染每年造成的经济损失占国内生产总值的 8.5%～10%,最高可占到当年国内生产总值的 14%。这一系列客观事实表明生态安全态势已经制约着经济和社会的可持续发展。关注区域生态安全,制定保障生态安全的战略已成为迫切任务。生态系统状态的变化有一个从量变到质变的过程。人们对于生态环境的危急状况和发展趋势往往缺少必要的评估和预警能力,常常处于疲于应付的被动地位,并且一旦生态状况恶化到一定程度,其代价往往是巨大的,并且是不可逆的。因此,有必要将静态的生态安全评价和动态的生态安全预警相结合,构建区域生态安全评价和预警方法体系,及时对区域生态安全状况进行现状评价,对环境质量和生态系统逆向演替、退化、恶化做出预测,对生态系统面临危害和威胁或不良的影响,影响程度,系统及其演化的趋势、方向、速度等做出预见性的判断,进而有针对性地采取措施,消除警源,使生态系统安全得到保障,为社会经济的平稳持续发展提供保障。

　　本书以生态安全预警理论为依据,从动态评价与预测角度对淮河生态经济带生态安全演变趋势进行研究,以预测淮河生态经济带生态安全变化为出发点,研究区域生态安全动态安全评价有助于第一时间识别威胁区域生态安全的关键因素,将不可逆反的生态安全问题扼杀在萌芽环节,有效减少生态环境灾害的发生,提高区域生态环境质量。

二、研究意义

(一) 理论意义

区域生态环境动态预警研究扩充了生态安全理论。生态环境系统是一个由众多因素构成的复合系统,有各种各样的因素构成生态安全,这些特点决定了生态安全问题是一个错综复杂的问题。关于区域生态安全的预警研究也是近些年国家政策亟需的,是学术界研究的热点,本书通过理论研究与实证分析结合,定量评价与定性讨论结合,丰富了与生态安全相关研究理论。

生态安全研究是当前社会各界关注的焦点,基于区域生态安全动态预警,是一种打破传统预警方法的新方法。目前关于生态安全预警的研究大部分是定量研究,缺乏根据数据变化而更新的动态预警研究,与本书所提出的动态预测模型预警研究误差相比,传统预测模型预警效果欠佳。本研究通过对典型城市发展状况的定性说明,分析区域生态安全状况中存在的一些主要问题,建立预警评级指标体系,通过量化方法,确定研究城市的生态安全状况,并通过具体动态预测模型对警情进行预测,基于预测的结果,利用数学方面的敏感性分析法,提出效果明显的、针对性强的策略排除警情,最后选取淮河生态经济带为例进行实证研究,探索性地研究区域生态安全预警体系及响应机制,对区域生态安全预警研究的理论方面提供一定的参考价值及思路上的借鉴。

(二) 实践意义

区域生态安全动态预警是指在区域生态安全因长期受经济社会发展带来的沉重压力影响,由量变转变为质变的过程中,提供及时的警情预报。区域生态安全直接关系到国家安全和区域可持续发展。生态安全问题不但会对区域内部产生剧烈的影响,而且会给周边地区的社会和谐带来负面影响,更加严重的会影响到国家的和谐稳定。因此,研究区域生态安全动态预警,对区域预防生态安全突变,维持区域可持续发展具有重要的实践意义。

我国区域的生态安全问题不容乐观。本书正确理解和认识区域生态安全状况,采用合理的评价方法,构建了科学的指标体系,对生态安全进行评价和预警,识别影响生态安全的关键性因素,为生态工程建设与规划,生态环境的合理开发与利用,提供辅助决策依据,为生态、经济、社会等协调持续发展提供重要决策方向。本书构建的动态安全预警体系以能够给这些区域的生态管理提供一定的借鉴,结合淮河生态经济带的实证研究分析,一方面,期望为淮河生态经济带上各区域相关部分提供生态管理方面的参考与指导,以便对症下药,做出有效的决策,实现淮河生态经济带高质量可持续发展;另一方面,也希望为其他区域的生态预警管理做出示范作用,这不但有利于城市本身的发展,更有益于整个国家的可持续发展。

第四节 研 究 思 路

一、技术路线

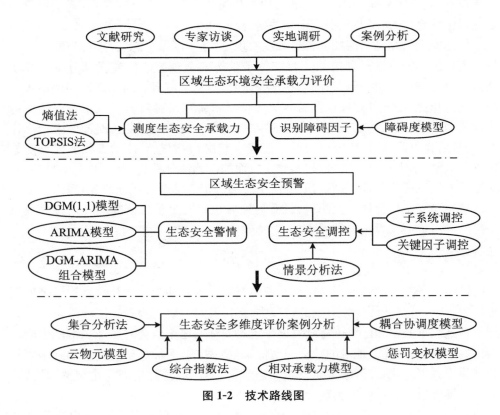

图 1-2 技术路线图

二、研究内容

鉴于生态安全受到自然、社会、经济等诸多因素影响,本书以淮河生态经济带为研究对象,开展区域生态安全评价及关键因子识别,进一步对生态安全进行测度,以及对生态安全模拟调控等,优化调控决策。运用多种模型对淮河生态经济带及子区域的生态安全、生态脆弱性及资源承载力等展开评价和预警研究。具体将从以下 3 个方面展开研究。

（一）区域生态安全承载力评价

根据 PSR 模型构建淮河生态经济带生态安全预警评价指标体系,借助熵值法和 TOPSIS 法分析研究 2008—2017 年生态安全警情,深入分析淮河生态经济带生态安全承载力的时空变化规律。

使用障碍度模型识别十年间对淮河生态经济带生态安全阻碍度最大的因子,探寻影响其生态安全变化的关键因素。

（二）区域生态安全预警

对比分析多种预警模型,最终选择等维新息 DGM(1,1)模型和 ARIMA 模型分别对淮河生态经济带生态安全水平发展趋势进行预警,并结合两种预警方法,建立 DGM-ARIMA 组合模型进行预警,对比 3 种预警模型的预测结果,分析该区域未来生态安全趋势。

基于上述研究,采用情境分析法设定不同调控方案对淮北市生态安全警情进行调控分析,分别对子系统和关键因子的模拟调控分析,找出影响生态安全警情的关键子系统和关键因子。

（三）生态安全多维度评价案例分析

运用集对分析法、云物元模型、相对承载力模型、惩罚变权模型等多种模型对淮河生态经济带及子区域的生态安全、生态脆弱性及资源承载力等展开评价和预警研究,涉及水资源、土地等多重维度,找出淮河生态经济带现存的生态安全问题及隐患。

三、研究方法

研究方法的合理性是一项研究获得成功的关键。区域生态环境受很多因素影响,仅仅依靠定性研究或者定量研究难以精准评价区域生态环境质量,并进行合理的预警。本书依据研究目标,将融合行为科学、心理学、管理学、经济学和系统工程学等理论与方法,探析区域生态安全科学问题。采取理论分析与实证研究相结合、定性与定量方法相结合的模式探究生态环境风险水平。研究方法已经在前期研究中得到使用和验证,适用性论证明确。

（一）文献研究法

通过文献研究,阐述本研究的相关背景,并指出研究所要解决的问题。针对影响生态安全水平因子的评价指标,进行文献研究,对模型构思进行初步验证及调整,并为下一步的分析确定方向和奠定基础。同时,在对各种生态理论进行分析和比较的基础上，为构建生态安全预警评价指标体系提供必要的理论基础和方法指导。

（二）正态云模型

云模型由中国工程院院士李德毅于 1995 年提出，是一种处理定性概念与定量描述的不确定转换模型，自提出之日至今已经成功运用于自然语言处理、数据挖掘、决策分析、智能控制、图像处理等领域。该方法具有较高的普适性，故本书运用云模型测度了区域生态安全水平，为区域后续的生态安全预警做出科学合理预警分析提供基础。

（三）TOPSIS 模型

TOPSIS 的全称是"逼近于理想值的排序方法"（Technique for Order Preference By Similarity to Ideal Solution），是 Hwang 和 Yoon 于 1981 年提出的一种适用于根据多项指标、对多个方案进行比较选择的分析方法，该方法能够客观全面地反映生态安全状况的动态变化，通过在目标空间中定义一个测度，以此测量目标靠近正理想解和远离负理想解的程度来评估生态环境的安全水平。本书实证案例中利用 TOPSIS 方法测度了淮河生态经济带 25 个地级市的生态安全状况，旨在探寻生态安全等级变化趋势。

（四）耦合模型

耦合起初是运用于物理学中的概念，后来逐渐运用于描述两个和两个系统相互作用、相互影响的程度。本书运用耦合模型分析了区域生态安全与经济社会之间的相互作用，试图找出影响区域生态安全的经济社会因素及生态安全与经济社会的相互作用机理与程度。

（五）集对模型

1989 年，赵克勤等提出一种解决不确定问题的综合分析方法——集对分析法，主要思想是将不确定性系统的两个有关联的集合构造为集对，对不确定性的描述从确定和不确定两个方面进行，并对集对的某项特征做同一性、差异性、对理性分析，最后构建集对的同异反联系度。本书科学地利用了集对模型对分析、解决不确定问题的独特优势，综合评价区域生态安全水平，使得研究结果更加符合实际生态安全水平。

（六）灰色预测模型

灰色系统理论是基于整理后的灰色数据信息预测未来变化趋势，灰色模型对小样本、信息差、系统不确定、数据缺乏的不确定性问题具有很强的研究能力。本书基于灰色预测模型在实证研究过程中预测了研究区的生态安全变化趋势,为科学预警提供了基础依据。

(七) ARIMA 模型

自回归综合移动平均(ARIMA)模型,是时间序列数据预测中最值得注意的一种模型,在计量经济学研究中使用较多,可以较准确地预测非平稳时间序列。

本书综合分析了多种预测模型各自的优缺点,并在实证案例中用具体数据对比了不同预测模型的误差大小。从而使得研究结果更加具有可信度以及可行性。

第二章 生态安全系统理论研究

第一节 核心概念界定

一、生态系统涵义

生态系统,又称生态系统生态学,是生态学研究的重要理论命题。1866 年,德国生物学家海克尔(Haeckel)首次提出了生态学的定义,他认为,生态学是一门研究生物与其所处自然环境的相互关系的综合性科学。1935 年,Arthur Tansley 首创了"生态系统"的概念,把生态系统描述为"不仅包括生物复合体,而且包括由构成环境的各种自然因素组合而成的整个复合体"[195]。20 世纪 40 年代早期 Raymond Lindeman 首次进行生态系统方面的定量研究。1953 年 E. P. Odum 将生态系统定义为"由植物、动物和微生物群落及其无机环境相互作用构成的一个动态、复杂的功能单元"[196]。在随后历经几十年的研究和发展,生态系统的理论得到了广泛的认同和深入研究,但在理论研究和实践应用中,因为不同研究者在学科背景、学术脉络及研究对象、研究视域等方面的不同,其对生态系统的界定也有所不同。这使得学术界关于生态系统的定义还没有统一。国内相关学者的观点如表2-1 所示[197-201]。

国内学者研究生态系统的定义主要围绕生物和环境展开。隋磊等指出生态系统是一定空间中的生物群落与其环境组成,没有或很少受人类活动直接干扰的统一体,其中,各成员借助能量和物质循环形成一个有组织的复合体[202]。杜国柱等把生态系统定义为:在一定的空间和时间内,在各种生物之间以及生物与无机环境之间,通过物质循环和能量流动而相互作用的一个自然系统[203-205]。马克明等认为生态系统是生物与无机环境构成的统一整体,结构和功能是表征生态系统特征的主要指标。

生态系统与生物地理群落是目前生态安全系统研究中极易混淆的两个概念,有关生态系统的研究已有八十多年的历史,但目前还没有一个统一的生态系统概念。研究者基于不同的研究目的或功能评估,对生态系统的概念及其主要内容有不同的定义。生物地理群落是指由结构和功能上非常不同的生物和非生物自然界组分组成,但它不是机械混合物,而是复杂的整体性的生物-非生物系统。1965年,在丹麦哥本哈根召开的陆地生态系统科学讨论会做出决议,把两者作为同义语使用。此外,国内外学者均认为生态系统和生物地理群落基本上是一对相同的概念,在研究的过程中大多均未对两者的概念进行过多的区分。根据学者们对生态系统概念的共识,可以将生态系统概括为:生态系统是在一定的空间范围内,由所有的生物群落与周围环境构成的功能单元,在单元内借助各种功能流(物质、能量、信息、价值)形成的稳态的开放系统[206-207]。

表 2-1　生态系统概念

定义	学者	描述
生物地理群落	隋磊、郝云龙等	生物群落和非生命的环境功能
开放系统	初小静	生物系统和环境系统
	刘璠	一种人为干预的开放系统
	史晓平	耗散结构理论的四个条件
功能系统	马克明	生态系统的结构和功能是表征生态系统特征的主要指标
	杜国柱	生物与环境之间进行能量转换和物质循环的基础功能单位

二、生态安全相关概念

(一) 生态安全

早在 20 世纪 70 年代,各国专家与学者陆续就生态安全展开研究并提出自己看法,但是由于生态安全内容极其丰富且涉及因素繁杂,各国专家与学者对生态安全的研究尚停留在表面层次[208],对于生态安全的理解各不相同,其定义一直无法统一。

1977 年,被誉为"环境运动宗师"的美国著名环境问题专家 Lester. R. Brown(莱斯特·R. 布朗)在其著作《建设一个持续发展的社会》中首次将环境变化的含义明确引入国家安全领域,随后正式提出"生态安全"的概念,是指生物与环境相互作用下不会导致个体或系统受到侵害和破坏,从而保障生态系统可持续发展的一种动态过程。目前,国外对生态安全的定义大致有广义和狭义之分[209]。广义的生态安全涵盖了自然、经济和社会的生态安全,以 1989 年国际应用系统分析研究所

(IASA)提出的生态安全定义为代表,是指在人的生活、健康、安乐、基本权利、生活保障来源、必要资源、社会秩序、人类适应环境变化的能力等方面不受威胁的状态[210-211];狭义的生态安全是以 1997 年美国生态学家 Rogers 提出的最具代表性的定义,它是指一个国家的自然环境系统处于不受或少受威胁的状态,自然生态环境系统能满足人类和生物部落的活动生存需要,但同时生态环境的潜力不受破坏。Barry Buzan 进一步扩大了生态安全范围,提出分别从经济、社会、军事、环境和政治等五个方面对"安全理论"进行阐述。

围绕生态安全的概念,国内许多学者也阐述了自己的观点。曲格平认为生态安全包括两层基本含义,一是防止由于生态环境的退化对经济基础构成威胁,主要指环境质量状况低劣和自然资源的减少和退化削弱了经济可持续发展的支撑能力;二是防止由于环境破坏和自然资源短缺引发人民群众的不满,特别是环境难民的大量产生,从而导致国家的动荡[212]。陈国阶从广义和狭义两个角度对生态安全的概念进行理解,广义的生态安全包括生物细胞、组织、个体、种群、生态系统、生态景观、生态区、陆海生态及人类生态,只要其中某一生态层次出现损害、退化、胁迫,都可以说生态不安全;狭义的生态安全专指人类生态系统的安全,即以人类赖以生存的生态环境条件为主题[213-214]。邹长新、万本太、李素美、刘士余等人认为生态安全是人类生存环境与人类社会发展两者之间处于健康可持续发展的状态,其对立面是环境污染、生态压迫、生态灾害,是生态环境存在的状态不利于人类生存和发展,偏离其稳定的阈限值,阻碍区域、国家的发展,甚至导致社会经济的崩溃或社会动荡等[215-218]。

显然,从不同的角度开展研究,就会对生态安全做出不同的解释和定义[219-220],究其本质来讲,生态安全是自然与人类的和谐统一,它是人类可持续发展所追求的目标,同时也是可持续发展的基础[221]。

(二) 生态安全评价

生态安全评价是生态安全研究的核心部分[222],通过评价指标体系的构建与评价方法运用,评价结果明晰生态系统存在的具体问题及其服务功能状态。虽然目前学界对于生态安全评价的基本内涵尚处于讨论之中,但生态安全评价大多是基于生态风险和生态脆弱性研究演化而来的,主要从 1992 年 William 第一次提出生态足迹(Ecological Footprint)这一概念,随后经过他的学生 Wackenagel 进一步研究提出生态足迹分析法,对土地面积进行量化测算,通过比较人们的资源消耗来对自然资本使用进行评估,从而可以定量计算出区域内是否生态安全。生态安全相关评价指标及方法如表 2-2 所示[223-237]。

表 2-2 生态安全评价指标和方法

角度	作者	描 述
评价指标体系	OECD&UNEP	"压力-状态-响应"(PSR)模型
	欧洲环境署	"驱动力-压力-状态-影响-响应"(DPSIR)模型
	李玲、高春泥、李春燕等	数学模型、生态足迹模型、障碍度模型、三角模型、云模型等
	王淑静	景观生态模型
评价方法	Bertollot	运用综合指数评价法提出景观健康综合诊断模型
	卢涛、千占岐	模糊数学法、层次分析法和综合指数法
	何淑勤、Chu	土地资源承载力分析法和生态足迹法
	曾一笑	景观生态学法

评价模型是生态安全评价的基础,目前国际上应用最广泛的评价指标体系是"压力-状态-响应"(PSR)模型和"驱动力-压力-状态-影响-响应"(DPSIR)模型。1999 年,Corvalan 又在其内添加了"暴露"这一部分,形成了 DPSEEA 评价指标体系[238]。由于生态安全问题不同,国内外尚无一套统一的指标体系,评价指标的选取也仍在摸索和改进阶段,学者们根据不同的生态环境特点构建指标体系。黄木易等学者基于云模型与熵权法,按"自然、社会、经济"三个方面对安徽省土地生态安全状态进行了探讨[239-240]。侯玉乐等基于改进灰靶模型,尝试解决目前土地生态安全评价中参照标准的适应性问题[241]。

国内外关于生态安全评价方法的研究还不完善,但相关学者也初步形成了一定的理论,主要包括:综合指数评价法、生态承载力法和景观生态学法[242-245]。Nortonl 采用生态承载力法,对人类行为与生态环境风险进行研究,认为人类开发利用自然资源需要维持在一定的阈值内,并提出了生态安全阈值概念。Chu 等运用生态足迹法评价京津冀地区人生态安全状况,并与区域经济发展进行关联分析,指出此区域现有发展模式不可持续,生态安全存在严重问题[246]。卢涛、千占岐在采用在 ArcGIS 软件的基础上,通过 AHP 法确定指标权重,利用综合指数法评价了合肥市土地生态安全[247]。姚昆等人应用 PSR 框架、熵权法[248]、综合评价法[249]计算出 1996—2014 年的四川省土地生态安全状态[250]。何淑勤等以生态足迹理论为基础,选取生态承载力、生态足迹、生态赤字为切入点评价了雅安市生态安全状况[251],探索分析了影响区域土地生态安全的根本原因。

(三)生态安全格局

随着生态安全研究的深化,研究发现仅靠生态安全风险评价提出的对策难以应对日益复杂的区域生态安全问题,还需要通过一系列技术方法将这些恢复措施和管理对策落实到空间地域上,才能有针对性地解决生态环境问题[252]。因此,生态安全格局这一概念应运而生。

生态安全格局(Ecological Security Patterns),简称 ESP,又称生态安全框架,最早来源于城市规划领域[253-254]。19 世纪末,Olmsmd、Howard 先后提出了"公园系统""田园城市"的理念,旨在维护居民的多样性利益,连接城市公园、绿地广场等其他开敞空间。20 世纪 50 年代,出现了绿心(Green Heart)、绿楔(Green Wedge)、绿道(Green Way)等规划思想与实践,城市规划师们把它们作为组织城市形态和防止城市蔓延的工具[255]。1995 年,Forman 提出了"斑块-廊道-基底"的景观生态学研究模式[256],大大促进了景观格局的研究,我国学者俞孔坚在 Forman 的基础上,为维护生态过程安全的关键性格局提出生态安全格局这一概念[257],并在各个尺度上展开研究。在宏观上,以我国为研究对象,提出国土生态安全格局实现再造秀美山川的空间目标[258];中观对应城市和区域尺度,通过对生态过程的系统分析完成对区域生态安全格局的构建;微观对应乡村、城市街区和地段尺度,通过局部生态基础设施建设,将生态安全格局落到实处。期间形成了较为成熟的定义是:特定的景观构型和具有重要生态意义的少数景观要素,由一些关键性的局部、点及位置关系构成,这些结构和景观要素对景观生态过程具有关键支撑作用,一旦遭受破坏,生态过程将受到极大影响。近年来,随着对生态安全全面理解和可持续发展能力的重视,一些学者提出了区域生态安全格局的概念和规划设计方法,将人类社会发展需求与生态可持续发展需求相结合,使生态安全格局从单纯的物种生态过程保护层面向生态、环境和人类活动多维度保护转移。因此,在这一意义上,生态安全格局已经超出了传统生物多样性保护的范围,可将其定义为:以维持区域可持续发展为导向的景观优化配置关键模式,它针对区域生态环境主要问题,通过区域尺度上斑块、廊道、网络等关键景观要素优化配置[259],减缓或消除人类活动带来的负面效应,维持区域景观过程的连续性和完整性,适应不同使用者的多维功能需求,保护不同发展水平下区域可持续发展能力。

不同的学科,从不同的研究区域和对象出发,对生态安全格局的定义是不同的,从地理学理论角度定义是土地利用结构的优化、调整、配置,从景观生态学理论角度出发指的是景观格局的优化等[260],而生态安全格局在生态城市规划中也被称之为生态基础设施、绿色基础设施等。因此生态安全格局是一个多尺度、多角度、多学科的综合问题。总的来说,生态安全格局的相关概念可以分为两类:(1) 依据研究对象划分,如景观生态安全格局[261]、群落生态安全格局、生态系统生态安全格局;(2) 依据范围尺度划分,如区域生态安全格局[262]、全球生态安全格局、国土生态安全格局等,具体分类见表 2-3。

表 2-3 生态安全格局相关概念

概念划分	作者	分类	描述
研究对象	俞孔坚	景观生态安全格局	生物多样性保护
	方一平等	生态系统、群落、个体生态安全格局等	人类持续良好的生存和发展；群落结构好；物种多样性[263]
范围尺度	马克明	区域生态安全格局	可能解决区域的实际生态问题[264]
	李海龙、杨青生、江源通等	国土、城市生态安全格局等	国家与区域的自然生命支持系统、实现区域和城市生态安全的重要保障和途径[265-268]

第二节 理 论 基 础

区域生态安全动态评价与预警研究主要基于可持续发展理论、循环经济理论、生态系统服务功能理论、生态承载力理论和系统工程理论。

一、可持续发展理论

1987 年,世界环境与发展委员会(WECD)在《我们共同的未来》报告中把可持续发展定义为"既能够满足当代人的需要,又不危及下一代满足其需要的能力的发展。这一定义得到了广泛的接受和认可。它包括两个重要的概念:'需要'的概念,尤其是世界上贫困人民的基本需要,应将此放在特别优先的地位来考虑;'限制'的概念,技术状况和社会组织对环境满足眼前和将来需要的能力施加的限制,并提出这种持续性意味着对各代人之间社会公正的关注,但必须合理地将其延伸到对每一代人内部的公正的关注"。1992 年 6 月,联合国环境与发展大会(UNCED)签署了重要的文件——《21 世纪议程》[269]。可持续发展战略已成为各国共识,并成为各国制定政策的准则。可持续发展是人类社会的一种全新的发展理念和模式,是对传统发展模式的否定,是当代人类面对资源环境等一系列问题时所选择的一种发展战略。世界各国已普遍地认识到人类的发展必须系统地研究和解决人口、经济、社会、资源、环境等综合协调与发展的问题[270],国际关注的热点已由单纯重视环境保护问题转移到环境与发展的主题。

可持续发展的基本目标是要持续地满足人类的需求,发展的实现又加强了生态安全保障的能力,而安全却是人类最基本的需求之一,同时它又是实现可持续发展的保障[271]。实现生态安全,就是要使生态环境能够有利于经济增长,有利于经济活动中效率的提高,有利于人民健康状况的改善和生活质量的提高,避免自然资源枯竭、资源生产率下降、环境污染和退化对社会生活和生产造成的短期灾害和长期不利影响,以实现经济社会的可持续发展[272]。可持续发展是一种能动地调控自然-经济-社会的复合系统的需要,使人类在不突破资源和环境承载力的条件下,促进经济发展,保持资源永续利用,提高生活质量[273]。这实质上与生态安全的思想是一致的。生态安全是可持续发展的基础,没有生态安全,系统就不可能实现可持续发展。

保障生态安全要求降低风险,改善系统的脆弱性。由于脆弱性不仅反映在生态脆弱性上,它也反映在社会脆弱性上,因而生态安全所追求实现的基本目标是自然-社会-经济复合生态系统整体结构的优化[274]。

首先,对于经济系统而言,生态安全的目标是经济总量的持续增加,资金的投入和效益的最大化,既要消除贫困,又要促进人类社会的文明进步。对于像中国这样的发展中国家来说,发展是可持续发展的前提。

其次,对于社会系统而言,生态安全的目标是追求公平和谐的社会体制,建立健康合理的政府规范、法律道德约束、文化导向和价值观念体系[275-276];可持续发展在时间上不仅着眼于眼前,更着眼于未来,强调代际之间和一代人之间的机会均等,指出当代人和后代人同样享有在发展中合理利用资源和拥有清洁、安全、舒适的环境权利,当代人之间也都享有这样的权利,尤其应保障穷人的基本需要。当代人要把环境权利和环境义务有机统一起来,在维护自身环境权利的同时,也要维护后代人生存与发展的权利。

再次,对于生态系统而言,生态安全的目标追求生态系统的整体性,要在生态系统的承载能力下,合理使用资源,保护生物多样性。人是生态系统中的一部分,人与生态相依存,而经济发展与资源、环境保护相互联系不可分割,可持续发展强调要把环境保护作为发展进程的一个重要组成部分,作为衡量发展质量、发展水平和发展进度的客观标准之一[277]。越是在经济高速发展的情况下,越要加强环境与资源保护,以获得长期持久的支撑能力。

最后,可持续发展追求自然、社会和经济这三个子系统相互协调,强调子系统间的相互联系、相互影响和相互促进,而以人的全面发展和社会全面进步为永恒的目标,力争实现物质文明、精神文明和生态文明的统一。这就要求人们改变传统的生产方式和消费方式,在生产时尽量地少投入多产出,消费时尽量地多利用、少排放。因此必须把过去的靠高消耗、高投入、高污染来带动经济增长的发展模式转变为依靠科技进步和提高劳动者素质来促进经济的增长[278]。新经济模式形成,大量先进而清洁的生产技术得以研制开发、应用和普及,才能实现少投入、多产出的生产方式,进而减少经济发展对资源、能源的依赖和对环境的压力。

二、循环经济理论

循环经济,就是按照生态规律利用自然资源和环境容量,将资源开发、清洁生产和废弃物综合利用融为一体的经济,实现经济活动的生态化转向[279]。循环经济一词是对物质闭环流动型(Closing Materials Cycle)经济的简称。它是以物质、能量梯次和闭路循环使用为特征,从而从根本上消除长期以来环境与发展之间的尖锐冲突,将经济系统和谐地纳入到自然生态系统的物质循环过程中[280]。循环经济运用生态学规律来指导人类社会的经济活动,因此循环经济在本质上是一种生态经济。发展循环经济的根本目的就是保护日益稀缺的环境资源,提高环境资源的配置效率。循环经济是一种基于工业生态学的以物质闭环流动为特征的经济发展模式。生态工业园就是循环经济理念在区域层面上实现的一种工业生产模式。

循环经济理念的本质在于把人类社会的生产方式看成是人类与自然界之间的物质能量交换[281]。循环经济与传统经济相比较,它们的不同之处在于:传统经济是由"资源-产品-污染排放"所构成的物质单行道(One Way)流动的经济(如图 2-1),而循环经济要求把经济活动组织成为"自然资源—产品和用品—废弃物和污染排放—废物处理"的反馈式流程(如图 2-2),所有的原料和能源都能在这个不断进行的经济循环中得到最充分和合理的利用,从而使经济活动对自然环境的影响尽量减小[282]。循环经济在工业生产上表现为污染低排放,甚至污染零排放。由于存在反馈式、网络状的相互联系,系统内不同行为者之间的物质流远远大于出入系统的物质流。

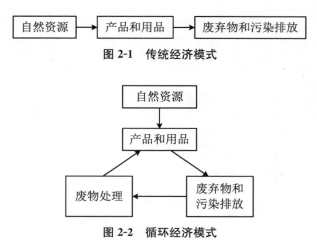

图 2-1　传统经济模式

图 2-2　循环经济模式

"减量化(Reduce)、再使用(Reuse)、再循环(Recycle)"(即 3R)是循环经济中经济活动的准则和实际操作原则。其中减量化属于输入端方法,旨在减少进入生产和消费过程的物质量,要求用较少的原料和能源投入来达到既定的生产目的或消费目的,要求产品体积小型化和产品重量轻型化,产品包装追求简单朴实从而减少包装废弃物,在经济活动的源头就注意节约资源和减少污染;再使用属于过程性方法,目的是提高产品和服务的使用频率和利用效率,要求产品和包装容器能够以初始的形式被多次使用,而不是用过一次就了结,以抵制当今世界一次性用品的泛滥;再循环是输出端方法,要求生产出来的物品在完成其使用功能后能重新变成可以利用的资源而不是无用的垃圾,通过把废物再次变成资源以减少末端处理负荷。很显然,通过再使用和再循环原则的实施,反过来强化了减量化原则的实施。这三条基本原则也正对应于经济活动的整个过程。

三、生态系统服务功能理论

生态安全评价的核心内容是要尽最大可能达到自然资源乃至整个生态系统的持续利用,为实现可持续发展提供生态安全保障。因此,围绕可持续发展研究而产生的生态系统服务(Ecosystem Service)功能理论自然成为生态安全评价的理论基础。生态系统服务功能是指生态系统与生态过程所形成及所维持的人类赖以生存的自然环境条件与效用。它不仅为人类提供了生态商品,如食品、草料、木材、纤维、燃料、医药资源及其他工业原料等,同时它还创造与维持了地球生态支持系统,形成了人类生存所必需的环境条件,提供了诸如气候调节、养分循环、废物处理和美学文化方面等的功能。根据美国科学家 Costanaz 等的研究成果,可以将生态环境系统服务功能概括为 16 类基本服务功能(见表 2-4)。

表 2-4　生态系统基本服务及基本功能

序号	生态环境服务系统	生态环境系统功能	序号	生态环境系统服务	生态环境系统功能
1	气体调节	大气化学成分调节	9	养分循环	易流失养分的再获取,过多或外来养分、化合物的去除或降解
2	气候调节	全球温度、降水及其他由生物媒介的全球及地区性气候调节	10	传粉	有花植物配子的运动
3	水调节	生态系统对环境波动的容量、衰减和综合反应	11	生物防治	生物种群的营养动力学控制
4	水供应	水文流动调节	12	避难所	为长居和迁徙提供环境
5	控制侵蚀和保护沉积物	水的贮存和保持	13	食物生产	总初级生产中可用为食物的部分
6	土壤形成	生态系统的土壤保持	14	原材料	总初级生产中可用为原材料的部分
7	养分循环	土壤形成过程	15	基因资源	独一无二的生物材料和产品的来源
8	废物处理	养分的贮存,内循环和获取	16	休闲娱乐	提供休闲旅游活动的机会

生态系统可持续性研究应将自然生态系统功能与人类社会系统结构及运行结

合起来。具体的表现有生态农业,生态农业就是按照生态学和生态经济学原理,应用系统工程等现代科学技术把传统农业技术和现代农业先进技术相结合而建立起来的一种多层次、多结构、多功能、具有良好经济效益、生态效益和社会效益的集约经营管理的综合农业生产体系[283]。生态农业是由自然环境要素包括(光、热、水、气、土壤等)和社会经济要素(农、林、牧、渔、副)共同组成的一个不可分割的生态经济整体。

生态环境系统的服务功能反映了自然生态系统的安全程度、人类对自然生态系统的影响以及自然生态系统管理的优劣程度。自然生态系统安全的核心就是通过维护与保护生态环境系统服务功能来保护人类需求,评价区域生态环境系统安全就是要评价自然生态系统服务功能对人类需要的满足程度,或者说是为满足人类需求生态环境系统服务功能的实现情况。生态安全的显性特征之一是生态系统服务功能的状态:当一个生态系统服务功能出现异常时,表明该系统的生态安全受到了威胁,处于生态不安全状态[284]。生态安全包含着两重含义:一是生态系统自身是否是安全的,即其自身结构是否受到破坏;其二是生态系统对于人类是否是安全的,即生态系统服务功能是否能提供足以维持人类生存的可靠生态保障。

四、生态承载力理论

生态承载力即生态环境的承载能力,是自然体系调节能力的客观反映,是生态系统的自我维持、自我调节能力以及环境系统的供容能力,这种能力显示是用社会经济活动强度和具有一定生活水平的人口来衡量,表现为可支持的经济规模和人口数量,对于抗干扰能力、恢复能力、系统稳定性和生物多样性有着深刻的影响。任何生态系统都存在阈值。人类社会的生存与发展必须依赖于自然生态系统提供的资源,在这一层面上,人类社会作为一个生物种群,有一个最大资源环境容量问题,表现为资源的承载力,即人类的生存空间、土地面积与人口数量的关系,经济发展与自然资源供给的数量等[285]。同时,人类经济活动向自然环境排放废弃物,生态系统的物质循环能够分解和容纳一定的废弃物,表现为一定的自净能力。生态系统对外界干扰因素具有一定的抵抗力和稳定性,在一定的限度内能够恢复到原来的状态。如果干扰强度或频率过大,生态系统平衡失调,甚至崩溃。因此生态承载力可以分为资源承载力、环境承载力和生态系统的抗干扰能力[286]。因此,判定哪些过程是有害的、哪些有利的生态过程是需要恢复的,控制有害过程恢复有利过程,才能实现区域生态安全。

生态安全是一个特定区域的资源、环境和生态状态。可以从人类社会经济发展的压力和生态承载力之间的关系,说明生态安全与生态承载力之间的关系,生态承载力小于压力时,生态就不安全;生态承载力大于压力时,生态可达到安全水平(见图2-3)。由此可见,如果自然资源攫取过度,环境质量就要遭到破坏;反之,要保证较高的环境质量,应该尽可能减少资源利用对生态环境的破坏,并通过改进资源利用技术提高资源利用效率。

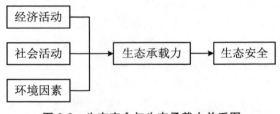

图 2-3　生态安全与生态承载力关系图

五、时空论

尺度一般指观察或研究对象(物体或过程)的空间分辨率和时间单位,它标志着对所研究对象细节的了解水平。在生态学中,尺度是指所研究生态系统的面积大小(空间尺度)或其动态变化的时间间隔(时间尺度)[287]。以不同尺度研究时,内容也不相同[288]。为解决区域生态环境问题提出有效的管理对策,我们无法回避对区域在空间上和时间上不同尺度的生态安全研究。研究区域生态安全随着时间和空间变化的规律性,对于进一步了解区域生态安全及动态变化有着更深层次的意义。

(一) 区域生态安全评价的时间尺度特征

这里主要讨论短时间尺度内($n×10～n×10^{2a}$)区域生态安全状况。可以分两种情况来探讨,一种情况是时间"点"的生态安全水平。另一种情况是时间"段"的生态安全状况。这里的时间"点"是指相对较短的时间段,在这一较短的时间段内,区域所受到的外部环境作用相对保持稳定[289]。在特定的时间"点"研究区域生态安全问题,要求所选择的指标要容易量测,具有敏感性和可诊断性,量测过程中误差较低,同时具有稳定的测定周期[290]。以时间"点"为特征研究区域生态安全问题的优点在于它能快速评价区域生态环境的现状和特征,及时提供必要的管理信息,其缺点或不足是寻找参照值比较困难,经验成分较多,实践中常常需要与时间段特征下的指标相联系,配合使用。

近几十年来,由于生态环境等剧变引起全球变化的强度和速度是人类历史上少见的。全球变化给人类的生存和发展带来了很大的压力,威胁着人类的安全。尤其是发展中国家的不少城市正在以最脆弱的生态环境支撑着高密度的人口活动和高强度的经济发展,生态环境问题尤为突出。因此对这一时段内的区域生态安全进行研究,更有助于区域实现可持续发展。时间段特征的区域生态安全评价指标选取的标准常以历史时期的数值为参照、同时考虑理想水平下要素的取值范围,通常以要素的变化率或各种指数来表示[291]。在特定的时间段研究区域生态安全问题,需要掌握历史时期大量数据及其环境变化资料,其优点就在于它能系统地分析和评价几十年或近百年来区域的生态变化特征,以便采取正确的管理措施;缺点或不足在于许多要素的历史资料没有记载或不完全,会给评价带来不确定性。因此,需要将时间"点"和时间"段"结合起来评价区域生态安全水平。

(二) 区域生态安全评价的空间尺度特征

空间格局决定着资源地球环境的分布形式和组分,制约着各种生态组分,与干扰能力、恢复能力、系统稳定性和生物多样性有着密切的关系。就地理空间分布规律而言,一般可分成两个互为联系的尺度:全球尺度和区域尺度。这里主要分析区域尺度的生态安全问题[292]。

在地理学中,区域是一个最为普遍的概念,区域主要从地区与地区的关系、地区可能有别于其他地区的结构角度来抽象的。实际存在的区域,具有其本质的性质,这些性质决定了区域的行为,包括区域的整体性和区域的结构性。区域的整体性首先是指区域有一致特性或对某几种地理过程有一致的响应特征。区域的整体性有时表现得非常强烈,以致呈现为一受控系统。当对区域的某一局部实行干扰,会出现整个区域的变化。区域的结构性包括层次性、自组织性和稳定性三个方面。

在区域尺度上研究生态安全问题,需要把握区域的整体性和结构性,特别是在确定评价指标时,要从区域整体来把握,需将生态、社会与经济综合来考虑。研究区域尺度的生态安全水平,优点就在于能从宏观尺度上把握区域的动态,有助于为决策和管理提供依据;缺点或不足主要表现为指标的选取需要全面而准确,常会出现以偏概全的倾向[293]。特别是在较大的区域尺度内,各地自然条件又千差万别,从整体上把握区域的生态安全动态实属不易,需要借助遥感信息以及多部门、多学科的协作才行。

六、系统工程论

系统工程理论是具有普遍指导意义的科学理论,其基本观点是:任何复杂的大系统都由众多子系统构成,子系统与子系统,子系统与大系统之间相互协调、相互配合,共同确保大系统的有机存在。区域生态安全评价研究必须以系统工程理论为指导,对自然-经济-社会人工复合生态系统中的各个维度给予关注(具体见图2-4),确定生态安全的不同层次和不同维度。

系统评价就是对研究问题所构成的系统各要素(即评价对象)在总体上进行分类和排序。作为系统分析与决策分析的结合点,系统评价既是系统分析的后期工作,又是决策分析的前期工作,在系统工程理论和方法体系中处于"枢纽"地位,在各种应用系统工程实践中具有广泛的应用价值。

在进行系统评价时,要建立明确的评价标准,通过评价标准来测定评价对象,对其功能、特性和效果等属性进行科学的测定,最后由评价人根据给定的评价标准和主观判断把测定结果变换成价值判断,作为决策的参考。从数学变换的角度看,各评价对象是由评价对象各指标所组成的高维空间的一些点,系统评价模型就是一种从高维空间到低维空间的映射,要求这种映射能尽可能反映评价对象样本在原高维空间中的分类信息和排序信息,这些信息具体反映在如何合理地确定这些评价指标的权重上,这仍是目前系统评价模型研究的难点之一。近年来提出的确定权重的主要方法有等权重法、统计试验法、专家评分法、变权重法、层次分析法和熵权法等。系统评价方法有很多种,如相关矩阵法、层次分析法、主成分分析法、模糊综合评价法等。模糊综合评判法的基本思想是应用模糊关系合成的原理,根据被评价对象本身存在的性态或类属上的亦此亦彼性,从数量上对其所属成分给予刻画和描述。由于安全概念本身具有模糊特性,因而用模糊数学的概念、方法,建立区域生态安全模糊评判的理论与模型,比传统的评价方法更加符合现象的实际情况。

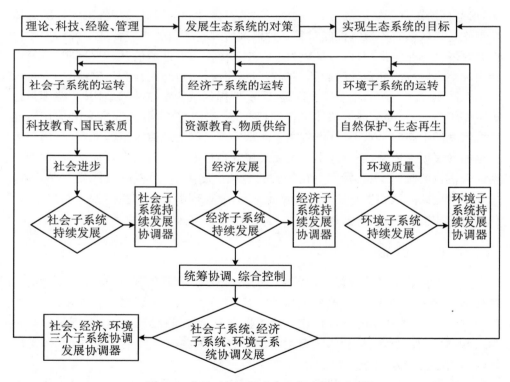

图 2-4　自然-经济-社会人工复合生态系统

第三节　系统因素构成及内部关联

区域生态安全的影响因素是复杂交互的,并不是单一独立的。诸多因素之间的交互关联作用使得我们难以对区域生态安全进行准确评估。因此,本节将以区域生态安全系统构成因素为研究对象,基于区域生态安全的复杂性,深入剖析区域生态安全的研究案例,通过对区域生态安全深入调研、行为事件访谈、专家深度访谈和大量的文献研究等方法,整理、归纳影响区域生态安全的诸多因素,运用解释结构模型理论和方法,分析区域生态安全系统构成因素间的复杂关系,建立区域生态安全系统构成因素的层级递阶结构关系,进一步揭示深层的影响因素有助于指导区域生态安全动态评价与预警研究,进而降低区域生态安全风险。

一、区域生态安全评价指标体系及方法研究

研究区域生态安全,首先则需要详细地识别区域生态安全系统构成因素,确定各个因素与区域生态安全之间及各因素之间的交互关系,同时明确各个因素对区域生态安全的作用机理,只有这样才能提高对区域生态安全预警的科学性和准确性,建立更加科学有效的区域生态安全预警机制。

一是为区域生态安全评估和仿真提供依据。笔者依据前期的研究成果,结合相关专家的文献研究,利用粗糙集理论、因子分析法和主成分分析法,对搜集的因素进行分析、整理和归纳,从而得出影响区域生态安全的因素主要包括环境层面、经济层面等,各因素层面又由诸多相互作用、相互影响的子因素构成,并通过设计问卷调查、实地调研及相关专家深度访谈等方法,分析各因素之间的直接和间接关系,得出各影响因素的关联。

二是全面系统剖析区域生态安全系统的构成因素。自然灾害的发生与员工的生态安全有着密切关系。而这些影响区域生态安全的因素一般都不是由某种单一因素引起的,往往是由很多因素相互作用、相互影响导致的,故单纯地从某个因素或某几个因素来分析区域生态安全的系统构成因素肯定是不科学和不全面的,必须全面系统地研究影响区域生态安全的复杂因素。此外,找出影响区域生态安全的根本原因及各个因子之间的内在联系,运用系统的观点思考各个影响因素的作用路径,及各个因素导致区域生态安全演变的动态过程,也能为构建科学而系统的区域生态环境系统因素的评估体系奠定基础。

三是有助于建立有效区域生态安全风险的预警机制。需要在深入剖析区域生态安全系统的构成因素的基础上,研究各个因素对区域生态安全作用机理,从中找出科学而有效的预警机制。准确寻找和描述影响区域生态安全的作用因子,依据

科学的方法对准确的数据进行分析,进而确定不同因素的作用强度,为深入研究区域生态安全动态评价及预警研究提供参数变量,便于研究不同因子对效益总水平的影响程度和敏感程度。从影响区域生态安全的因素出发,找出科学的降低区域生态安全风险的方法和措施,并加强区域生态安全的预警机制的准确性,为避免灾害的发生提供风险预警。

四是可以进一步丰富区域生态安全评估理论。目前,已经有很多学者意识到生产活动中的不正确行为对区域生态安全具有重大的影响,也构建了很多的影响因素体系,并在该方面进行了风险预防研究,但是所建立的因素体系仍不够全面、系统和科学,没有深入地结合社会环境、自然环境以及经济环境等方面进行深入研究,未能准确揭示影响区域生态安全系统的构成因素的复杂性和交互性[294]。因此,区域生态安全的影响因素体系的完善,可以丰富我国区域生态安全动态评价及风险预警的理论研究,进一步推动区域生态安全风险的防范机制理论的探索和发展。

进行区域生态安全评价有助于完善我国对区域生态安全系统的构成因素的研究。区域生态安全评价和预警是生态安全风险进行有效规避、转移和化解的前导步骤。区域生态安全评价作为评估生产活动是否合理、改善区域生态环境的重要工具和依据。科学、客观、系统的生态安全评价能为环境监察机构和当地企业了解区域生态安全状况,进而安排生产活动,从而有的放矢地采取管控措施,全面提升区域生态环境的整体安全性,最大限度地预防和减少对生态环境的污染,保障区域生产活动的进行。因此,研究区域生态安全风险的形成机理,建立科学的区域生态安全风险评价模型对区域生态安全动态评价与预警研究至关重要。

二、区域生态安全特点

我国幅员辽阔,东、中、西部以及南北差异巨大,各地的经济发展方式和人民的生活水平也有很大不同。所以,研究生态安全必须因地制宜,考虑到各地的实际情况,制定适合该区域的政策。

(一)复杂性

由于一个区域的生态环境复杂多变,生态系统庞杂,区域生态安全的影响因素较多。区域生态安全系统属于高度复杂的系统,固有的自然风险、环境的不利条件、人的生产和生活活动都会影响生态安全。一方面,由于经济的迅速发展,生活水平的不断提高,对资源的消耗也越来越大,部分区域由于资源的过度开采而导致地质灾害。另一方面,政府如今加大环境保护力度,限制了工业企业的污染排放,也间接限制了一个区域的工业经济发展。所以说区域生态安全的影响因素是复杂的,各个因素之间相互影响、相互制约,一旦某个因素出现问题,将对区域生态安全构成重大影响。

（二）动态性

在生产过程中,不同的区域所依赖的经济发展模式是不同的,资源的开采过程就是人类不断探索、破坏大自然的过程,由于区域生态环境的差异,导致区域的生产活动一直处于变化状态。在生产的过程中,随着生态环境的变化和制约,不断会出现新情况和新问题,整个生产系统也会发生一定的变化,生产方式也会随着生态环境的变化而改变,从而改变政策和经济发展方式。

（三）随机性

随机性主要指影响区域生态安全的因素,各个因素发生的时间及其影响范围和程度等都具有随机性。由于这种随机性的存在,导致区域生态安全处于复杂的灰色关联系统。特别是生产过程中排放污染的影响因素的随机性更为明显,如废水、废气、固体废物产生,以及由于资源过度开采而引发的地质灾害[295],这些随机性难以用某个数学公式或某个简单的定量指标准确表述。

（四）关联性

区域生态安全影响因素繁多,且在过程中一种因素会受到其他因素的影响,或在与其他影响因素相互作用下增大安全问题发生的概率,或与其他影响因素一起造成更大的安全问题[296]。例如,当资源开采过度会引发地质灾害,大幅度减少森林面积,当雨季来临时会引发泥石流、山体滑坡和洪涝灾害等一系列连锁反应,在研究区域生态安全时,必须考虑各个因素之间的相互联系。

三、区域生态安全评价指标体系设计原则

区域生态安全系统是由社会-经济-自然构成的、空间分布极其复杂的系统。其中人类活动、经济发展模式、社会文明、社会政策、自然因素共存。这些因素相互关联,在时间、空间上相互影响。环境科学的最新理论认为,只有对生态安全系统进行定量评价,事先对各种生产活动所带来的后果及对整个生产系统的影响做好预警工作,从而使技术和安全管理有关部门针对性地采取措施,达到经济、社会和环境和谐发展的目的[297]。近年来,区域生态安全动态评价和预警研究在世界范围内受到广泛的重视。发达国家和发展中国家都从不同角度着手区域生态安全评价和预警的研究,这些研究为推动区域生态安全评价理论、预警方法的发展和应用起到了十分重要的作用。从评价方法的原理与具体算法角度分析,大多采用传统的理论方法,或借用其他行业的现有技术来处理区域生态环境的特殊问题。大量的经验证明,仅依靠传统的方法和思路对于具有特殊情况的区域生态安全问题很难做到定量、有效的评价。因此,如何结合区域生态安全系统系统的特点,建立有效的评价理论和方法来评价区域生态安全是一个迫切需要解决的新课题。由于区域

生态环境的复杂性,区域生态安全评价指标体系的构建涉及社会、经济、环境等多个方面,安全评价指标体系构建的科学、合理与否,直接影响到环境监管部门对工业企业管理和生产的评价和管控。构建科学、规范的安全评价指标体系,需要把握以下原则。

（1）科学性原则。评价指标的选择应基于科学的依据,所选指标应能够体现区域生态安全的现状,能够反映影响区域生态安全的主要因素。只有坚持科学性原则,所构建的安全评价指标体系才具有可靠性和客观性,评价结果才具有借鉴意义[298]。

（2）系统性原则。由于区域生态环境受到诸多因素的影响,各个因素之间相互影响、相互制约,导致区域生态安全评价指标的多样性和复杂性,涉及区域工业企业生产过程管控的各个方面,所以需要按照目的性、相关性、层次性、集合性等系统特性加以梳理。所构建的区域生态安全评价指标体系应层次分明、脉络清晰,以对区域生态安全的现状进行准确评价。

（3）全面性原则。只有构建能够反映区域生态安全各影响因素的评价指标体系,才能对区域生态环境预警具有一定的指导意义。为了保证区域生态安全评价的全面性,所选取的指标因素不仅要具有代表性,且要涵盖影响因素的各个方面。

（4）易评价原则。由于指标体系的构建最终是为了实现对区域生态安全的评价,所以指标的设计应概念明确、清晰,而且指标的量化及数据收集要求简便、易于操作,各级安监评价人员可以根据指标体系对区域生态环境进行安全评价和安全预警。

（5）定性和定量相结合的原则。由于区域生态安全影响因素众多,评价指标体系过于复杂,所以指标体系的构建应在体现定量化的同时,兼顾定性指标。只有采取定量和定性相结合的形式,才有利于全面评价区域生态环境所处的安全状态[299]。

（6）独立性原则。由于影响因素众多,各影响因素间具有一定的关联,为了体现风险评价的客观性和公正性,在对评价指标体系构建时,应努力避免指标间的重叠及显见的包含关系,从而有效保证指标间的独立性。

四、区域生态安全评价指标研究

区域生态环境评价指标体系的科学设计是区域生态安全动态评价及预警的关键和基础。通过设计科学合理的安全评价指标体系和预警模型,环境监察部门就能够有效了解区域生态环境所处的安全状态,并能够有效地了解影响区域生态安全状态的主要因素,从而针对性地提出影响区域生态安全的对策和建议。目前无论是政府环境监管部门还是工业企业,对我国区域生态安全状态的描述大都停留在定性层面,或者用污染排放统计数据,如万吨、亿标立方米等进行描述,难以有效反映所评价区域生态环境的安全状态。因此建立科学规范的区域生态安全评价指标体系是目前区域生态安全管控的主要方向。但大部分区域的生态安全系统都十分复杂,诸多不安全的自然因素和人为因素对生态安全构成影响,如废水、废气的排放和固体废物的生产以及经济发展和社会政策的制定及执行等方面。要实现区域生态安全,必须构建科学、合理、完善的评价指标体系。生态安全的影响因素有很多,涉及的内容也较多,因此建立合理的评价指标体系是一项复杂的系统工程[300]。指标体系必须建立在全面、系统、科学的基础上,须遵循全面、科学、系统、操作及可比性原则。

就国内而言,我们才刚刚兴起区域生态安全的应用探究,对安全评价的研究较少。任志远以国内关于区域生态安全研究成果为基础,以宁夏回族自治区为研究区,依据扩展型 PSR 框架模型,建立土地生态安全评价的指标体系,并对结果进行对比分析[301]。修光利等围绕区域规划战略环评的地位、实施现状及主要存在问题,建立了基于生态安全的区域规划战略环评的指标体系,探讨了"环境库兹涅茨曲线"和"压力-状态-响应"的评价技术方法[302]。

五、区域生态安全研究综述

(一) EEES 耦合系统研究

学者们使用多种方法研究区域生态-环境-经济-社会与生态环境的关系。基于对生态方面的研究,付书科通过构建三方动态博弈模型,采用逆推归纳法研究生态脆弱区矿业发展的耦合协调关系[303]。麦丽开·艾麦提基于 PSR-EEES,用综合指数法测度区域生态安全预警状态[304]。对于环境方面的研究,徐美运用生态足迹模型对 2010 年湖南省土地资源的安全性进行评估,基于 PSR 模型建立土地生态安全预警指标体系,综合运用熵权法和综合指数法从时、空两个维度对土地生态安全警情现状进行评价[305]。易武英结合研究区区域特征、社会经济发展状况及资料收集情况,从自然生态系统、社会经济系统、景观生态系统三个方面构建评价指标体系,将熵权法与属性识别模型相耦合,进行生态安全预警评价研究[306]。对于经济方面的研究,李京梅采用可拓物元模型对胶州湾产业结构生态安全度进行综合评价,构建地区产业结构生态安全的预警指标体系[307]。李瑾等从农业与生态环境协调发展的角度出发,选取指标对天津农业生态环境进行预警研究[308]。对于社会方面的研究,潘永平利用动态预警分析方法测度了城市水生态系统、大气生态系统、土地,生态系统、生物生态系统、社会经济生态系统,各生态子系统安全预警的空间格局[309]。对于四方面的共同研究,赵宏波基于压力、状态、响应(P-S-R)和生态、环境、经济、社会(E-E-E-S)框架模型构建生态安全预警指标体系,运用变权-物元分析模型区域生态安全的预警等级进行了测度,并结合灰色系统 GM(1,1)预测模型对区域生态安全态势进行预测预警[310]。杨嘉怡从城市复合生态系统视角出发,构建具有煤炭资源型城市特色的压力-状态-响应(PSR)和自然-社会-经济

(NES)评价模型相融合的复合指标体系,在差异系数法组合权重的基础上,应用等维新息灰色神经网络(DGM-RBF)动态组合预警模型,对焦作市生态安全动态演变进行预警分析[311]。

(二) DPSIRM 评价体系研究

近年来,学者们使用多种方法研究区域驱动力-压力-状态-影响-响应-管理与区域生态安全的关系。董媛媛基于 DPSIRM 模型并结合公安机关在生态安全中的管理作用,构建了包括相关法律法规制度体系健全水平、生态违法犯罪的打击力度及能力、生态执法投资占 GDP 的比例、生态文明的宣传教育普及率、防控人为生态风险的信息化程度和科技投入 5 项评价指标在内的 44 项生态安全评价指标,形成了一套具有公安特色的生态安全评价指标体系,最后以 2019 年北京的生态安全保护工作为例对模型进行验证[312]。万炳彤、赵建昌、鲍学英、李爱春基于 DPSIRM模型构建区域水环境承载力评价指标体系,并基于 SVR 模型构建了区域水环境承载力评价模型,利用交叉验证法对 SVR 模型参数进行优化选择,进一步提高模型预测精度,运用该模型研究了长江经济带 2009—2018 年的水环境承载力演变趋势及空间差异[313]。刘文铮结合资源环境、社会经济和生态文明等方面的影响因子,在 DPSIRM 模型框架的基础上,构建驱动力-压力-状态-影响-响应-管理的 6 个因果关系在内的河长制评价指标体系,说明了资源环境与社会经济之间的相互关系与矛盾,为该区域促进制度创新提供了科学的理论基础[314]。董丽芳将驱动力-压力-状态-影响-响应-管理(DPSIRM)模型作为框架选取评价了 23 个指标构建评价指标体系,在此基础上调查选取了南京市 2008 年至 2017 年十年间的指标数据,并应用模糊评价法对指标数据进行处理,应用熵值法赋予各个指标和各个子系统权重[315]。权丽君围绕都市化过程中旅游生态安全主题,选取典型的都市成长区代表——南昌市湾里区为研究区域,运用湾里区社会经济与自然生态统计数据,基于 DPSIRM 框架构建都市成长区旅游生态安全研究框架,以 2006—2017 年为时间序列,开展都市成长区旅游生态安全评价[316]。张峰以位于高纬度地区的吉林省饮马河流域为研究对象,以野外采样、室内实验以及"3S"技术为数据获取手段,以趋势分析、M-K 检验、Sen 斜率估计、格网 GIS 等数学分析手段,利用气象数据、基础地理数据、野外采样及实验室测试数据、遥感解译数据、社会经济统计数据等多源数据,通过对流域生态脆弱性影响因子进行识别分析,利用国际上较为先进的驱动力-压力-状态-影响-响应-管理(DPSIRM)因果关系模型和系统动力学(SD)模型构建饮马河流域生态脆弱性概念框架,从而建立评价指标体系评价模型,对研究区域的生态脆弱性进行评价,并将评价结果进行空间化表达[317]。沈晓梅、姜明栋基于DPSIRM 模型,结合河长制推行的目标要求和我国水生态文明建设现状,综合国内外研究成果,构建了包括驱动力、压力、状态、影响、响应和管理 6 类指标的河长制综合评价指标体系,揭示了社会经济发展对水资源水环境带来的负面影响,促使人类采取应对措施[318]。彭博基于 DPSIRM 模型对抚顺市社会经济的水环境效应进行评估,结果表明,在 2006 至 2015 年间,抚顺市的水环境效应综合指数呈现先下降后上升的趋势,整体处于"安全"等级[319]。汪嘉杨、翟庆伟、郭倩、陶韵竹构建"驱动力 D(人口、社会经济发展)-压力 P(水资源问题与污染排放)-状态 S(水质变化)-影响 I(自然生态、水土资源)-响应 R(污水处理、用水普及)-管理 M(绿化、投资)"(DPSIRM)评价模型,并从社会经济、水资源、水质状态、投资管理等方面选取指标,建立具有 3 层结构的评价指标体系[320]。董振华基于多源数据融合(气象数据、遥感数据、社会经济数据和调查数据等)与 DPSIRM 概念模型,构建草原生态安全评价指标体系,运用熵组合权重法、综合加权评价法、格网 GIS 与最优分割法,对锡林郭勒草原生态安全进行评价与区划[321]。郭倩、汪嘉杨、张碧通过对水资源系统内在机理研究,构建基于驱动力-压力-状态-影响-响应-管理(DPSIRM)概念框架的水资源承载力 DPSIRM 评价指标体系,给出各子系统明确的含义,以反映系统内部各要素之间的关系[322]。汪嘉杨、郭倩、王卓引入"驱动力-压力-状态-影响-响应-管理"(DPSIRM)模型模拟经济社会与水环境之间的相互响应关系,构建流域社会经济的水环境效应评估的指标体系,以揭示出流域经济发展中人、水环境相互作用的链式关系,采用熵变加权法对指标体系的各指标进行赋权,得到水环境效应综合评估指数公式。以长江上游岷沱江流域为研究区域,对岷沱江流域 2000—2014 年水环境效应进行评估研究[323]。张凤太、王腊春、苏维词以岩溶典型区——贵州省为例,结合岩溶地区水资源的特点,构建基于驱动力-压力-状态-影响-响应-管理(DPSIRM)概念框架的岩溶区水资源安全 DPSIRM 评价指标体系,借助灰色-集对模型对贵州省 2005—2012 年水资源安全进行定量评价[324]。张峰、杨俊、席建超、李雪铭、陈鹏基于人地和谐发展视角构建驱动力-压力-状态-影响-响应-管理(DPSIRM)因果关系模型和健康距离模型,结合层次分析法建立典型湖泊健康评价的水质-生态-社会经济综合评价指标体系[325]。

(三) 预警方法研究

基于对生态环境预警的研究,总结出学者们常用的预警方法有:灰色预测模型、可拓分析法、SDI 模型、DPSIR 等。李杨帆运用景观生态学和景观生态安全格局理论方法,提出城市不透水面变化率、风险受体敏感指标和生态红线管控的景观生态风险空间预警模型,与通过景观源-汇理论构建的景观生态安全格局相叠加,揭示景观生态安全格局在快速城市化的胁迫下现状与未来潜在风险状态[326]。马书明引入灰色预测模型建立生态安全各指标的预测模型,通过生态足迹模型和灰色预测模型相结合构建了区域生态安全评价和预警方法体系[327]。王治和针对区域生态安全预警中的不确定性问题,考虑生态安全等级边界信息的随机性、模糊性及动态性,利用可拓学中兼具定性和定量分析及动态性的物元理论和具有不确定推理特性的云模型,提出了基于可拓云模型的区域生态安全预警模型[328]。张强据生态安全预警多层次、多维度和动态性的要求,利用可拓综合分析方法,建立了区域生态安全的"状态-胁迫-免疫"(State-Danger-Immunity,SDI)动态预警模型,运用该模型对陕西省历史年份(1990—2007年)生态安全进行定量评估,并对规划年份生态环境进行动态预警。刘冉芝基于驱动力-压力-状态-响应(DPSR)模型,构建出甘肃省生态安全预警评价指标体系,并运用熵值法对生态安全进行预警分析,最后运用灰色系统的GM(1,1)预测模型预测生态安全变化趋势[329]。王丽婧等设计了社会经济-土地利用-负荷排放-水动力水质(S-L-L-W)多个模块集成的流域水环境安全预警模型,筛选稳定性和实用性较好的 SD 模型、CA-Markov 模型、SWAT 模型和 EFDC 模型作为 S-L-L-W 四个模块的模拟工具[330]。

表 2-5 为整合区域生态安全影响因素的具体内容。此外,笔者依托学校图书资源 CNKI 数据库资料,输入关键词"区域生态安全""动态评价""预警研究"检索筛选出 33 篇,见表 2-6。其中 8 篇为后文的区域生态安全评估研究奠定了基础。

表 2-5　区域生态安全影响源

	影响因素	具体项目
区域生态 安全评价	生态	资源消费
	环境	水电开发
		水资源短缺
		地区产业结构
	经济	经济增长模式为粗放型
	社会	人口增长
		空间利用过度
		人类活动(工业、农业、运输)
区域生态 安全预警	生态	自然灾害
	环境	土地利用和景观格局信息
		水土流失
		地区产业结构
	经济	第三产业
	社会	城镇化水平
		就业

表 2-6　区域生态安全影响因素

因素涉及内容	篇数	所占比例
产业结构	5	15.79％
经济发展水平	12	36.84％
人口增长	4	10.53％
资源不足	4	10.53％
人类活动	8	42.11％
城镇化水平	14	5.26％
自然灾害	7	21.05％

六、区域生态安全影响因素体系构建

（一）区域 EEES 耦合系统构成因素

区域 EEES 耦合系统(Regional Ecological Environment Economic Social Coupling System,取首字母可减缩为 EEES)是由生态子系统、环境子系统、经济子系统和社会子系统耦合而成的复合系统,整个复合系统的耦合发展由各子系统内部及子系统之间的相互作用机制共同维持,通过相互作用、相互交织等复杂的作用机理形成一个具有特定结构、功能、目标的巨系统。

生态环境子系统是区域 EEES 耦合系统的物质基础,一定时空范围内生物因素与环境因素相互影响、相互作用构成生态系统,生态系统这一综合体是生命系统与环境系统在特定空间上的组合,由植物、与植物共同栖居的动物,以及直接作用于生态环境中生物的物理、化学成分共同组成,从生态系统物质循环和能量流动的角度可以分为无机环境、生产者、消费者、分解者。

经济子系统的主要功能是保证物质商品的生产和服务的提供,以满足人类物质生活的需要,也是人类从生态环境中获取资源进行物质资料生产、流通和消费的过程。经济子系统是区域 EEES 耦合系统的核心,经济发展的成果既可以帮助人类脱离贫困,增进福利;也可以提供资源开发、解决生态环境问题的资金,是生态环境可持续发展及耦合系统良性发展的基础。

社会子系统是区域 EEES 耦合系统良性发展的关键。科学合理、适应时代特征、与经济发展相匹配的社会政治体制、良好的社会伦理基础、优良的历史文化积淀以及稳定有序的社会环境是实现系统耦合和社会良性运转的保证,是耦合系统发展的最高目标。

目前,国内外专家学者关于区域生态安全影响因素的研究已有一系列成果,对区域生态安全影响因素的研究范围涵盖经济、自然、环境、生态等多个方面。这里从 4 个方面进行探究:生态因素、环境因素、经济因素、社会因素。

1. 生态因素

生态因素是环境中影响生物的形态、生理和分布等的因素,常直接作用于个体生存和繁殖、群体结构和功能等。胡和兵在明确生态敏感地区相关概念的基础上,阐述了生态敏感地区生态安全评价和预警的基本理论[331]。吴玲倩等从生态供给和生态需求两个角度对区域经济系统运行安全状况进行综合评价,进而构建向量自回归模型模拟区域产业结构变动与生态足迹变动之间的动态响应关系,采用脉冲响应函数探讨其内在冲击响应机制,得到对应的定量分析结果[332]。王耕等在全面分析生态系统的能量流、物质流的基础上构建了能值-生态足迹模型,并借助地理信息系统(GIS)技术平台探索流域内生态安全及生态赤字时空演变趋势[333]。

2. 环境因素

多项研究表明,环境因素也是影响区域生态安全的重要方面。一个区域的自然环境条件将直接影响到生态安全和经济发展模式以及生活方式。李朝指出水生态环境综合评价指数弥补了单纯化学指标或单纯生物指标评价水质不够全面的问题,首次加入环境指标,体现了环境管理从指标控制到生态保护思路的转变,提出对于水生态环境综合评价指数分为指数化学因子、生物因子的评价指数如何选取还需进一步完善[334]。万帆以地理信息系统为主要技术手段,以怒江西藏境内东巴坝址至松塔库尾河段水电规划为例,进行陆生生态评价范围划定方式的比选,最终推荐等高线判定第一层山脊线并确定陆生生态评价范围[335]。

综上可知,在对区域生态安全评价中,自然因素是重要的基础性影响因素。自然因素的选择首先要考虑当地的立地条件,否则难以准确评价区域的生态安全状况,在提出对策时也会降低针对性。

3. 经济因素

近年来,区域经济发展水平和主要经济发展模式对生态安全的影响都是学者的研究重点和热点。研究者选取的视角不同,则选用的经济因素也有较大的差异,如从区域的经济发展水平和生活水平、经济发展的模式、经济发展所消耗的资源的种类等角度进行分析研究。从不同的角度对经济影响因素进行研究,目的是明确经济因素对区域生态安全的影响,为预防和减少经济发展所带来的不利影响提供对策和理论依据。蒋勇军等以云南小江典型岩溶流域为例,在 GIS 支持下,通过选择评价因子和建立评价模型,对岩溶区的土地整理进行了生态评价。结果表明:流域生态评价分值较高的土地面积较少,而生态评价分值较低的土地面积较大[336]。王刚毅基于改进的水生态足迹模型,计算中原城市群 2001—2016 年水量生态足迹和水质生态足迹,从宏观和微观层面构建脱钩评价模型和协调度模型,对区域经济发展和水资源环境协调关系进行研究。钟世民基于能值理论与传统的生态足迹法,构建能值-生态足迹分析模型,分析其时间序列动态变化规律及成因,并建立吉林省生态经济系统评价体系,对其现阶段生态安全等级进行分析和界定[337]。王慧艳以武陵片区等6个典型国家连片特困区为研究区,设计生态环境质量与经济发展水平耦合协调性评价方法;从生态环境的自然属性出发,建立生态贫困视角下的指标体系,计算耦合协调度,分别在片区-省-市-县不同尺度上对其进行定量空间差异分析[338]。

因此,经济因素作为影响区域生态安全的一大因素,带有明显地域色彩。一般而言,经济发达程度会很大程度影响地区的基础设施建设、交通通达度、人民生活水平以及所居住的环境。因此,发展程度相同的城市在不同区域也表现出不同的生态安全状况。

4. 社会因素

在影响因素中,社会因素在很大程度上影响区域生态安全,众多学者也做了大量研究。左伟、李茜认为人口的增长和经济的发展,使得土地生态系统结构和功能不断退化,严重威胁到区域生态安全,建立区域土地生态安全评价方法及指标体系为经济可持续发展提供决策支持[339]。周慧珍、王桥发现局部地区的生态安全态势甚至已经损坏了社会经济与农业生产可持续发展的基础,但是从学术层面上的区域生态安全研究,尚未真正开展起来[340]。李昊阐述了南水北调中线工程建设情况及其意义,并对河南省主要水源区和受水区生态环境与社会经济发展的影响进行了综合评估分析[341]。

在区域生态安全影响因素研究方面,国内外的专家学者主要是从生态因素、经济因素、社会因素、自然因素等角度进行深入分析研究,得到的研究成果较为丰富,对区域生态安全的动态评价和预警研究具有积极的指导作用。但一方面他们对区域生态安全的概念没有统一的定义,且对区域生态安全预警没有清晰的认识,对于生态安全预警工作,在一定程度上还处于经验判断和理论研究阶段;另一方面,目前很少有学者全面而又深入地对区域生态安全的影响因素进行综合分析,并以此为基础,分析提炼出关键影响因素,进而研究关键因素对区域生态安全的作用关系和实际作用率。

综上,对不同区域而言,提高节能环保投入、适当提高生态系统承载力,是提升生态系统服务能力和提高生态系统安全水平的必然选择。

(二) 区域 EEES 耦合系统的内部关联

环境系统和生态系统两个概念的区别:环境系统着眼于环境整体,而生态系统侧重于生物彼此之间以及生物与环境之间的相互关系。环境系统和生态系统两个概念相近似,但后者突出生物在环境系统中的地位和作用,强调生物同环境之间的相互关系。环境系统从地球形成以后就存在,生态系统是生物出现后的环境系统。因此,可以粗略地认为环境系统包含于生态系统。对于生态-环境-经济-社会四个子系统的研究,可概括为三方面:生态环境子系统-经济子系统,生态环境子系统-社会子系统,经济子系统-社会子系统。

1. 生态环境子系统-经济子系统

生态环境-经济系统之间是相互促进和相互制约的关系。相互促进作用具体表现为:首先,生态安全是经济发展的基石。其次,经济发展是生态安全的驱动力。经济发展不但为生态建设和环境保护提供物资和资金支持,利于生态环境不断完善,资源合理利用,而且为研发环保技术和提高环保意识提供强有力的支撑保障。相互制约具体表现为:生态环境系统作为人类赖以生存的空间,质量直接关系到人类生存。同时,经济系统对生态环境系统也具有反作用,片面地追求经济增长会造成生态资源过度开发,生态环境遭到污染和破坏。

2. 生态环境子系统-社会子系统

首先,人类社会应同生态环境相适应,尽管生态环境系统的原生状态会在人类社会的外在驱动力下发生偏离,但只要社会系统的外在作用是在生态系统的承载力范围内,符合自然规律,并发挥社会系统多样性文化等功能,能有效地实现社会系统和生态环境系统相互协调发展;其次,人类社会要与生态环境相互制衡。社会系统中以人为核心要素决定了人类的价值取向和生计方式通过生态环境系统间存在改造和顺应两种制衡力量。总之,在生态环境系统-社会系统的相互作用关系中,生态环境系统为社会系统发展提供基础,社会系统反作用于生态环境系统,可能适应也可能改造生态环境系统,只要顺应生态环境系统自身的规律,最终实现生态环境与社会系统的可持续发展。

3. 经济子系统-社会子系统

经济是社会进步的保障和关键,社会进步是经济发展的出发点和归宿点,经济正是实现社会的全面进步为初衷而不断发展,同时经济发展的落脚点也正是人类生活质量的综合素质的全面进步。因此,经济-社会系统简单相互关系可以形象地比喻为形与神的关系。其次,社会发展为经济发展指引方向,是经济发展的环境条件和重要保障。经济发展离不开安全的政治法律制度体系、良好的文化教育体系和健全的社会保障等条件的维护和支持,缺失了这些,经济发展将失去基本的维持条件。

区域 EEES 耦合系统是由生态子系统、环境子系统、经济子系统、社会系统组成的一个复合系统,区域 EEES 耦合系统由人口、环境、科技、信息、制度等基本要素组成[342]。人口是耦合的主体,环境是耦合的基础,科技与信息是耦合的重要中介和桥梁,制度是耦合的催化剂。

人是耦合的主体。人是生产力中的主要要素和构成经济关系与社会关系的能动生命实体,是经济社会架构形成的前提条件。人这一要素属于生态环境经济社会耦合系统的主体,而其他要素相对处于客体的位置,客体围绕主体发挥作用,即环境与其他自然生态系统等都围绕人类发挥作用,离开了人类这一主体,其他客体某种程度上就失去了应用价值。离开人类活动的参与也不会有生态经济系统、环境经济系统、生态环境经济系统产生,相应的自然生态系统与人类经济系统之间的区别与矛盾也不会存在。作为区域 EEES 耦合系统的主体,人这一要素最大的特点是具有创造力和能动性,这是人区别于其他一切生物的根本,正是人类能动性的存在才使得能动地控制和调节这个耦合系统成为可能,能够及时纠偏并使之改变不良的发展轨迹。

科学技术是重要耦合中介。科学技术是耦合生态系统、环境系统、经济系统、社会系统的中介,这种耦合中介效应通过科学技术三大功能得到发挥,即产业定向功能、对资源环境的开发利用功能、对生态环境的修复与重建功能。不同的产业发展方向和水平、不同的资源环境开发利用方式、不同的生态恢复与重建能力与科学技术水平所处的阶段紧密相关。较低的科学技术水平意味着设备陈旧、工艺低级、管理落后和生产力水平的低下,必然造成经济系统中单位产出耗费更多的能源和资源,并产生更多的污染物,受科技水平的制约也会出现资源环境不合理开发、污染防治、生态建设和环境修复裹足不前等问题。反之,伴随科学发现、技术发明等科技进步不断涌现出新兴产业或者被改造、提升的传统产业,使经济结构更趋向合理化和高级化,资源消耗降低的同时附加值得到提高;大幅度提高资源生产利用率,降低经济社会运行的能耗、物耗和污染产生率,使得自然资源的开发利用更趋合理,为环境保护与生态建设提供有力的科技支撑。因此,应加强环境保护与建立相关领域的科学技术研究,研发并推广能从根本上控制污染源的科学技术、治理污染物的科学技术、生态恢复与重建的科学技术。

信息是耦合桥梁。信息主要用于描述事物运动的状态以及这种状态的知识和情报。信息是对系统实施干预、控制、调节的基本手段,信息传递在系统的组成、结构和功能实现以及系统的演化过程中起着决定性的作用。在系统内部以及系统之间的相互作用以致实现耦合的过程中,信息的传递是重要内容,作用不亚于物质循环和能量流动。

制度是耦合的保障催化剂。诺贝尔经济学奖得主、新制度经济学派代表人物之一道格拉斯·诺斯认为,制度由国家强制实施的正式约束和社会认可的非正式约束组成,作用在于规制人们的选择空间、约束人们的相互关系。正式约束通常指已形成的一系列政策法规,如经济法规、政治法则、行业法规、合约、契约等,正式约束可以采取一种激进的方式来建立或废止,甚至在一夜之间发生变革;非正式约束形成于人们长期交往的无意识或潜意识下,诸如文化的影响和道德的约束,与正式约束相比,非正式约束的变动是一个缓慢的、渐进的过程。很多情况下正式约束和非正式约束配合使用,正式约束虽然可以在短时间内完成变更,但其实施过程需要和非正式约束结合起来,逐步、渐进进行。因此,制度在区域 EEES 耦合系统的演化与协同发展中具有十分重要的作用,可以保障并催化耦合、引导科技创新、推进生态建设和环境保护。

区域 EEES 耦合系统的生态子系统、环境子系统、经济子系统和社会子系统是由多因素、多变量组成,具有多种结构,包含着复杂的关联、因果等关系。按照某种或者特定的方式,人口、科技、信息和制度等要素相互依存、相互作用,耦合成为一个整体,通过彼此间的耦合作用决定耦合系统演进的方向(图 2-7)。

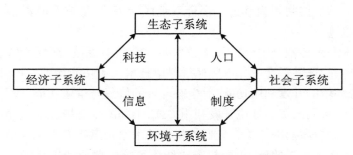

图 2-7   区域 EEES 耦合系统内部关联图

(三) 区域 DPSIRM 评价指标体系维度划分

针对区域生态安全存在生态、环境、经济和社会等因素,借助于 DPSIRM 理论框架构建包含驱动力(D)、压力(P)、状态(S)、影响(R)、响应(I)和管理(M)六个维度,以此探讨区域生态安全。

"驱动力"维度指人口增长、经济发展、社会进步产生的能够影响自然资源与环境变化的最根本原因,是造成环境变化的潜在因子。在社会、经济或体制制度系统的变化作用下,通过大规模的社会经济活动或产业升级变革对生物个体及环境所产生直接或间接影响,而造成驱动力因子不是敏感因子,在受社会和经济因素刺激下,生态环境的改观需要较长的时滞周期,但是其可供政策制定者预先做出政策决策,以响应的方式最大限度减少甚至避免对生态系统造成的压力,进而消减由此产生的一系列生态问题,并对生态系统的长期规划提供参考。

"压力"维度是驱动力表现的结果,是指由于驱动力作用直接施加在环境系统上带来各种外在和内在压迫,是环境的直接压力因子。自然环境因素会引发恶劣的自然环境条件。如降水少、气温高很容易引起气候干旱化,加之频繁的大风天气,容易引起风蚀,导致水土流失,增加沙漠化风险,而人口、经济的驱动会引起不合理的人为活动。开垦和过度放牧是引起土地沙漠化的人为因子。因此,压力因子对生态环境的破坏极大。

"状态"维度指上述各种压力下自然环境的现实表现,是在驱动力和压力共同作用下,自然环境系统的实际表现或变化情况,是物理、化学和生物状态。生态系统自身的结构、功能和价值也可反映生态系统的状态,在驱动力和压力的影响下,自然环境状态越差,其生态安全度就越低。这一因子是对压力相对敏感性的显现,但一般反应较慢,因此便于决策者依据目前的环境状况实施相应的恢复和治理措施。

　　"影响"维度是指在驱动力、压力和状态的作用下对自然生态环境整体的影响以及与人类经济社会发展的矛盾,通常是在驱动力和外在压力的作用下改变环境状态及功能,由此对生态、环境、经济、社会产生不同程度的积极或消极的影响。影响因子在 DPSIRM 模型中相对抽象,并不能用单一的数据集代表,更多的是一种用来阐述 DPSIRM 概念机理的决策模型。因此,该维度使决策者目标更为明确,针对性地采取相关措施来减轻甚至消除不利影响,尽可能减少影响的迟缓性。

　　"响应"维度主要指为了预防/减轻或者消除不好的影响,人类采取的一系列缓解生态压力的措施,如生活垃圾和污水处理等人为活动。为了减轻对系统中自然环境的污染,主动地转变发展方式、调整经济产业结构等,采取退耕还林还草、退耕还湖、植树造林等具体性措施,针对发生严重退化的生态系统采用一定的技术手段进行恢复和治理,逐步使得生态系统向正向演替方向发展。

　　"管理"维度指积极的政策管理措施。为了实现生态与经济的协同发展,人类对生态安全的管理是关键一环。管理指标是响应(R)指标的一部分,是人类更加主动实施积极的干预和恢复生态秩序的表现。生态安全的管理需要多部门、不同利益团体共同协作,但是欠缺强制力作保护生态环境的后盾和最后一道防线,仅靠鼓励自愿与多元合作,以及经济刺激手段,环境监管的目标是很难达到的。

　　总之,DPSIRM 指标体系是在 DPSIR 的基础上,依据系统性、整体性等特点,通过对生态、环境、经济与人类社会等系统的有效整合,并探索和分析多系统间因果关系的一种有效方法。尽管根据不同的评价主体,对评价指标体系的分类也不尽相同,但是其构建的本质是一致的,即用于表示各个系统指标及要素间的逻辑关系。

(四) DPSIRM 评价指标体系维度的内部关联

　　驱动维度是造成生态脆弱性的发生和发展的原动力,包括自然因子驱动和人类活动因子驱动。一般情况下,自然和人为因子保持在平衡状态,不会影响区域生态安全。一旦对自然和人为因子的变化超出了平衡态,产生变化速率的突变,就会引起变异,变异程度越高,对区域生态安全的作用力就越大。在这里,自然因子的驱动力主要指气候变化的程度,比如全球变暖、极端气候事件等,会造成流域内植被、动植物和微生物适应能力的改变,对人类社会的经济活动会产生巨大的影响;人类活动因子是指人类对生态系统的不合理开发利用,人口的无序增长以及其为了满足自身发展进行的资源开采、环境污染等活动,不仅破坏了原有的生态系统结构,而且增加了生态承载的负担。这些都会在短时间内对区域生态安全造成危害。而当这两种因素相互耦合作用时,这种破坏力将成倍增加。

　　压力维度是驱动力表现的结果,是对生态系统的直接作用因子,包括自然因子和人类活动因子对生态系统的影响程度。如在人口密度大、经济发展迅速的地区,对原生的生态系统如森林、草地、植被等进行开垦，进行城市建设、农业耕作等活动，使得生态系统的服务价值和生态承载力下降，容易对区域生态安全造成严重危害。而对于自然因子而言，饮马河流域由于其所处的寒冷低山区域的自然特征，因此地形、气候（尤其是低温气候）因子对生态系统的压力尤为显著，该地区对于气候变化的响应也更加敏感。气候变化引起的极端气候事件频发、多发和重发的趋势，势必会造成气候因子的脆弱性，作用于植被、作物、人口等系统内的主要组成部分，引起流域中森林、草地、农业、水域、城市等子系统的安全问题，从而造成整个区域生态安全的危害。

状态维度是在驱动力和压力共同作用下，自然环境系统的实际表现或变化情况。生态系统本身组成的结构、功能和价值也在一定程度上反映了系统的状态。在驱动力和压力的耦合作用下，自然环境状态越差，其生态安全的问题就越大。

影响维度是由生态系统中驱动力因子和压力因子对状态因子产生作用后的影响，同样是通过自然要素和社会经济要素来体现。经过气候变化以及人类活动对生态系统的干扰，导致植被覆盖度下降、水土流失、水资源污染等影响，对生态系统景观类型的干扰也逐渐增加，造成景观类型的破碎化，从而引起生态系统结构和功能的退化。

响应维度是人类活动对生态系统发展的能动性体现，是人类为了预防、减轻或消除负面影响而采取的相关措施。如为了减轻对系统中自然环境的污染，主动地转变发展方式、调整经济产业结构等，采取退耕还林还草、退耕还湖、植树造林等具体性措施，针对发生严重安全问题的生态环境，采用一定的技术手段进行恢复和治理，逐步使得生态系统向正向演替方向发展。然而，相对而言，响应阶段仍是对生态脆弱性恶化发展的被迫性和针对性行动，具有一定的滞后性。响应因子越大，生态安全隐患越小。

管理维度是在响应的基础上提出的，也是人类社会对生态脆弱性系统发展阶段认识上提高和升华的产物。与响应一样，管理也是指人类社会针对生态安全发展的不良影响而采取的一系列改善措施。但是，该阶段与响应的不同之处在于，管理是从源头上和根本上对生态安全发展的全过程进行控制和改善，形成发展理念和管理制度进行全局指导，通过对各阶段进行安全评估以做出精准性响应措施。管理力度越大，生态安全问题越少。

由上述研究可知区域 DPSIRM 评价体系内部维度的逻辑关系。如图 2-8 所示。

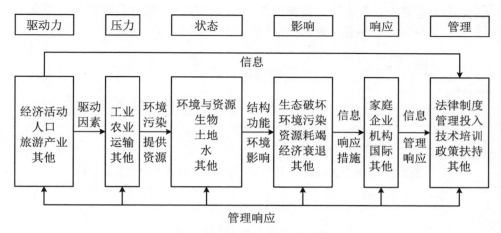

图 2-8　区域 DPSIRM 评价体系内部关联图

(五) EEES 与 DPSIRM 指标体系的联系

　　EEES 概念框架是以自然-社会-经济复合生态系统理论为基础,由于生态环境是人地关系高度综合的产物,也是自然、社会、经济过程密切联系和相互作用的统一体。DPSIRM 概念框架从人类与生态环境系统的相互作用与影响出发,强调人类活动给自然资源和环境造成了压力,改变了自然资源与环境的质量,为缓解上述压力、维持生态安全,通过环境、经济等多种措施进行响应,对构建的指标进行组织分类有较强的系统性,强调相互间的因果逻辑关系。两个概念框架特点明晰,都能在一定程度上反映生态安全中存在的问题。

　　两个概念框架选取的具体指标及其之间的逻辑关系存在相互交织关系。从 DPSIRM 概念框架看,生态安全状况发生变化是由于多种原因造成的,人类社会经济活动可导致对生态的不合理利用,形成突出的社会、经济的压力,但也不能忽视自然生态系统本身造成的压力;对人类经济活动造成的生态压力可能会产生一系列影响,随着产生的生态安全系统状态变化也可通过生态、环境、经济、社会四个子系统的状态变化情况来反应;针对发生的变化,为维护生态系统的安全,自然生态系统会通过自身的净化等功能来解决或减缓这些问题,但很多问题已超出了自然生态系统的净化能力,需要人类从社会、经济等方面采取措施进行治理、改善;通过法律、法规等办法管理生态环境问题,从而更有效地进行生态环境保护。从 EEES 概念框架看,生态系统的四个子系统内部都存在着逻辑作用关系,生态子系统内部的运动变化形成影响生态系统的压力,自然环境将随之发生变化,同时自然生态系统通过内部循环改善其变化。同理,经济、社会子系统的发展对生态环境造成了很大压力,生态、环境、经济、社会环境不断变化,当生态安全问题随着出现后,经济、社会子系统都将采取相应措施进行响应。由此可见,EEES 和 DPSIRM 指标体系是相互包含、相互连通的状态。根据这些相通性进行切入,可以形成一个更全面的复合评价指标体系。复合评价指标体系不仅包含了两个指标体系的各自逻辑,同时使评价指标体系更加有层次、更加清晰,具体见图 2-9。

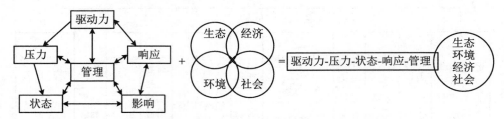

图 2-9　区域 EEES 耦合系统与 DPSIRM 评价体系内部综合关联图

第三章　区域生态安全动态评价模型介绍

第一节　正态云模型

云模型是用自然语言值表示的定性概念与其定量数据之间的不确定性转换模型，主要反映客观世界中事物或人类知识中概念的模糊性和随机性，并把两者集成在一起，构成定性概念和定量数据相互间的转换，深刻揭示了客观对象具有的模糊性和随机性。

云模型是李德毅院士在 1995 年提出来的，他在概率论和模糊数学理论两者交互的基础之上，通过特定的结构算法所形成的定性概念与其定量表示之间的转换模型，首先针对模糊集合论中隶属函数提出了隶属云的新思想，为云理论的传播与发展奠定了基石[343]。随后，李德毅等人又在隶属云的基础上引入了虚拟语言原子的概念并提出了一维虚云（浮动云和综合云）的构造方法[344]。杨朝晖等在一维正态云的基础上提出了二维云的定义、数字特征及二维云发生器的实现方法和应用场合[345]。1999 年张屹等将隶属云的对象进行了分类，并提出了条件隶属云的概念[346]。邸凯昌等进一步完善了虚云、浮动云、综合云和几何云的概念，提出了 3 种基于云模型的概念生成方法[347]。在此基础之上，蒋嵘等提出了基于云模型的数值型数据的泛概念树的生成方法，并研究了泛概念树中概念爬升和跳跃的方法，为数据挖掘发现各层次知识提供了基础[348]。数据属性区间的有效划分一直是数据挖掘中的热点问题。杜鹢等通过云变换，将数量型属性的定义域区间划分为基于多个云的定性概念，克服了传统划分方法不能反映数据实际分布规律和划分区间过硬的缺陷[349]。李德毅等在讨论了正态分布和正态隶属函数的普适性和局限性的基础上论证了正态云模型在定性定量相互转换过程中的优越性，以及通过对正态云模型普适性的证明描述了正态云模型、正态分布、正态隶属函数三者之间的关系[350]。刘常昱等则是通过定义正态云模型的期望曲线，并在此基础上分析了随着参数（En，He）的变化其曲线形态变化的趋势和规律，由此进一步地说明了正态云模型的普适性[351]。云模型适用于数据挖掘及知识发现、算法改进、系统评测、决策支持、智能控制、网络安全等多个领域。

（一）基本概念

云和云滴：设 U 是一个用数值表示的定量论域，C 是 U 上的定性概念，若定量值 $x \in U$ 是定性概念 C 的一次随机实现，x 对 C 的确定度 $\mu(x) \in [0,1]$ 是有稳定倾向的随机数，即

$$\mu:U \to [0,1], \forall x \in U, x \to \mu(x)$$

则定性概念 C 在论域 U 到区间 $[0,1]$ 的映射在论域空间的分布称为云，记为云 $C(X)$。每一个 x 称为一个云滴，当 $C(X)$ 服从正态分布时，称为正态云，由于正态云具有普适性，本书所有的云模型都采用正态云模型构建。

正态云模型是利用正态分布和正态隶属函数实现的，是一个遵循正态分布规律、具有稳定倾向的随机数集，用期望 Ex、熵 En、超熵 He 三个数字特征整体表征一个概念，见图 3-1。期望 Ex 是云滴在论域空间分布的期望，是最能够代表定性概念的点，或者说是这个概念量化的最典型样本。熵 En 是定性概念不确定性的度量，由概念的随机性和模糊性共同决定。一方面，期望 En 是定性概念随机性的度量，反映了能够代表这个定性概念的云滴的离散程度；另一方面，它又是定性概念亦此亦彼性的度量，反映了在论域空间可被概念接受的云滴的取值范围。超熵 X 是熵的不确定性度量，即熵的熵，由熵的随机性和模糊性共同决定。云分为完整云、左半云和右半云，半云表示单侧特性。

正态云模型是利用正态分布和正态隶属函数实现的，是一个遵循正态分布规律、具有稳定倾向的随机数集，用期望 Ex、熵 En、超熵 He 三个数字特征整体表征一个概念，其云图如图 3-1 所示。

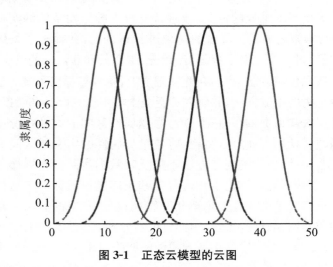

图 3-1　正态云模型的云图

生成云滴的算法称为云发生器，下面简单介绍本文用到的 4 种云发生器。

(二) 云发生器

正向云发生器,由云的数字特征 $C(Ex,En,He)$ 产生大量云滴 x,用 FCG 表示。逆向云发生器,将一定数量的精确数据有效转换为以数字特征 $C(Ex,En,He)$ 表示的定性概念,用 BCG 表示。这两个云发生器是云模型中最重要、最关键的算法,实现了定性语言值与定量数值之间不确定转换,前者是从定性到定量的映射,后者是从定量到定性的映射。X 条件云发生器,给定云的数字特征 $C(Ex,En,He)$ 和特定值 x_i,产生特定值的确定度 μ_i,用 XCG 表示。Y 条件云发生器,给定云的数字特征 $C(Ex,En,He)$ 和特定的确定度 μ_i,产生云滴 (x_i,μ_i),用 YCG 表示,图 3-2 是 4 种云发生器的示意图,具体算法见文献。

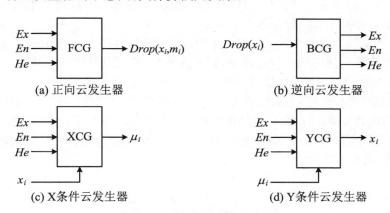

(a) 正向云发生器 (b) 逆向云发生器

(c) X条件云发生器 (d) Y条件云发生器

图 3-2　四种云发生器示意图

第二节　TOPSIS 模型

TOPSIS(Technique for Order Preference By Similarity to Ideal Solution)的全称是"逼近于理想值的排序方法",是 Hwang 和 Yoon 于 1981 年提出的一种适用于根据多项指标、对多个方案进行比较选择的分析方法,该方法能够客观全面地反映生态安全状况的动态变化,通过在目标空间中定义一个测度,以此测量目标靠近正理想解和远离负理想解的程度来评估生态环境的安全水平。

1993 年,穆东为简化相对贴近度的计算,对指标矩阵进行了规格化,使反理想点成为原点,确定理想点和反理想点的方法进行了改进,在排序方案的基础上增加一个最优方案和最劣方案,通过对指标矩阵进行标准化处理,得到一个既不随排序方案的变化而变化,也不随最优和最劣方案的变化而变化的理想点和反理想点,这两个点构成的空间是稳定的,称之为排序基准空间(或标准空间),排序方案则是基准空间上的点,通过计算排序方案对于理想点的相对贴近度进行排序,并在此基础上对排序结果进行灵敏度分析[352]。同年王应明基于灰色系统理论和 TOPSIS 的决策思想,提出一种新的有限方案多目标决策的相对关联度分析方法,并以应用实例说明该方法的合理性[353]。1994 年 Jou 等扩展 TOPSIS 来解决多目标决策问题,通过一阶折中方法将 k 维目标空间缩小为二维目标空间;然后使用模糊集理论的隶属函数表示两个标准的满意度,通过对二阶折中运算使用 max-min 运算符来获得单目标编程问题[354]。

一般设置评价指标体系多结合 DPSIR、EES 等模型。吕广斌等以重庆市为研究对象,基于 DPSIR-EES 模型构建区域土地生态安全评价体系,运用 TOPSIS 法揭示了重庆市土地生态安全整体变化状况[355]。田培等从水资源-经济社会-生态环境耦合系统的角度,应用变权 TOPSIS 模型确定各指标的权重及水资源承载力表征值,综合评价了长江经济带 9 省 2 市的水资源承载力[356]。程广斌等从生态环境和自认环境两个方面出发,运用熵权 TOPSIS 模型评价了西北地区生态系统质量[357]。该方法广泛应用于效益评价、管理决策和卫生管理等多个领域。

与传统的 TOPSIS 法相比,改进的 TOPSIS 法主要针对评价对象与正理想解和负理想解的评价公式,然后求出各个方案与理想值、负理想值之间的加权欧氏距离,由此得出各方案与最优方案的接近程度,作为评价方案优劣的标准。设有 m 个目标(有限个目标),n 个属性,专家对其中第 i 个目标的第 j 个属性的评估值为 X_{ij},则初始判断矩阵 $\boldsymbol{V}$ 为

$$\boldsymbol{V} = \left\{ \begin{matrix} x_{11} & x_{12} & \cdots & x_{1n} \\ x_{21} & x_{22} & \cdots & x_{2n} \\ \vdots & \vdots & & \vdots \\ x_{m1} & x_{m2} & \cdots & x_{mn} \end{matrix} \right\} \tag{3-1}$$

(1)数据标准化。所选评价指标因评价单位不同而不具有可比性,由于各个指标的量纲可能不同,为使各指标具有可比性及可计算性,需要将决策矩阵进行归一化处理,即标准化,利用相对隶属度公式对上面的矩阵进行标准化处理,得到相对隶属度矩阵:

$$y_{ij} = \frac{x_{ij}}{\sum\limits_{i=1}^{m}}, \quad \boldsymbol{Y} = \left\{ \begin{matrix} y_{11} & y_{12} & \cdots & y_{1n} \\ y_{21} & y_{22} & \cdots & y_{2n} \\ \vdots & \vdots & & \vdots \\ y_{m1} & y_{m2} & \cdots & y_{mn} \end{matrix} \right\} \tag{3-2}$$

(2)确定指标权重,构建加权的决策矩阵。采用熵权确定指标权重。确立各个指标的权重 $W = (W_1, W_2, \cdots, W_j)$,建立加权判断矩阵:

$$\boldsymbol{Z} = \boldsymbol{YB} = \left\{ \begin{matrix} y_{11} & y_{12} & \cdots & y_{1n} \\ y_{21} & y_{22} & \cdots & y_{2n} \\ \vdots & \vdots & & \vdots \\ y_{m1} & y_{m2} & \cdots & y_{mn} \end{matrix} \right\} \left\{ \begin{matrix} w_{11} & 0 & \cdots & 0 \\ 0 & w_{22} & \cdots & 0 \\ \vdots & \vdots & & \vdots \\ 0 & 0 & \cdots & w_{mn} \end{matrix} \right\} = \left\{ \begin{matrix} z_{11} & z_{12} & \cdots & z_{1n} \\ z_{21} & z_{22} & \cdots & z_{2n} \\ \vdots & \vdots & & \vdots \\ z_{m1} & z_{m2} & \cdots & z_{mn} \end{matrix} \right\}$$

$$\tag{3-3}$$

（3）根据加权判断矩阵获取评估目标的正负理想解。

$$正理想解：L_j^* = \begin{cases} \max(z_{ij}), j \in J^* \\ \min(z_{ij}), j \in J \end{cases}, \quad 负理想解：L_j = \begin{cases} \max(z_{ij}), j \in J \\ \min(z_{ij}), j \in J^* \end{cases}$$

（3-4）

式中，J^* 为效益型指标，J 为成本型指标。

（4）计算各目标值与理想值之间的欧式距离：

$$S_i^* = \sqrt{\sum_{j=1}^{m} (Z_{ij} - L_j^*)^2}, \quad j = 1, 2, \cdots, n$$

$$S_i = \sqrt{\sum_{j=1}^{m} (Z_{ij} - L_j)^2}, \quad j = 1, 2, \cdots, n$$

（3-5）

（5）区域生态安全水平 C 表达式。依照相对贴近度的大小（分数的大小）对目标进行排序，形成决策依据，C 越大，说明区域生态安全水平越高，计算各个目标的相对贴近度：

$$C_i^* = \frac{S_i}{S_i^* + S_i}, \quad i = 1, 2, \cdots, m$$

（3-6）

（6）依照相对贴近度的大小对目标进行排序，形成决策依据。

第三节 耦 合 模 型

耦合模型是指两个（或两个以上）系统通过系统内部的运动从而相互作用、相互影响的变化过程，比较系统内部各个变量之间的协同作用对系统之间的特征和运动规律。

我国学者有大量关于区域生态环境与其他系统协调发展的耦合模型研究。马慧敏等通过构建区域生态-经济-社会复杂系统协调发展模型，对我国省域可持续发展的协调性进行研究，对国家宏观政策的作用至关重要[358]。洪启颖为研究森林公园经济发展与生态环境耦合协调发展状况，构建耦合协调评价指标体系[359]。陈睿通过耦合模型对西南地区农业生态系统与经济系统协调度进行分析[360]。蔡文静等运用熵权法、耦合协调模型、GIS 和灰色预测模型，对西北各省区的生态环境-经济发展-城镇化三维系统的协调发展进行分析[361]。程广斌等基于 DEA-熵权 TOPSIS 模型，对丝绸之路经济带中国西北地区经济发展与生态环境的耦合协调度进行分析[357]。贾巨才等采用协调发展模式衡量旅游经济与生态环境协调发展[362]。谷国锋等研究基于两系统 17 个指标构成的评价指标体系，通过熵值法和耦合协调度模型，分析了 2003—2014 年东北三省经济一体化系统与生态环境系统时序变化状态[363]。

这里介绍三种系统相互作用的耦合模型,将评价对象分为若干个子系统,各子系统之间相互关联、相互影响、相互约束,既有正向作用又有负向作用。通常用耦合度对系统的协调度进行定量表示,此处以三个系统的耦合度模型为例,具体公式如下:

$$C = \left\{ \frac{f(x) \cdot g(y) \cdot h(z)}{[f(x) + g(y) + h(z)]^3} \right\}^{\frac{1}{3}} \tag{3-7}$$

式中,$f(x)$、$g(y)$、$h(z)$分别表示三个系统的综合评价指数,C表示系统耦合度,基于以往的文献研究,将耦合度划分为 6 个阶段(表 3-1)。

表 3-1　耦合度与耦合阶段

耦合度 C	0	(0,0.3]	(0.3,0.5]	(0.5,0.8]	(0.8,1)	1
耦合阶段	无关且无序发展状态	低水平耦合阶段	拮抗阶段	磨合阶段	高水平耦合阶段	良性共振耦合且有序发展状态

由于耦合度是反映各个系统之间的关联强度的指标,不能较好地反映系统相互间的协调情况和发展水平,所以为了对三个系统间的协调程度进行更好度量,引用耦合协调度模型,具体公式如下:

$$D = \sqrt{C \cdot T}, \quad T = \alpha f(x) + \beta g(y) + \gamma h(z) \tag{3-8}$$

式中,C为耦合度,D为耦合协调度,α、β、γ分别是三个系统的待定系数,T为区域生态安全的综合评价指数。

借鉴相关文献研究,将区域生态安全子系统耦合协调发展状况划分为 3 个大类 10 个亚类(表 3-2)。

表 3-2　耦合协调度分类体系及等级划分标准

协调大类	D	亚类
失调衰弱类	0.00—0.09	极度失调衰弱类
	0.10—0.19	严重失调衰弱类
	0.20—0.29	中度失调衰弱类
	0.30—0.39	轻度失调衰弱类
过渡调和类	0.40—0.49	濒临失调衰弱类
	0.50—0.59	勉强耦合协调类
协调发展类	0.60—0.69	初级耦合协调类
	0.70—0.79	中级耦合协调类
	0.80—0.89	良好耦合协调类
	0.90—1.00	优质耦合协调类

为了反映区域生态安全各系统协调发展状态的动态趋势，引入总体协调发展状态趋势指数，计算公式如下：

$$\theta_t = \frac{D_t}{\dfrac{1}{t-T}\sum_{i=t-1}^{t}D_i} \tag{3-9}$$

式中，D_t 为第 t 年区域生态安全各系统的协调发展度，即第 t 年区域生态安全的耦合协调度。

第四节　集对模型

关于模糊不确定的研究始于 20 世纪 60 年代 Zadeh 的工作，随着模糊数学在信息、系统和控制领域得到较为广泛的应用，1989 年赵克勤等在包头召开的全国系统理论会议上提出一种解决不确定问题的系统分析方法——集对分析法。其核心思想是将不确定性系统的 2 个有关联的集合构造为集对（具有一定联系度的 2 个集合所组成的对子），对不确定性的描述从确定和不确定两个方面进行，并对集对的某项特征做同一性、差异性、对理性分析，然后建立集对的同异反联系度。该理论能够统一描述和处理由随机性、模糊性、不完整性等不确定因素引起的确定-不确定系统。

1991 年，赵克勤在中国中南地区模糊数学与系统分会上辨析集对分析与模糊数学的关系。随着集对分析在现代管理、系统控制等方面得到广泛应用，1992 年赵克勤在决策问题研究中提出了决策三角形、同异反决策等思想和方法，从而为定性定量相结合研究决策工作，提高决策的科学性、正确性和可靠性，提供了一种新的思路和方法。同年，赵克勤在集对分析基本概念和思想方法的基础上展开熵的研究，提出系统的同熵、异熵、反熵以及系统联系熵的概念；讨论联系熵与热力学熵、统计熵、信息熵、模糊熵、负熵的内在联系，认为联系熵是一种基本熵和完备熵；阐述了转化系统的势平衡原理，并进一步推出了转化系统的熵平衡原理，最后从熵和序的关系讨论了系统序的度量问题。1995 年赵克勤在中南模糊数学和系统分会第三届年会上简述了集对分析与概率论的关系。同年赵克勤在集对分析及其不确定性理论基础上，给出了研究弃权问题的一种具体思路与方法。集对分析的思想方法近年来已开始应用于人工智能、系统控制、熵的研究、辩证思维，以及管理、决策、哲学、社会科学等多个领域。

由集合 $A(x_1, x_2, \cdots, x_N)$ 和集合 $B(y_1, y_2, \cdots, y_N)$ 组成的集对 $H = (A, B)$。该集对有 N 个特性，假设 S 个特性为 A、B 所共有，P 个特性相互对立，其余 $F = N - S - P$ 个相异。称 S/N 为集合 A 与 B 在所讨论问题下的同一度，记为 a；F/N 为集合 A 与 B 在所讨论问题下的差异度，记为 b；P/N 为集合 A 与 B 在所讨论问题

下的对立度,记为 c。可以用联系度 $\mu(A,B)$ 来描述 A 与 B 的联系状况,如下式:

$$\mu(A,B) = \frac{S}{N} + \frac{F}{N}i + \frac{P}{N}j = a + bi + cj \qquad (3\text{-}10)$$

式中,$a+b+c=1$;i 为差异度系数,在 $[-1,1]$ 上取值,具有不确定性,其中 i 取 -1 和 1 时是确定的,但在 $(-1,1)$ 之间取值时,随着 i 趋近于 0,不确定性增加;j 为对立度系数,其值为 -1。具体评价步骤如下:

(1) 构建区域生态安全的评价因素集 $C=\{C_1,C_2,C_3,\cdots,C_n\}$,评价集为 $V=\{V_1,V_2,V_3,\cdots,V_m\}$。

(2) 根据其性质将指标划分为正向指标和逆向指标两类。将原始数据标准化,采用熵权法求权重,得到各指标的权重向量为 $\mathbf{W}=\{W_1,W_2,W_3,\cdots,W_n\}$。

(3) 确定联系度表达式。将拟评价区域的评价指标组成集合 A,将评价标准中的等级作为集合 B,构成一个集对。用 $\mu(A,B_{\mathrm{I}})$、$\mu(A,B_{\mathrm{II}})$、$\mu(A,B_{\mathrm{III}})$、$\mu(A,B_{\mathrm{IV}})$、$\mu(A,B_{\mathrm{V}})$ 表示区域生态环境脆弱性指标与各等级评价标准的联系度。以确定联系度 $\mu(A,B_{\mathrm{I}})$ 为例,N 为评价指标的总个数,S 为样本集合 A 中处于级别 I 范围内的指标个数,其对应的权重分别为 $u_1,u_2,\cdots,u_s$,F 为样本集合 A 中处于相邻级别 II 范围内的指标个数,其对应的权重分别为 $t_1,t_2,\cdots,t_f$,P 为样本集合 A 中处于相隔级别 III、IV、V 范围内指标的个数,其对应的权重分别为 $v_1,v_2,\cdots,v_p$。则其联系度表达式为

$$\mu(A,B_{\mathrm{I}}) = \sum_{i=1}^{s} u_i + \sum_{k=1}^{f} t_k i_k + \sum_{l=1}^{p} v_l j \qquad (3\text{-}11)$$

式中,i_k 表示样本集合 A 中权重为 t_k 的指标上反映的集合 A 与 B_{I} 的差异度系数。

(4) 联系度表达式中差异度系数 i_k 的确定。以 $\mu(A,B_{\mathrm{I}})$ 表达式中 i_k 的取值为例,设样本指标值处于 II 级标准范围内某一指标为 x_k,$S_{(1)}^k$、$S_{(2)}^k$ 为该指标 I、II 级标准的限值。则根据模糊联系度的观点,确定差异度系数 i_k 的值就要确定 x_k 与该指标 I 级标准 b_1^k 的同异反模糊联系度,表示为 $\mu(x_k,b_1^k)=a+bi+cj$,即 i_k 的取值分别为 a_k、b_k、c_k,其中 a_k 为同一度,b_k 为差异度,c_k 为对立度。由此可得

$$\mu(x_k,b_1^k) = a_k + b_k i + c_k j$$

$$= \frac{S_{(1)}^k S_{(2)}^k}{(S_{(1)}^k + S_{(2)}^k)x_k} + \frac{(S_{(2)}^k - x_k)(x_k - S_{(1)}^k)}{(S_{(1)}^k + S_{(2)}^k)x_k}i + \frac{x_k}{S_{(1)}^k + S_{(2)}^k}j \quad (3\text{-}12)$$

(5) 计算联系度的数值。以 $\mu(A,B_{\mathrm{I}})$ 为例,将 i_k 的值分别代入式(3-11),得

$$\mu(A,B_{\mathrm{I}}) = \sum_{i=1}^{s} u_i + \sum_{k=1}^{f} t_k(a_k + b_k i + c_k j) + \sum_{l=1}^{p} v_l j$$

$$= \left(\sum_{i=1}^{s} u_i + \sum_{k=1}^{f} t_k a_k\right) + \sum_{k=1}^{f} t_k b_k i + \left(\sum_{k=1}^{f} t_k c_k + \sum_{l=1}^{p} v_l\right)j \quad (3\text{-}13)$$

此时,式中 $i=0$,$j=-1$,这种取值方式体现了在对评价样本所含信息充分挖掘的基础上,只考虑对评价问题起关键作用的"同"和"反"部分,从而保证了评价结果的可靠性和合理性。

（6）通过比较评价样本指标值与各评价等级标准指标值集合的联系度数值大小，确定评价样本的等级，联系度数值大的等级即评价样本的生态环境脆弱性等级。以确定样本 A 的等级为例，若 $\mu(A,B_I)>\mu(A,B_{II})>\mu(A,B_{III})>\mu(A,B_{IV})>\mu(A,B_V)$，则 A 就评价为接近 B_I 集合，说明评价区域生态环境脆弱度为 I 级。

第五节　物　元　模　型

物元模型理论及其应用是我国数学家蔡文教授在 1983 年提出来的一门介于数学和实验的学科，也是集数学、思维科学和系统科学为一体的创新性交叉学科。蔡文教授认为在解决问题和矛盾的过程中，应该走出原来习惯的领域，拓展在问题中所涉及的事物，进而提出创造性的方法。1984 年，蔡文从物元分析的基本观点出发，探索价值工程的理论依据，实现用计算机处理价值工程问题。1986 年，贺仲雄在美国 Rand 公司创立的 Delphi 方法的基础上，融合了 KJ（川喜田二郎）方法和国外成果，利用新兴边缘学科、模糊数学和物元分析等思路，提出了模糊、灰色、物元空间决策系统，可直接应用于预测、决策、综合评判、管理科学、系统工程等领域。1989 年贺仲雄研究了物元特征的交互作用度，并给出了 FHW 专家决策系统中专家权重确定算法的交互作用计算方法。同年叶眺新提出高温超导研究，结合物元分析中的一个新分支——三旋坐标方法，一个微观与宏观、有限与无限、单体与多体、物质与意识、时间与空间、几何与动量结合的作数学与物理学分析的统一场论。李仲涟从物元分析为思维科学的发展提供理论方法，为思维科学的数学化、模型化开辟了新渠道和将为人工智能的实现作出贡献等三个方面，对物元分析与思维科学的关系进行初步探索。

物元广泛适用于经济领域、管理、控制领域和人工智能的应用。具体步骤如下所示：

1. 确定区域生态安全物元

以 $R=(M,C,X)$ 作为区域生态安全物元，其中，M 表示区域生态安全，C 表示区域生态安全的特征，X 表示 M 关于 C 的量值。n 维区域生态安全物元记为

$$R = \begin{vmatrix} M, & C_1, & X_1 \\ & C_2, & X_2 \\ & \vdots & \vdots \\ & C_n, & X_n \end{vmatrix} \tag{3-14}$$

2. 确定经典域及节域物元矩阵

经典域物元矩阵可表示为

$$\boldsymbol{R}_{oj} = (M_{oj}, C_i, X_o) = \begin{vmatrix} M_{oj} & C_1 & \langle a_{oj1}, & b_{oj1} \rangle \\ & C_2 & \langle a_{oj2}, & b_{oj2} \rangle \\ & \vdots & \vdots & \vdots \\ & C_n & \langle a_{ojn}, & b_{ojn} \rangle \end{vmatrix} \tag{3-15}$$

式(3-15)中，$\boldsymbol{R}_{oj}$ 为经典域物元；M_{oj} 为所划分的区域生态安全第 j 个评价等级（$j=1,2,\cdots,n$）；C_i 为第 i 个评价指标；区间 $\langle a_{oji}, b_{oji} \rangle$ 表示 C_i 对应于评价等级 j 的量值范围，即经典域。

节域物元矩阵表示为

$$\boldsymbol{R}_p = (M_p, C_i, X_{pi}) = \begin{vmatrix} M_p & C_1 & \langle a_{p1}, & b_{p1} \rangle \\ & C_2 & \langle a_{p2}, & b_{p2} \rangle \\ & \vdots & \vdots & \vdots \\ & C_n & \langle a_{pn}, & b_{pn} \rangle \end{vmatrix} \tag{3-16}$$

式(3-16)中，$\boldsymbol{R}_p$ 为节域物元；p 为全体评价等级；(a_{pi}, b_{pi}) 为节域物元关于特征 C_i 的量值范围，即节域。

3. 确定待评价物元

把待评价对象 M_x 的物元表示为 R_x：

$$R_x = \begin{vmatrix} M_x & C_1 & X_1 \\ & C_2 & X_2 \\ & \vdots & \vdots \\ & C_n & X_n \end{vmatrix} \tag{3-17}$$

4. 确定关联函数及关联度

有界区间 $X_o = [a, b]$ 的模记作

$$|X_o| = |b - a| \tag{3-18}$$

点 X 到区间 $X_o = [a, b]$ 的距离为

$$\rho(X, X_o) = \left| X - \frac{1}{2}(a+b) \right| - \frac{1}{2}(b-a) \tag{3-19}$$

则区域生态安全评价指标关联函数 $K(x)$ 表示为

$$K(x_i) = \begin{cases} \dfrac{-\rho(X, X_o)}{|X_o|}, & X \in X_o \\ \dfrac{\rho(X, X_o)}{\rho(X, X_p) - \rho(X, X_o)}, & X \notin X_o \end{cases} \tag{3-20}$$

式(3-19)中，$\rho(X, X_o)$ 表示某一点 X 与有限区间 $X_o = [a_o, b_o]$ 的距离；$X, X_o,$ X_p 分别表示待评区域生态安全物元的量值，经典域物元量值范围和节域物元的量值范围。

5. 计算综合关联度及确定评价等级

待评对象 M_x 关于等级 j 的综合关联度 $K_j(M_x)$ 为

$$K_j(M_x) = \sum_{i=1}^{n} W_i K_j(x_i) \tag{3-21}$$

式(3-21)中,$K_j(M_x)$为待评对象 M_x 关于等级 j 的综合关联度;$K_j(x_i)$为待评对象 M_x 的第 i 个指标关于水平等级 j 的单指标关联度($j=1,2,\cdots,n$);W_i 为各评价指标的权重。若

$$K_{ji} = \max[K_j(x_i)], \quad j = 1,2,\cdots,n \tag{3-22}$$

则待评对象的第 i 个指标属于区域生态安全等级 j。若

$$K_{jx} = \max[K_j(M_x)], \quad j = 1,2,\cdots,n \tag{3-23}$$

则待评对象 M_x 属于区域生态安全等级 j。

当 $K(x) \geqslant 1.0$ 时,表示待评对象超出标准对象上限;当 $0 \leqslant K(x) < 1.0$ 时,表示待评对象符合标准对象评价等级的要求;当 $-1.0 \leqslant K(x) < 0$ 时,表示待评价对象不符合标准对象要求,但具备转化为标准对象的条件;当 $K(x) < -1.0$ 时,表示待评价对象不符合评价等级要求,且不具备转化为标准对象的条件。

第六节 突变级数法

1968 年,法国数学家雷内·托姆发表论文提出了突变数学,1972 年又出版了《结构稳定性和形态发生学》一书,系统地阐述了突变数学理论。突变理论把事物质变的过程总结为数学模型,从而揭示了质态转化的条件和过程及量变质变相互转化的规律性,基于微积分、拓扑动力学、奇点理论和结构稳定性等数学理论之上,研究不连续变化(突变)现象。与模糊数学、耗散结构理论、协同学、超循环理论等共同成为现代最新的科学理论之一。

突变级数法是在突变数学理论基础上提出的。它首先将评价对象按层次划分,形成倒树状目标层次结构。然后根据突变理论和模糊数学形成突变模糊隶属函数,并由推导出的归一化公式进行综合量化计算。最后得出总的隶属函数,按照总得分进行排序分析。1997 年程毛林等提出突变级数法,它首先对系统的评价目标进行多层次分解,利用突变理论与模糊数学相结合产生的突变模糊隶属函数,用归一公式进行综合量化运算,由多目标决策理论,最后归一为一个量,即求出总的隶属函数,从而进行决策评价。2000 年,李小勇等通过一个反例来说明对突变级数仅仅实施加减乘除后决策结果可能会改变这一事实,然后又给出了一种克服这种问题的方法。该方法广泛应用于供应链服务评价、生态环境承载力评测、企业价值评估、产业竞争力评价和矿业管理等领域。

突变级数法计算步骤如下:

(1) 根据指标间的相互作用关系构建评价指标体系。

（2）按照指标的个数确定评价指标体系各层级的突变系统类型。常见类型见表 3-3。

（3）数据标准化处理。按突变级数法要求，控制变量的数值须在[0,1]之内，在此使用以下公式将原始化数据进行标准化处理：

$$\bar{x} = \frac{x - x_{\min}}{x_{\max} - x_{\min}} \tag{3-24}$$

（4）对指标体系各层次中的指标按重要程序从大到小的顺序进行排序。为避免人为排序的主观性，采用熵值法确定各级指标的相对重要程度。

（5）按照归一化公式，代入标准化后的数据计算各控制变量的突变级数，取各子系统的突变级数作为上一层评价系统各指标的控制变量。级数的取值准则通常有两种：非互补型突变系统的控制变量间不存在显著的相关性，按照大中取小的原则取值；互补型突变系统的控制变量间可相互弥补不足，则按照均值法取值。

（6）评价等级的确定。由于按照突变级数法计算的隶属度值往往比较集中、差距很小，本书参考已有研究对评价等级标准进行改进，使其更具有使用价值。设底层控制变量相对隶属度分别为{0.1,0.3,0.5,0.7}，根据突变级数模型，从下到上逐级计算各层次隶属度值，再算出总隶属度值，由此得到相对资源综合承载力指数等级评价标准（表 3-3）。

表 3-3　常见突变系统模型

突变类型	控制变量数	势函数	分歧集方程	归一化公式
折叠突变	1	$f(x) = x^3 + ax$	$a = -3x^2$	$x_a = a^{\frac{1}{2}}$
尖点突变	2	$f(x) = x^4 + ax^2 + bx$	$a = -6x^2$ $b = 8x^3$	$x_a = a^{\frac{1}{2}}$ $x_b = b^{\frac{1}{3}}$
燕尾突变	3	$f(x) = \frac{1}{5}x^5 + \frac{1}{3}ax^3 + \frac{1}{2}bx^2 + cx$	$a = -6x^2$ $b = 8x^3$ $c = -3x^4$	$x_a = a^{\frac{1}{2}}$ $x_b = b^{\frac{1}{3}}$ $x_c = c^{\frac{1}{4}}$
蝴蝶突变	4	$f(x) = \frac{1}{6}x^6 + \frac{1}{4}ax^4 + \frac{1}{3}bx^3 + \frac{1}{2}cx^2 + dx$	$a = -10x^2$ $b = 20x^3$ $c = -15x^4$ $d = 4x^5$	$x_a = a^{\frac{1}{2}}$ $x_b = b^{\frac{1}{3}}$ $x_c = c^{\frac{1}{4}}$ $x_d = d^{\frac{1}{5}}$

第四章　区域生态安全动态评价与风险预警

第一节　淮河生态经济带区域概况

淮河流域是我国七大江河之一,位于我国东部,西起桐柏山、伏牛山,介于长江流域和黄河流域之间,流域横跨湖北省、河南省、安徽省、山东省、江苏省五个省份40个地(市)、236个县(市)。淮河流域面积27万平方千米,该流域以废黄河为界,分为两大水系:淮河水系和沂沭泗水系,流域面积分别约为19万平方千米、8万平方千米,淮河干流全长1000千米,总落差200米。

淮河流域是我国中东部最具发展潜力的地区之一。因此,必须立足现有基础,深入贯彻落实新发展理念,推动形成人与自然和谐发展的现代化建设新格局,打造水清地绿天蓝的生态经济带。为推进淮河流域生态文明建设,决胜全面建成小康社会并向现代化迈进,根据国家"十三五"规划《纲要》和《促进中部地区崛起"十三五"规划》的观点,淮河生态经济带以淮河干流、一级支流以及下游沂沭泗水系流经的地区为规划范围,包括江苏省淮安市、盐城市、宿迁市、徐州市、连云港市、扬州市、泰州市,山东省枣庄市、济宁市、临沂市、菏泽市,安徽省蚌埠市、淮南市、阜阳市、六安市、亳州市、宿州市、淮北市、滁州市,河南省信阳市、驻马店市、周口市、漯河市、商丘市、平顶山市和南阳市桐柏县,湖北省随州市随县、广水市和孝感市大悟县,规划面积24.3万平方千米,2017年末常住人口1.46亿,地区生产总值6.75万亿元。淮河生态经济带贯通黄淮平原,连接中东部,通江达海,与长江经济带地域相连、水系相通,京沪、京九、京广、陇海等国家骨干铁路和长深、沈海等高速公路在此交汇,淮河水系通航里程约2300千米,京杭大运河、淮河干流及主要支流航运较为发达。

习近平总书记强调:环境治理是一个系统工程,必须作为重大民生实事紧紧抓在手上。要按照系统工程的思路,抓好生态文明建设重点任务的落实,切实把能源资源保障好,把环境污染治理好,把生态环境建设好,为人民群众创造良好的生产生活环境。在中国特色社会主义进入新时代和生态文明建设不断向纵深推进的大背景下,加快淮河生态经济带发展,对于推进生态文明建设、促进经济社会持续健康发展、推动区域协调发展、全面建成小康社会具有重要意义,有利于推动全流域综合治理,打好污染防治攻坚战,探索大河流域生态文明建设新模式;有利于打造我国新的出海水道,全面融入"一带一路"建设,打造中东部地区开放发展新的战略支点,完善我国对外开放新格局;有利于推进产业转型升级和新旧动能转换,确保国家粮食安全,培育我国经济发展新支撑带;有利于优化城镇格局,发挥优势推动中部地区崛起和东部地区优化发展,打赢精准脱贫攻坚战,推动形成区域协调发展新局面。

一、自然资源状况

该区域位于我国南北气候过渡带,生物多样性丰富,平原面积广阔,生态系统较为稳定,是我国重要的商品粮基地和棉花、油料、水果、蔬菜等重要产区,湖泊众多,水系发达,水产养殖业和畜牧业潜力巨大,矿产资源储量丰富、品种繁多,是华东地区重要的煤炭和能源基地。

淮河流域水系众多,且以废黄河为界,主要分为了淮河和沂沭泗水系。历史上黄河多次夺淮入海,淮河水系遭受了较大的变迁。在淮北平原和苏北地区形成了颖河、涡河、汗水、濉水和泗水,下游形成了洪泽湖,由长江入海。淮河水系支流众多,经由河南、安徽和江苏,由扬州三江营汇入长江,集水面积191174平方千米,上、中、下游平均坡降分别为0.5‰、0.03‰和0.04‰。淮河中上游水系南岸支流众多,发源于大别山区和江淮丘陵区,河源较短、水流湍急,主要支流包括灌河、史河、东肥河、群河和池河等。主要的北岸支流包括发源于伏牛山的洪河、汝河和沙颖河,及发源于黄河的涡河和包洽河等,河源较长,地势平坦。下游水系主要包括苏北灌溉总渠、淮沭河、入海水道、下河及滨海地区水系。其中,沙颖河和润河分别是淮河水系第一大和第二大支流。沂沭泗水系集水面积为78109平方千米,这三条水系分别发源于山东鲁山南麓、祈山和祈蒙山。沂河自北向东南汇入江苏路马湖;沭河南部支流汇入老折河,东部支流入海;泗河经由南四湖汇入路马湖,经由燕尾港入海或经由中运河下泄。由于黄河夺淮,且淮河中游地势较为平坦,河道泄洪不畅,形成了较多的河湖洼地。淮河和沂沭泗水系的湖泊分别包括高邮湖、洪泽湖、邵伯湖等,以及南四湖、路马湖等。洪泽湖和南四湖分别是流域内最大和第二大湖泊,也分别是我国第四大和第五大淡水湖。

二、水文气象状况

淮河是我国自然地理上一条重要的分界线,多年平均降水量为875毫米,其中,位于河南省和安徽省的淮河水系多年平均降水量为911毫米,沂沭泗水系为788毫米,降水量在地区上分布很不均匀,总体趋势是南部大、北部小,沿海大、内陆小,山丘区域大于平原区域。降水量的时间分布也不均匀,6～8月降水最多,集中了全年的 40%～65%。

淮河流域属南北气候、高低纬度和海陆相三种过渡带的重叠地区,四季分明,雨热同季,天气气候复杂多变,形成"无降水旱,有降水涝,强降水洪"的典型区域旱涝特征,既易旱,又易涝,为我国旱涝频繁地区之一。

此外,淮河流域地处中国南北气候过渡带,是重要的气候变化敏感区,气候变化具有明显的纬向性和区域过渡特点。由于特殊的地理位置,淮河流域整体春温低,春雨多;夏季,季风由东南向西北移动降水逐渐减少,在江淮一带降水多,形成梅雨季节,还伴有台风,而北部地区降水少,容易干旱;秋季,地面常有冷高压盘踞,形成秋旱。近年来,淮河流域旱涝急转事件的发生频次、造成的不利影响也日益增加,短期内遭遇干旱和洪涝灾害的急剧转变的灾害损失远远超过单一的干旱或者洪涝灾害。据高继卿、杨晓光(2015)对北方地区降水时空变化及其差异规律研究,1961—2010 年,年降水日数均呈显著下降趋势,尤其是最近 30 年的小雨等级降水量和降水日数明显下降,半湿润区(淮河流域的河南省、山东省)的降水秋季减少最为显著;据李德楠(2014)的研究,淮河流域的夏涝和秋旱受灾并存:上游以春旱为主,中游以夏旱为主;夏秋多涝,集中于中下游地区;而研究资料显示,夏季降水约占淮河流域全年降水的 54%(袁喆,2012)。

三、社会经济状况

全流域总人口约为 1.65 亿人,平均人口密度约为 630 人/平方千米,是全国平均人口密度的 5 倍,居各大江大河人口密度之首。拥有 1.5 亿亩耕地,是国家主要商品粮生产基地、棉花生产基地和重工业基地,粮食产量占全国粮食总产量约 18%,在我国农业生产中占有举足轻重的地位。

淮河流域是我国水污染严重的地区,除工程类的影响外,流域内城镇入河排污量(面源污染)远远超出水环境容量。最具代表性的是 1994 年和 2004 年两次震惊中外的"淮河水污染事件"。虽然国家经过"九五""十五"水污染综合治理,水污染恶化的势头得到有效控制,水质也向好的方向发展,但水污染形势仍然很严重,流域内半数以上的水功能区水质仍然超过用水水质目标要求,严重影响供水水质安全和流域生态系统健康及服务功能。

近年来随着流域社会经济的快速发展、人口不断增长、水利工程的大量兴建,水资源开发利用率已超过 50%,远远超过国际上河流合理开发利用程度的平均水平(30%),一些地区出现了河道断流和湖泊干涸的现象。人类活动严重影响了河流生态系统的功能和生态效益,使得自然河流的重要水文特征发生改变:河流的连通性减弱,水通量减少,水体流速减缓,水流方向性减弱,水库增多等。

淮河流域是我国水利工程修建最密集的流域,新中国成立以来,确定了"蓄泄兼筹"的治淮方针,联合流域内五省共同治理淮河。近 50 年来,共修建了 5700 多座水库、6000 多座水闸和 5.5 万多座电力抽水站,有效地满足了流域灌溉、供水、防洪、排涝、航运和渔业需求,其中,大型水库和大中型水闸分别为36座和600座。佛子岭、响洪甸、梅山和磨子潭水库均是当时国内第一或最高的连拱坝、重力坝和支墩坝等,有效地拦蓄了大别山山区约60多亿立方米的洪水,水库蓄水用于发电和农田灌溉使用。流域内平均约每50平方千米便建有一座闸坝,闸坝的总库容约占年径流总量的51%,水闸类型包括节制闸、排水闸、分洪闸、挡潮闸、进水闸和退水闸等。其中,淮河干流的闸坝主要以防洪和蓄水等调控功能为主,调控能力较强;洪汝河的闸坝主要以防洪、分洪为主,并与蓄滞洪区联合使用,调控能力较弱;沙颖河水资源较为短缺,修筑的闸坝主要以灌溉为主,并已用于水污染联防调度中;涡河的闸坝主要以灌溉功能为主;淮河南部山区的水库具有防洪、供水功能,水质相对较好。

淮河流域是中华文明的重要发祥地,拥有楚汉文化、红色文化、大运河文化等丰富多彩的文化资源,国家历史文化名城、全国重点文物保护单位数量众多,群众性文化活动丰富,为在新时代弘扬中华优秀传统文化、推动文化事业和文化产业发展奠定了良好基础。

四、生态环境状况

淮河流域地势分布西北高、东南低,处于第二、三级阶梯间。流域内主要分布有平原(52.72%)、洼地(13.87%)、山地(9.70%)、丘陵(6.55%)和台地(17.16%)。山区高程一般为300～3500 m,中山为1000～3500 m,低山为300～1000 m,西部山区包括伏牛山和桐柏山,易发生旱灾,流域内海拔最高地区便位于河南省伏牛山顶峰石人山(2153 m),为切割山地;南部和东北部则分布有大别山和沂蒙山区,易发生旱灾。丘陵区高程为50～300 m,易发生旱灾。中部和东部地区多为平原、湖泊和洼地等。平原区属于黄淮海平原(2～100 m),上游平原区(30～100 m)易发生洪灾;中游平原区(10～30 m)易发生涝灾;下游平原区(2～10 m)易发生洪、涝灾;南四湖西北平原区(30～50 m)易发生洪灾;沂沭河下游平原区(5～50 m)易发生涝灾。

淮河流域主要的土壤类型包括黄潮土、砂姜黑土、水稻土、棕壤、粗骨土和褐土,分别占流域面积的36.21%、14.18%、13.25%、9.04%、7.05%和5.83%。黄潮土和砂姜黑土主要分布在淮北平原的中南部,且土壤质地较疏松,适宜耕作;水稻土主要分布在淮南冲积平原北部和里下河平原;滨海盐土则主要分布在江苏和山东滨海的平原区。流域内植被分布具有地带性和过渡性特点,主要的植被类型包括针叶、竹林、灌丛、藤本、盐生和沙生植物等。落叶阔叶林主要分布在了伏牛山及淮北暖温带,落叶阔叶林-常绿阔叶混交林主要分布在淮南的北亚热带地区,而常绿阔叶林、落叶阔叶林和针叶松林的混交林则主要分布在大别山区。流域内桐柏山和大别山、伏牛山、沂蒙山的森林覆盖率分别为30%、21%和12%。平原地区多种植和栽培作物,淮南地区主要种植一年两熟的水稻和小油菜等,淮北地区主要种植小麦、玉米、棉花、高粱等。

同时,20世纪70年代以来,随着流域经济社会发展、人口激增以及水资源开发利用等,淮河流域水环境状况日益恶化,并引起了国内外的广泛关注。淮河流域是我国"三河三湖"重点流域水污染防治之首。截至目前,点源污染仍是导致淮河流域水质恶化的主要污染源。过去10年来,淮河流域废污水排放量呈逐年增加的趋势。此外,由于农村管网建设不完善,且随着农业化肥大量施用,农村分散型牲畜养殖规模逐渐增大,农业面源污染的情势日益严峻,2000年面源污染物约占全流域污染物入河总量的30%。流域内所设立的86个国家水质监测站中,一半以上的水质站点的水质未达到地表水Ⅲ类水标准。过去10年来,淮河流域全部评价河长中,全年、汛期和非汛期劣Ⅴ类水河长均逐年减少,而Ⅳ和Ⅴ类水河长比例有所增加,非汛期Ⅲ类河水比例也有所增加。淮河流域严重污染河长比重有所下降,污染情势有所减弱,但Ⅲ类以上水河长并未有较大变化,流域水污染问题依然很严峻。流域内水污染事故频繁发生,如1989、1991、1992、1994、1995、2000、2002和2004年,均对流域的水环境和生态状况带来了毁灭性的灾害,严重威胁了流域居民的生命和饮水安全,且对流域造成了较大的经济损失。此外,2008年流域71个水生态调查断面中,水生态系统脆弱和不稳定的比例分别为73%和18%,流域河湖生态系统遭受了严重的破坏,制约和毁坏了物种的生存环境,打乱了自然植被演替规律,使生物多样性显著降低,生态系统的生态平衡被打破,降低了其生态系统服务功能。新中国成立以来,政府于1994年在淮河流域建立了第一个污染防治的关键控制工程——淮河流域水污染控制工程。并于1995年颁发了第一部流域性水污染防治法规,即《淮河流域水污染防治暂行条例》,其中指出要在1997年底流域各省工矿企业基本实现达标排放,2000年实现淮河水体变干净,即著名的"淮河零点行动"。1996、2003和2008年国务院分别批复了淮河流域水污染防治"九五""十五""十一五"计划,以期实现流域水污染防治。自此,流域内有1139个企业在期限内完成水污染治理,上千个高度污染的小企业和工程被关闭。尽管流域治污取得了阶段性的胜利,但是2000年底并未实现淮河干流水质达到Ⅲ类水标准。2004年7月暴发的突发性重大水污染事故震惊了国内外,污染河段长达150千米,污染事件持续了10天。

第二节　预警指标体系构建

一、评价指标的选取

（一）构建依据

依据研究区域、研究目的、研究侧重点，选择不同的指标体系构建模型，将其归纳为 6 类，如图 4-1 所示。

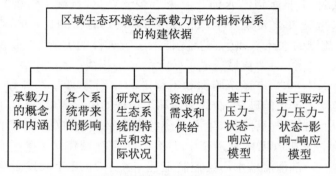

图 4-1　预警指标体系构建依据

（二）指标筛选

参照 PSR 模型（Pressure-State-Response），坚持综合性、合理性、可获得性等原则，考虑淮河生态经济带经济社会发展水平差异大、跨越区域广等因素，结合先前的研究结果，筛选了 18 项评价指标，构建淮河生态经济带城市生态安全预警指标体系。压力层（P）表征淮河生态经济带各地级市城市生态系统在人口、城镇化、工业污染等方面承受的生态环境负荷；状态层（S）表征淮河生态经济带在上述环境负荷下经济发展水平、土地利用结构、生态环境质量等方面所处的状态；响应层（R）表征为提升淮河生态经济带生态安全水平在防治污染、产业转型等方面采取的措施，具体指标见表 4-1。

表 4-1　淮河生态经济带城市生态安全评价指标体系

目标层 A	准则层 X	指标层 Y	单位	性质
淮河生态经济带生态安全	压力 X_1	人口密度 Y_1	人/平方公里	负
		城镇化率 Y_2	%	负
		单位 GDP 能耗 Y_3	吨标准煤/万元	负
		工业废水排放量 Y_4	万吨	负
		工业 SO_2 排放量 Y_5	吨	负
		工业粉尘消耗量 Y_6	吨	负
	状态 X_2	人均 GDP Y_7	元/人	正
		固定资产投资总额 Y_8	亿元	正
		耕地面积 Y_9	千公顷	正
		人均公园绿地面积 Y_{10}	平方米	正
		人均拥有道路面积 Y_{11}	平方米	正
		建成区绿化覆盖率 Y_{12}	%	正
		空气质量达到或超过 2 级天数比例 Y_{13}	%	正
	响应 X_3	污水处理率 Y_{14}	%	正
		生活垃圾清运量 Y_{15}	万吨	正
		一般工业固体废物综合利用率 Y_{16}	%	正
		第三产业占 GDP 比重 Y_{17}	%	正
		环保支出占财政支出比重 Y_{18}	%	正

二、TOPISIS 承载力评价模型

采用 TOPSIS(Technique for Order Preferenceby Similarity to Ideal Solution)法逼近理想解排序法,该方法由 Hwang 和 Yoon 于 1981 年首次提出。该方法目前在管理、经济、生态等领域应用较广,主要用于效益评价和多目标决策。近年来,该评价方法由于计算简单、应用灵活、思路清晰受到广泛应用。

(一)基本思想

TOPSIS 的基本原理是对评价指标进行标准化处理数据并计算各指标权重,权重的计算方法可以选择德尔菲等主观评价方法,亦可选择熵权法等客观评价方法。根据标准化之后的数值确定各指标的正负理想解,计算各指标数值与正负理想解之间的欧几里得距离。最后,结合权重数值,计算各评价方案的贴近度。根据贴近度划分标准,可以对评价方案进行详细分析。TOPSIS 方法的优点是计算简单、灵活方便，对指标和数据没有严格的限制和要求。由于计算贴近度时，需要各评价指标的权重数据，传统的 TOPSIS 法一般运用主观评价方法求解权重，使得计算结果主观性强。本书考虑到这点不足之处，利用熵权法对其改进，使得计算结果更加客观，更加符合研究区实际。

（二）权重设定

基于大量的文献研究发现，目前国内权重计算的方法主要分为主观权重分析法和客观权重分析法。主观分析法以德尔菲法、网络层次分析法使用较多，客观评价方法主要以熵值法为主。本书即利用熵值法进行指标权重的计算，可以避免主观因素的影响，使计算结果具有更高的可信度。

熵值法基本步骤如下：

（1）初始指标标准化处理。由于选取的 22 个指标的变化方向、量纲、数量级有较大差异，因此，需对指标数据进行标准化处理，降低指标数据间的差异性。这里采用 Min-max 方法对指标数据进行标准化处理，使得标准化后的值都在 0～1 之间。

对于表 4-1 中的正向指标，指标数值越大越好，我们采用公式（4-1）：

$$x_{ij} = (a_{ij} - \min\{a_{ij}\})/\max\{a_{ij}\} - \min\{a_{ij}\} \tag{4-1}$$

对于表 4-1 中的逆向指标，指标数值越小越好，我们采用公式（4-2）：

$$x_{ij} = (\max\{a_{ij}\} - a_{ij})/\max\{a_{ij}\} - \min\{a_{ij}\} \tag{4-2}$$

式中 x_{ij} 为同趋势化后的指标值，取值范围为 $[0,1]$。其中，$\max\{a_{ij}\}$ 是评价指标的最大值，$\min\{a_{ij}\}$ 是评价指标的最小值。$i=1,2,\cdots,m,j=1,2,\cdots n,m$ 为评价指标数，n 为评价年份数。

由于标准化之后的数值有负数的存在，不便于接下来的对数运算，因此，对标准化后的指标进行坐标平移，所有指标值均加 1，指标值 a_{ij} 经过运算之后为 x'_{ij}，即 $x'_{ij} = x_{ij} + 1$，计算指标 x'_{ij} 的比重 P_{ij}，其中：$P_{ij} = x'_{ij}/\sum\limits_{j=1}^{n} x'_{ij}$

（2）计算指标熵值 e。公式如下：

$$e_i = -\Big\{\sum_{j=1}^{n}(p_{ij}\ln p_{ij})\Big\}/\ln n \tag{4-3}$$

式中 e_i 为第 i 个指标的熵值。

（3）计算指标权重。计算公式如下：

$$w_i = (1 - e_i)/\sum_{i=1}^{m}(1 - e_i) \tag{4-4}$$

式中 w_i 为第 i 个指标的权重，即熵权。w_i 值越大，说明该评价方案受该指标影响就越大。在本书的研究中，上述正向指标或逆向指标权重值越大，说明该项指标对水资源承载力的影响就越大。

（三）评价指标同趋势化

运用 TOPSIS 法进行评价时，首先要对逆向指标进行同趋势化。同趋势化是指将逆向指标 x'_{ij} 通过倒数法（$x''_{ij}=1/x'_{ij}$）转换成正向指标，以便于对各方案的评价指标数据进行汇总计算，并评价不同方案之间的优劣。

对同趋势化后的数据进行归一化，公式如下：

$$a_{ij} = x''_{ij} / \sqrt{\sum_{j=1}^{n} x''^{2}_{ij}} \tag{4-5}$$

确定正、负理想解 a^+ 和 a^-

$$a^+ = \{\max a_{ij} \mid i=1,2,\cdots,m\} = \{a_1^+, a_2^+, \cdots, a_m^+\} \tag{4-6}$$

$$a^- = \{\max a_{ij} \mid i=1,2,\cdots,m\} = \{a_1^-, a_2^-, \cdots, a_m^-\} \tag{4-7}$$

计算评价对象各指标值与最优方案及最劣方案的距离 D_j^+ 与 D_j^-

$$D_j^+ = \sqrt{\sum_{i=1}^{m} w_i \, (a_i^+ - a_{ij})^2} \tag{4-8}$$

$$D_j^- = \sqrt{\sum_{i=1}^{m} w_i \, (a_i^- - a_{ij})^2} \tag{4-9}$$

其中 w_i 为第 i 个指标的权重，指标权重由熵权法确定，在前文已介绍，此处不再赘述。

（四）计算评价对象与最优方案贴近度

贴近度通常用 T_j 表示，表征评价对象与最优方案的接近程度，取值范围为 [0, 1]，愈接近 1，表示该评价对象愈接近最优水平。反之，愈接近 0，表示该评价对象愈接近最劣水平，计算如式（4-10）：

$$T_j = \frac{D_j^-}{D_j^+ + D_j^-} \tag{4-10}$$

其中，$0 \leqslant T_i \leqslant 1$。特别地，当 $T_i=0$ 时，代表城市生态安全等级极低，环境质量受到严重威胁；当 $T_i=1$ 时，代表城市生态安全等级较高，环境质量情况良好。

目前关于资源承载力研究成果较多，但由于研究方法、评价指标体系构建和研究区域的不同，学术界尚未形成统一的水资源承载力划分标准，故本章借鉴众多学者的研究成果，采用非等间距划分方法将贴近度 T 划分为五个等级，分别表示资源承载力的五种状态，具体见表 4-2。

表 4-2　淮河生态经济带城市生态安全警情划分标准

贴近度 t_i	安全状况	警情级别
[0, 0.2)	极不安全	巨警
[0.2, 0.4)	较不安全	重警

续表

贴近度 t_i	安全状况	警情级别
$[0.4,0.6)$	基本安全	中警
$[0.6,0.8)$	较安全	轻警
$[0.8,1]$	安全	无警

第三节　评价的实证

本小节研究基于 PSR 模型构建生态安全评价指标体系,整理收集淮河生态经济带 25 个地级市 2008—2017 年的数据信息,运用熵值法和 TOPSIS 法测度研究区生态安全状况,旨在探寻生态安全等级变化趋势。

21 世纪以来,淮河流域在经济与科技加速发展的同时,生态环境问题也逐渐加重。第二产业的大规模推进造成水体、土地、空气污染;城镇规模快速扩张导致耕地和绿地面积缩减;高密度的人口分布对资源可持续利用构成极大压力,亦形成大量污染物排放。为推进淮河流域生态文明建设,国家发展改革委 2018 年 11 月印发了《淮河生态经济带发展规划》,第一次将"生态文明建设"定义为首要任务写入国家发展战略,强调着力推进绿色发展,改善流域生态环境,体现了淮河流域生态环境保护的重要性和紧迫性。2019 年 4 月召开的淮河生态经济带省际联席会议指出,建设淮河生态经济带,第一要务就是生态建设与环境保护。2019 年 11 月发行的《中国共产党第十九届中央委员会第四次全体会议公报》中提出"全面建立资源高效利用制度",即拟定生态环境治理与修复方案,明确生态保护红线,强调了生态安全预警的重要性。基于区域发展和国家政策导向的要求,淮河生态经济带的生态安全动态评价显得尤为必要。

一、研究区概况与数据来源

(一) 研究区概况

淮河生态经济带位于 112°14′E～120°54′E、31°01′N～36°13′N,覆盖江苏、山东、安徽、河南 4 省,包含 25 个市和 4 个县,土地面积约 24.3 万平方千米。2018 年,淮河生态经济带常住人口 14495.46 万人,GDP 总量 71865.55 亿元,分别占全国的 10.39% 和 7.98%。该经济带地处我国中东部地区,与"一带一路"经济区和长江经济带相接,是我国当前最具发展潜力的区域之一。淮河生态经济带内城市多为平原地貌,交通便利,因特殊的地理位置,夏季暴雨密集且历时长,降水量大,极易发生洪涝灾害,也是我国自然灾害最频繁的区域。

(二) 数据来源

研究初始数据来源于江苏、山东、安徽和河南各省《统计年鉴》(2009—2018)、淮河生态经济带各地级市统计年鉴及国民经济和社会发展统计公报等,偶有数据不完整,利用内插法借助相近年份该项指标数据计算补充。

二、结果分析

通过式(4-8)至式(4-10)的评价方法,测度2008—2017年淮河生态经济带城市总体生态安全状况,结果如图4-2所示。2008—2017年,淮河生态经济带城市总体生态安全贴近度呈现波动上升趋势,2008年总体生态安全贴近度为0.387,处于"重警"级别,生态安全水平属于"较不安全"状态,而2017年,总体生态安全贴近度已达到0.615,处于"轻警"级别,生态安全水平也提升至"较安全"状态,上升幅度为37.07%。其中,仅有2016年和2017年两年达到"轻警"级别,而总体生态安全贴近度仍在0.65以内,且2017年生态安全贴近度有所下降,说明当前该区域总体生态安全状况在"较安全"状态的低临界线上徘徊,有回落至"基本安全"状态的风险,需谨慎预防。

分别计算出2008—2017年淮河生态经济带25个地级市生态安全等级,并借助ArcGIS软件实现可视化表达,2008年淮河生态经济带城市生态安全等级呈"东南部较高,其余偏低"的格局,仅有4个城市处于"中警"级别,其他城市均处于"重警"级别;2017年东南部区域生态安全优势进一步扩大,有6个城市达到"中警"级别,此外北部地区也有2市提升至"中警"级别,西部地区生态警情等级仍较低。2017年淮河生态经济带城市生态安全等级较2008年提升效果并不明显,10年间"中警"城市仅由4个增至8个,大部分城市生态安全状况仍不容乐观。

根据淮河生态经济带生态安全贴进度时间序列的变化特征,选取2008年和2017年作为时间截点,依据生态安全贴进度等级划分标准,使用ArcGIS10.2软件将其绘制成空间分布图,并研究空间变化趋势特征。2008—2017年淮河生态经济带江苏段和安徽段生态安全状况较优,山东段次之,河南段最差。在环境影响评价中同时考虑了系统的综合影响和局部影响,可以更全面明晰地评价城市系统的可持续发展能力、状态及其成因,为系统的优化指明方向。淮河生态经济带安徽段内城市多位于安徽省北部地区,社会发展水平相对滞后,大部分为矿业城市,如淮南、亳州、宿州、淮北和滁州。密集的矿业开采带来大量工业污染,使其生态环境面临极大威胁。2008年,除蚌埠和滁州达到"中警"级别,其余城市都处于"重警"级别。蚌埠环保支出占财政支出比重达到15.1%,为25市最高,表明当地政府对环境保护和治理的重视使其生态安全水平较高;滁州虽是矿业城市,由于其单位GDP能耗相对较低,警情为"中警"级别,但其贴近度为0.407,仅达到临界线边缘。2017

年,安徽段各市生态警情与2008年相差甚微,仅淮北生态安全等级提高至"中警"水平。作为传统煤炭城市,淮北土地塌陷、空气污染等生态问题较为严重。当地政府转变发展模式,提高煤炭资源利用效能,合理利用煤炭生产中产生的煤泥等废料,不仅降低了工业废气排放,还获得了经济效益。

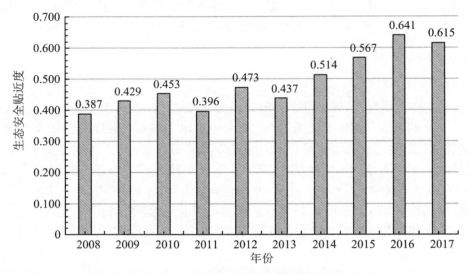

图4-2　淮河生态经济带总体生态安全贴近度演变趋势

　　淮河生态经济带江苏段内城市位于江苏省北部和中部,该区域是淮河生态经济带上经济最发达的地区。江苏段内泰州、扬州、连云港和盐城四市在2008年均处于"重警"级别,因地处长三角经济区,大批企业和人才聚集于此,经济发展迅速、环境荷载较大,致使生态安全水平较低;徐州作为典型的矿业城市,高能耗、高污染的能源产业破坏了生态系统平衡,生态环境较为脆弱,虽然人均GDP为淮河生态经济带25市中最高,其生态警情仍处于"重警"级别;宿迁和淮安两市都是优质农副产品产区,农业发展水平较高,耕地面积较广,生态环境压力相对较小,预警程度较低,处于"中警"级别。2017年,连云港生态安全水平有所提升,达到"中警"级别,这主要得益于该地大力发展第三产业,2017年第三产业比重与第二产业持平,缓解了生态安全压力。

　　淮河生态经济带山东段内城市位于山东省南部,处于低山丘陵地带,林果业十分发达。2008年各市生态警情均为"重警"。由于枣庄、济宁、临沂和菏泽四市均属于鲁南经济带,经济蓬勃发展的同时也面临发展空间不足、资源紧张等问题,生态承载力较低,生态环境较不安全。2017年,枣庄和济宁生态安全等级上升,提高到"中警"级别,这主要归因于当地加大生态环境建设力度,人均公园绿地面积与建成区绿化覆盖率高于其他城市同期水平,且环保支出占财政支出比重逐年上涨,有效改善生态环境质量。

淮河生态经济带河南段内城市位于该省东南部,地形复杂,山脉、盆地、平原、丘陵皆有。2008—2017 年河南段各市生态警情均为"重警",虽然各市生态安全贴近度均有不同程度的上升,但增长幅度较低,未能提高其生态安全预警级别。在循环经济发展模型中,人口作为自然资源的消耗者和货币的生产者,对经济系统和生态系统的可持续发展起着关键性的作用。河南是人口大省,由于人口基数大,河南段内城市人口密度约为淮河生态经济带其他区域城市的两倍,生态环境荷载较大。其次,境内各市制造业发达,导致其工业废水排放量远超其他段城市,生态污染情况严重,生态安全度较低。

四、生态安全预警障碍因子分析

利用障碍度模型和 2008—2017 年各指标数据,计算准则层和指标层因子对淮河生态经济带生态安全的阻力值,分析主要影响因素和其变化趋势。

(一)准则层障碍度分析

从图 4-3 可知,各准则层对研究区域生态安全的阻力大小及变化趋势存在差异。从各系统障碍度大小来看,状态系统的障碍度值一直居于压力系统和响应系统之上,其十年间的均值为 53.09%,远超过其余两系统的均值 19.42% 和27.48%。说明淮河生态经济带社会经济快速发展、城镇化水平不断提升对该区域的生态安全产生一定负面影响,造成如人地关系紧张、资源趋紧、环境质量下降等一系列问题。2008—2014 年间,响应系统的障碍度值高于压力系统,两者差距不

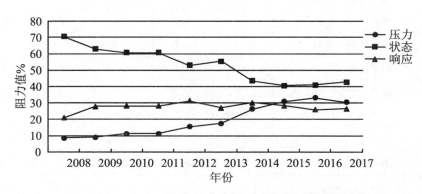

图 4-3　2008—2017 年淮河生态经济带生态安全准则层指标障碍度变化形势

断缩小;自 2015 年起,压力系统障碍度值超过响应系统。从时序变化来看,状态系统障碍度值从 2008 年的 70.4% 下降至 2017 年的 42.86%,下降幅度较大。响应系统障碍度值基本保持平稳,呈现波动小幅上升趋势。压力系统障碍度值在2008—2016 年间整体呈上升形势,增长幅度高达 285.58%,2017 年略有下调。淮河生态经济带人口密集,生态环境承载力本底薄弱,由于"新四化"的不断推进,资源和环境承受的压力有增无减。结合图 4-3 可知,总体而言各系统的障碍度值差距逐

渐减小,说明各系统在相互作用关系下,对生态安全的影响程度趋于均衡水平。

(二)指标层障碍度分析

为进一步分析各指标对淮河生态经济带生态安全的阻力大小,计算每一指标的障碍度值,并列出 2008—2017 年障碍度排名前 6 位的指标及其障碍度值,具体见表 4-3。从测算结果可以看出,2008—2017 年间排名前 6 位的因子主要集中在状态系统和响应系统:状态系统主要障碍因子 35 个,贡献率为 58.33%;响应系统主要障碍因子 19 个,贡献率为 31.67%,压力系统主要障碍因子 6 个,贡献率为 10%。出现频率最高的 5 个因子依次是人均 GDP、固定资产投资总额、环保支出占财政支出比重、生活垃圾清运量、城镇化率。

表 4-3　2008—2017 年影响淮河生态经济带生态安全主要指标障碍度

年份	项目	指标排序					
		1	2	3	4	5	6
2008	障碍因子	S2	S1	S3	R2	S5	S4
	障碍度%	21.77	19.16	11.32	10.78	10.01	5.61
2009	障碍因子	S2	S1	R2	S5	S4	R1
	障碍度%	23.14	21.07	15.06	10.84	5.39	5.36
2010	障碍因子	S2	S1	R2	S5	R5	S4
	障碍度%	22.84	20.01	13.87	10.25	5.64	4.92
2011	障碍因子	S2	S1	R2	S3	S5	R5
	障碍度%	20.74	14.84	12.76	11.5	7.49	6.9
2012	障碍因子	S2	S1	R2	R5	S5	P2
	障碍度%	21.33	15.32	13.3	8.7	5.48	5.28
2013	障碍因子	S2	S3	S1	R2	R5	P2
	障碍度%	16.23	12.66	11.23	10.64	9.66	7.57
2014	障碍因子	S2	R2	R5	S1	P2	S7
	障碍度%	15.56	12.49	12.28	10.94	10.75	10.23
2015	障碍因子	S7	P2	R5	S2	S1	R2
	障碍度%	16.52	15.04	13.9	12.11	10.32	9.22
2016	障碍因子	P2	S7	R5	R3	S2	S1
	障碍度%	23.63	21.06	14.88	8.17	7.88	7.82
2017	障碍因子	P2	S7	R5	S3	R3	S6
	障碍度%	25.64	22.36	17.2	16.95	9.39	2.84

2008—2013 年,障碍度居前三位的指标主要是固定资产投资总额、人均 GDP 以及生活垃圾清运量。淮河生态经济带总体处于经济欠发达地区。近年来,经济发展迅速但总体水平相对落后。2013 年该区域 25 市平均固定资产投资总额为 1344.99 亿元,而邻近的常州市、郑州市、合肥市固定资产投资总额分别为 2850.12 亿元、4489.29 亿元、4535.37 亿元,均高出该区域平均水平。2013 年研究区人均 GDP 为 34584.72 元,同期全国人均 GDP 是研究区的 1.21 倍。经济水平滞后、固定资产投资力度不足造成对区域基础设施建设、公共服务能力提升和人居环境改善的保障支撑作用有限。淮河生态经济带是我国重要的人口集聚区,人口密度大且增长速度快,而生活废弃物处理设施却相对滞后,对生态环境形成极大压力。2014—2017 年,障碍度排名前列的因子有所变化,主要集中在城镇化率、环保支出占财政支出比重、空气质量优良天数这三个指标。且这三个指标的障碍度值增长幅度最大,分别为 385.61%,204.96%,118.57%。十年间,淮河生态经济带城镇化率由 37.98% 迅速上升至 53.46%,城镇化在促进区域经济发展的同时,也导致了如资源需求增加、生态系统破坏、环境污染加剧等诸多问题。如何推进新型城镇化、实现经济社会和环境协调发展是该区域现阶段需解决的首要问题。2008—2017 年,空气质量达到或超过 2 级天数比例从 91.91% 逐年降至 63.16%,说明大气环境在持续恶化。区域经济发展滞后、工业集约化水平较低,高污染、高耗能企业所占比重大,片面追求经济效益增加却忽略生态环保的情况普遍存在。而相对于该区域生态环境状况和发展速度,环保投入仍显不足,生态环境未能得到明显改善。

此外,至 2017 年,固定资产投资总额、人均 GDP 及生活垃圾清运量三个指标障碍度下降,未出现在前 6 位主要因子中。说明区域经济水平提升明显,居民生活设施得到改善。另一方面,一般工业固废综合利用率和建成区绿化覆盖率成为新的主要阻碍因子,应引起重视。

五、结论与讨论

本研究基于 PSR 模型构建生态安全评价指标体系,整理收集淮河生态经济带 25 个地级市 2008—2017 年的数据信息,运用熵值法和 TOPSIS 法测度研究区生态安全状况,旨在探寻生态安全等级变化趋势,为制定淮河生态经济带环境治理政策及调控措施提供科学参考。研究结果表明:2008—2017 年淮河生态经济带城市总体生态安全指标贴近度呈上升趋势,由 2008 年"重警"级别提升至 2017 年"轻警"级别,但各地生态安全状况参差不齐,江苏段和安徽段内城市生态安全状况较优,其次是山东段,河南段最差,仍需进一步协调各地生态保护建设。

第四节　环境风险预警实证研究

一、预测研究的思路

预警(Early-Warning)一词源于军事术语,生态安全预警随着生态安全研究的积极开展应运而生。生态安全预警是一个复杂的统计预测过程,需要结合预警理论和生态安全的评价系统建立预警指标体系,合理地设计预警系统的结构,形成多层次的并列预警子系统,再根据各地区的实际情况进行预警分析,为决策提供实证依据。生态安全预警的实质是评估人类活动是否在多大程度上影响生态环境系统主要服务功能,是否产生了生态环境问题,是否影响到区域生态安全。生态安全预警主要由两个部分构成:预警分析、预控对策。预警分析是对生态环境系统的逆化演替、退化、恶化等现象进行识别、分析和诊断,并由此做出警告;预控对策是根据预警分析的活动结果,对系统演变过程中的不协调现象或生态环境危机表现出的征兆进行早期控制与矫正。其评价流程主要包括:区域生态安全评价指标选取及评价方法和阈值的确定、生态安全预警状况及变化趋势分析、成因解析等内容。

与生态安全评价的研究过程相似,在生态安全预测时也需要经过选择研究对象、收集整理研究数据和选择研究模型等步骤。需要注意的是在确定研究对象前,应当根据具体的研究目标选择相应的时间跨度和空间尺度。与此同时,综合考虑区域自然生态与社会经济状况、研究数据获取难易度等,最终确定研究对象。

生态环境风险预警方法一般可分为定性预测和定量预测两大类。

定性预测法是指通过收集过去和当前相关资料,推演未来生态安全演变趋势。它不能像定量分析法一样,通过特定数学模型对区域特定生态安全进行定量化的预测。对于只需要宏观预测结果而不强调精度,或者预测对象数据缺失等情况下,定性预测法有很好的适用性。

定量预测法主要通过已有数据,选择特定模型,通过输入相应参数和边界性条件,来实现生态安全演变模拟,是生态安全变化研究的有效手段。进行生态安全预测时,应当考虑预测的稳定性与响应性。稳定性是指抗拒随机干扰,反映稳定需求的能力。稳定性好的预测方法有利于消除或减少随机因素的影响,适用于受随机因素影响较大的预测问题。响应性是指迅速反映需求变化的能力。响应性好的预测方法能及时跟上实际需求的变化,适用于受随机因素影响大的问题。

预警理论最早应用在经济领域。借助经济预警的方法分类,区域生态安全预警的方法可分为五类:黑色预警方法、红色预警方法、黄色预警方法、绿色预警方法和白色预警方法,每一种预警方法都有一套基本完整的预警程序,只是在具体应用方面有所区别。黑色预警方法是通过对某一具有代表性指标的时间序列变化规律分析预警。黑色预警只考察警兆指标的时间序列变化规律,即循环波动特征,不需要引入警兆信息,重在考察警情指标的时间序列变化规律和预警结果,对警兆自变量不做相关解释,即不解释形成预警结果的原因。例如,对区域农业生态经济系统进行预警,从系统序化的观点,确定代表性指标的警戒线,并和指标的过去、现状与未来趋势进行对比,并对现状预警、趋势预警和突变预警进行评价,从而获得对策。黄色预警方法又称为灰色分析,即根据警情预报警度,是一种由因到果逐渐预警的过程,是目前最常用的预警分析方法。红色预警方法是一种环境社会分析方法,特点是重视定性分析,对影响生态安全的有利因素和不利因素全面分析,然后进行不同时期的对比研究,最后结合专家的经验进行预警。绿色预警方法类似黑色预警方法,通常借助遥感技术测得研究区域研究对象生长或变化的情况,从而进行生长、变化趋势预警。如通过分析地下水系统趋势变化的绿色程度,预测地下水系统的未来变化状况,预测农作物的生长趋势。白色预警方法对产生警情的原因十分了解,对警情指标采用计量技术进行预测,目前采用这种方法比较少,还处于探索阶段。在实际应用中,主要采用黑色、黄色和红色的预警方法,尤以黄色预警方法居多。表 4-4 显示了五种预警方法的区别。

表 4-4 预警方法比较

	黑色	黄色	红色	绿色	白色
定性或定量	定量	定量	定性	定量	定量
纵向或横向	纵向	纵向和横向	纵向和横向	纵向	纵向
指标确定	关键指标	多种指标	综合指标	成长指标	警因指标
分析方法	波动分析	统计分析	模型分析	趋势分析	因素分析

为获得预警的准确性与可靠性,基于所获取的研究区域指标数据,本章选择定量预警方法。目前常用生态安全预测定量模型包括:

生态足迹模型。生态足迹,即能够持续地向一定规模的人口提供所消耗资源和消纳所产生废物的具有生物生产能力的土地或水体。生态足迹模型从生态学角度判断人类活动是否处于生态系统的承受力范围内。

系统动力学仿真模型。它是基于系统论、信息论、控制论等理论知识的一门分析研究信息反馈系统的科学,也是认识系统问题并解决系统问题的交叉综合学科。

神经网络模型。具有较强的学习和数据处理能力,能够挖掘数据背后复杂的甚至难以用数学式描述的非线性关系,且对建模所用样本数量并无特殊要求。样本数量多,网络结构可以较复杂;样本数量少,则网络结构可以简单些。其结构设计具有较大灵活性。

灰色预测模型。灰色系统理论是基于整理后的灰色数据信息预测未来变化趋势,灰色模型对小样本、信息差、系统不确定、数据缺乏的不确定性问题具有很强的研究能力。

自回归综合移动平均（ARIMA）模型。它是时间序列数据预测中最值得注意的一种模型，在计量经济学研究中使用较多，可以较准确地预测非平稳时间序列。

本章考虑选用 ARIMA 模型与灰色预测模型。两种模型的优缺点分析如下。

ARIMA 方法是时间序列预测中一种常用而有效的方法，它是用变量 Y_t 自身的滞后项以及随机误差项来解释该变量，而不像一般回归模型那样用 k 个外生变量 $X_1, X_2, \cdots, X_k$ 去解释 Y_t。ARIMA 方法能够在对数据模式未知的情况下找到适合数据所考察的模型，因而在金融和经济领域预测方面得到了广泛应用。但是，ARIMA 模型存在以下基本缺陷：① 在 ARIMA 模型中，序列变量的未来值被假定满足变量过去观察值和随机误差值的线性函数关系。然而，现实中绝大多数时间序列都包含有非线性关系。因此，用 ARIMA 方法构建时间序列预测模型在实际应用中有较大局限性。② 为得到较好的预测结果，使用 ARIMA 模型需要较多的历史数据。然而在实际情况中，由于整体环境的不确定性以及新技术的发展，时间序列预测方法使用历史数据的期限跨度也呈现越来越短的趋势。

灰色预测模型是通过对既含有已知信息又含有未知或非确定信息的处理和灰色模型的建立，发现、掌握系统的发展规律，对在一定范围内变化的、与时间有关的未来状态做出科学的定量预测。灰色数学研究的对象是"小样本""贫信息"的不确定信息，对数据及其分布的限制要求小。一般利用时间序列数据，通过模型进行预测。该方法不但预测精度高，而且可以进行长期预测，用累加生成拟合微分方程，符合能量系统的变化规律。在预测模型选择上，传统的 GM(1,1) 模型仅适用于原始序列按指数规律变化的情况，且其预测趋势是一条平滑的曲线。而 DGM(1,1)（等维新息）模型为新信息模型，所有的信息不必全部用于建模，信息的选择是否合适才是建模的关键所在。其思路是以若干样本序列建立 GM(1,1) 模型，以每一次预测的新信息剔除原样本中最旧的数据，构成新样本继续建模，进行下一步的预测，经过一次次替换，实现建模数据的新陈代谢，直至完成预测。故本章考虑选用 DGM(1,1) 模型实现预测。

鉴于两种模型的优缺点和循环经济理论等生态安全理论，本章将两者结合进行研究区域生态安全预警。

二、等维新息递补灰色 DGM(1,1) 模型预测

（一）灰色预测模型

灰色理论系统预测是通过鉴别系统因素之间发展趋势的相异程度，对原始数据进行生成处理来寻找系统变动的规律，生成有较强规律性的数据序列，然后建立相应的微分方程模型，从而预测事物未来发展趋势的状况。GM(1,1) 模型是灰色理论系统预测最常用的模型，其建模步骤如下。

（1）累加生成。对原始数据序列 $x^{(0)} = (x^{(0)}(1), x^{(0)}(2), \cdots, x^{(0)}(n))$ 进行一次累加生成，得到 1-AGO 序列：$x^{(1)} = (x^{(1)}(1), x^{(1)}(2), \cdots, x^{(1)}(n))$，其中 $x^{(1)}(t) = \sum_{k=1}^{t} x^{(0)}(k), t = 1, 2, \cdots, n$。

（2）一次拟合参数。解 GM(1,1) 模型微分方程：

$$\frac{\mathrm{d}x^{(1)}(t)}{\mathrm{d}t} + ax^{(1)}(t) = b \tag{4-11}$$

解方程，可得时间响应函数：

$$\hat{x}^{(1)}(t+1) = \left(x^{(0)}(1) - \frac{b}{a}\right)\mathrm{e}^{-at} + \frac{b}{a}, \quad t = 1, 2, \cdots, n \tag{4-12}$$

（3）确定预测值，预测函数为

$$\hat{x}^{(0)}(t+1) = \hat{x}^{(1)}(t+1) - \hat{x}^{(1)}(t) = (1 - \mathrm{e}^{a})\left(x^{(0)}(1) - \frac{b}{a}\right)\mathrm{e}^{-at}, \quad t = 1, 2, \cdots, n \tag{4-13}$$

（4）精度检验。验证模型的可靠性，需要检验模型精度，本研究使用平均绝对误差，利用公式（4-13）计算初始值和预测值的平均绝对误差。

$$MAD = \frac{1}{n}\sum_{k=1}^{t}\left|\frac{x^{(0)}(k) - \hat{x}^{(0)}(k)}{x^{(0)}(k)}\right| \times 100\% \tag{4-14}$$

其中，t 为年份值，a 为发展系数，b 为灰色作用量。

（二）等维新息递补灰色模型 DGM(1,1)

灰色系统理论是基于整理后的灰色数据信息预测未来变化趋势，常用的灰色预测模型 GM(1,1) 属于全信息预测模型，即利用所有初始数据进行预测。GM(1,1) 模型是一种线性模型，对短期预测结果较精准，当时间序列较长时，其拟合效果就会"打折"，且容易受突变值等偶然因素的影响，导致预测精度下降。等维新息递补灰色模型 DGM(1,1) 的原理是将长期时间序列划分成若干个等距离的短期时间序列，利用灰色预测模型 GM(1,1) 估计短期预测值，在数据序列上剔除最早的数据并加入新的预测值，再次预测，直至估算出所有目标预测值。本书选择等维新息递补灰色模型 DGM(1,1)，既保留了灰色预测模型 GM(1,1) 短期预测精度较高的优点，又确保在长期预测的过程中有新的代表该时段特点的数据持续加入替换较早的数据，避免因早期数据与当前情景差距过大造成预测结果偏差。

基于实证部分 2017 年淮河生态经济带城市生态安全贴近度数据，使用等维新息递补灰色模型 DGM(1,1) 进行预测，所得结果如表 4-5 所示。

表 4-5　基于 DGM(1,1)模型的淮河生态经济带城市生态安全贴近度预测值

城市	淮安	盐城	宿迁	徐州	连云港	扬州	泰州
2018 年预测值	0.385	0.332	0.454	0.348	0.488	0.358	0.310
2022 年预测值	0.371	0.333	0.450	0.367	0.556	0.398	0.307
城市	枣庄	济宁	临沂	菏泽	蚌埠	淮南	阜阳
2018 年预测值	0.502	0.377	0.322	0.331	0.504	0.358	0.297
2022 年预测值	0.625	0.373	0.315	0.370	0.557	0.375	0.277
城市	六安	亳州	宿州	淮北	滁州	信阳	驻马店
2018 年预测值	0.346	0.298	0.288	0.401	0.440	0.282	0.272
2022 年预测值	0.341	0.269	0.270	0.377	0.427	0.256	0.253
城市	周口	漯河	商丘	平顶山			
2018 年预测值	0.275	0.347	0.263	0.365			
2022 年预测值	0.257	0.332	0.229	0.339			

　　从表 4-6 及图 4-4 可知,2017—2018 年,研究区域生态安全警情恶化。整体而言,淮河生态经济带 25 市生态安全警情仍处于重警和中警状态。其中,警情为中警的城市由 8 个减少到 6 个,而处于重警的城市从 17 个增加至 19 个。淮安、济宁的警情等级均由中警转变为重警,其余城市警情等级保持不变。从 2018 年预警数据看,河南段 6 城市的生态安全警情皆为重警,比例达 100%;安徽段重警级别城市 5 个,占 63%,中警级别城市 3 个,占 37%;江苏段重警级别城市 5 个,占 71%,中警级别城市 2 个,占 29%;山东段重警级别城市 3 个,占 75%,中警级别城市 1 个,占 25%。由此得出,2018 年四区域生态安全警情排序为,安徽段＞江苏段＞山东段＞河南段。到 2022 年,淮河生态经济带整体生态安全警情无明显改善。警情为重警的城市增加至 20 个,中警城市由 2017 年的 8 个减少至 4 个,但出现 1 个轻警城市。具体来看,淮安、济宁、淮北三市的警情恶化,由中警变为重警;枣庄警情级别由中警提升至轻警。河南段 6 城市的生态安全警情仍为重警,比例达 100%;安徽段重警级别城市 6 个,占 75%,中警级别城市 2 个,占 25%,较 2018 年警情恶化;江苏段警情与 2018 年相同,重警级别城市 5 个,占 71%,中警级别城市 2 个,占 29%;山东段警情有所好转,出现 1 个轻警城市,但重警级别城市仍有 3 个,占 75%。2022 年四区域生态安全警情排序为:江苏段＞山东段＞安徽段＞河南段。

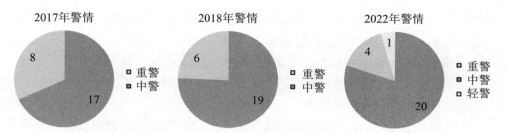

图 4-4　基于 DGM(1,1)模型的淮河生态经济带城市生态安全警情变化趋势

表 4-6　基于 DGM(1,1)模型的淮河生态经济带城市各段生态安全警情变化趋势

	2017 年		2018 年		2022 年	
河南	重警	6	重警	6	重警	6
安徽	中警	3	中警	3	中警	2
	重警	5	重警	5	重警	6
江苏	中警	3	中警	2	中警	2
	重警	4	重警	5	重警	5
山东	中警	2	中警	1	轻警	1
	重警	2	重警	3	重警	3

三、ARIMA 预警模型预测

(一) ARIMA 模型介绍

ARIMA 模型即差分整合移动平均自回归模型,是由 ARMA 模型差分扩展得出的。ARIMA 模型针对干扰项构建模型,考虑到时间序列的随机性,准确捕捉数据的变化趋势,模拟出长期时间序列上时间节点间的关联度,综合预测项的过去值和现在值从而估计未来值,模型精度较高。

ARMA 模型预测的基本思路为,将区域生态安全水平视为随机游走序列,用数学公式近似表达,从而计算出近期值。区域生态安全时间序列不是随机序列,不可直接使用 ARMA 模型,需对序列做差分处理。处理后的序列确定 ARIMA 模型 p,d,q 的值。ARIMA(p,d,q)模型的形式为

$$y_t = \varphi_1 y_{t-1} + \varphi_2 y_{t-2} + \varphi_p y_{t-p} + \varepsilon_t - \omega_1 y_{t-1} - \omega_2 y_{t-2} - \omega_q y_{t-q}$$

ARIMA(p,d,q)模型具有三个参数,p 为"AR"(自回归)的项数,d 为需要差分的次数,q 为"MA"(滑动平均)的项数,表达式如下:

$$\left(1 - \sum_{i=1}^{p} \varphi_i L^i\right)(1-L)^d X_t = \left(1 + \sum_{i=1}^{q} \theta_i L^i\right)\varepsilon_t \qquad (4\text{-}15)$$

其中,$(1-\sum_{i=1}^{p}\varphi_{i}L^{i})$ 表征"AR"的系数,$(1-L)^{d}$ 表征差分阶数,$(1+\sum_{i=1}^{q}\theta_{i}L^{i})$ 表征 "MA" 的系数,L 表征滞后算子,$d \in Z, d > 0$。

运用 ARIMA 模型对碳排放交易价格预测的具体建模步骤如下:

(1)根据区域生态安全的散点图、ADF 检验结果识别数据是否平稳。

(2)对非平稳序列平稳处理。

(3)序列模型识别。根据平稳后区域生态安全的自相关和偏相关图判断适合采用 ARIMA 中的哪种模型。根据 k 值落入置信区间的阶数,判断 p 和 q 值。

(4)验证拟合后的区域生态安全残差是否为白噪声并且服从高斯分布。若残差是随机序列,说明残差是白噪声,服从高斯分布,可对其进行预测。

(5)利用通过残差检验的 ARIMA 模型对区域生态安全进行预测。

(二) ARIMA 模型实证

基于前文实证部分 2017 年淮河生态经济带城市生态安全贴近度数据,使用 ARIMA 预警进行预测,所得结果如表 4-7 所示。

表 4-7　基于 ARIMA 模型的淮河生态经济带城市生态安全贴近度预测值

城市	淮安	盐城	宿迁	徐州	连云港	扬州	泰州
2018 年预测值	0.444	0.360	0.506	0.372	0.579	0.401	0.346
2022 年预测值	0.488	0.494	0.484	0.486	0.611	0.531	0.382
城市	枣庄	济宁	临沂	菏泽	蚌埠	淮南	阜阳
2018 年预测值	0.571	0.491	0.281	0.375	0.511	0.364	0.359
2022 年预测值	0.755	0.497	0.300	0.421	0.653	0.382	0.395
城市	六安	亳州	宿州	淮北	滁州	信阳	驻马店
2018 年预测值	0.414	0.344	0.288	0.464	0.514	0.376	0.342
2022 年预测值	0.581	0.373	0.221	0.453	0.591	0.353	0.340
城市	周口	漯河	商丘	平顶山			
2018 年预测值	0.312	0.423	0.361	0.471			
2022 年预测值	0.357	0.441	0.327	0.484			

从表 4-8 及图 4-5 可知,较之 DGM(1,1)模型,ARIMA 模型预测结果更为乐观。2017—2018 年,研究区域生态安全警情明显改善。虽然淮河生态经济带 25 市生态安全警情仍处于重警和中警状态,但警情为重警的城市由 17 个减少到 13 个,而处于中警的城市从 8 个增加至 12 个。这四个警情级别提升的城市是扬州、六安、漯河、平顶山。从各段生态安全不同警情等级城市占比看,河南段中警城市 2 个,占 33%,重警城市 4 个,占 67%;安徽段中警城市 4 个,重警 4 个,各占 50%;

江苏段中警城市 4 个,占 57％,重警城市 3 个,占 43％;山东段中警城市和重警城市各 2 个,均占 50％。2018 年四区域生态安全警情排序为:江苏段＞安徽段＝山东段＞河南段。到 2022 年,重警级别城市持续减少至 10 个,增加轻警城市 3 个,中警城市仍为 10 个。对比 2017 年,警情级别由重警变为中警的有:盐城、徐州、扬州、菏泽、六安、漯河、平顶山;由中警变为轻警的有连云港和枣庄。河南段中警城市 2 个,占 33％,重警城市 4 个,占 67％;安徽段轻警城市 1 个,中警城市 3 个,重警城市 4 个,分别占 12％,38％,50％;江苏段轻警城市 1 个,中警城市 5 个,占 57％,重警城市 1 个,分别占 14％,70％,14％;山东段轻警城市 1 个,中警城市 1 个,重警城市各 2 个,分别占 25％,25％,50％。2022 年四区域生态安全警情排序为:江苏段＞山东段＞安徽段＞河南段。

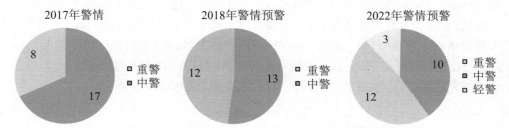

图 4-5　基于 ARIMA 模型的淮河生态经济带城市生态安全警情变化趋势

表 4-8　基于 ARIMA 模型的淮河生态经济带城市各段生态安全警情变化趋势

	2017 年		2018 年		2022 年	
河南	重警	6	中警	6	中警	6
			重警	4	重警	4
安徽	中警	3	中警	4	中警	3
	重警	5	重警	4	重警	4
					轻警	1
江苏	中警	3	中警	4	中警	5
	重警	4	重警	3	重警	1
					轻警	1
山东	中警	2	中警	2	中警	1
	重警	2	重警	2	重警	2
					轻警	1

四、DGM-ARIMA 组合模型预测

运用灰色系统理论建模软件 3.0 和 MATLAB2016 分别构建等维新息递补灰色模型 DGM(1,1)和 ARIMA 模型,预测 2018—2022 年淮河生态经济带各地级市生态安全指标贴近度,并综合两种预测模型的测算结果,得出 DGM-ARIMA 模型的组合预测值。

2018 年淮河生态经济带城市生态安全状况与 2017 年基本符合,江苏段的扬州市和河南段的平顶山市警情级别由"重警"提升至"中警",其余城市级别不变;到 2022 年,淮河生态经济带 25 个地级市生态安全状况明显改善,呈"中东部较高、西部较低"的生态警情分布态势,江苏段和山东段生态安全状况较优,安徽段次之,河南段最劣。其中,除泰州市、临沂市外,江苏段和山东段其余城市均处于"中警"以上级别,生态安全状况较为稳定;安徽段 8 市生态安全水平参差不齐,淮北和蚌埠 2 市警情级别上升至"轻警",六安和滁州市处于"中警"级别,阜阳、亳州、淮南和宿州 4 市仍处于"重警"级别,生态环境现状不容乐观;河南段仅有平顶山和漯河 2 市达到"中警"水平,其余城市属于"重警"级别,生态安全形势较为严峻。

第五节　淮河生态经济带生态环境质量调控研究

在生态环境质量预警基础上进行调控研究,是预警研究的实际意义所在,调控对于区域生态安全警情有一个质的变化。结合本节选择淮河生态经济带中生态警情趋好的淮北市为例,对其警情调控问题进行系统探讨,以期为淮河生态经济带全段生态文明建设提供决策参考。

一、生态环境调控的基本思路

(一)调控方法的选择

生态系统本身是一个复杂的自然经济综合系统,系统中各要素都起着一定的作用,不同子系统的变化会影响到其他子系统和整个系统产生一定的变化。同时根据系统工程理论、耗散结构理论,人地系统存在着物质、能量、价值和信息流的交流与转换,且人地系统与外部系统之间也存在着流的转换与传递,只有子系统相互协调,才能使系统实现整体的稳定,所以要实现生态安全调控要优先考虑到系统的整体性、协同性和稳定性。生态安全调控的目的是通过调控自然、经济、社会的协调综合效益,使城市发展的生态环境处于不受或少受破坏与威胁的状态,最终实现生态安全从有警状态向无警状态的转变。本节借鉴经济领域的情景分析法,尝试

运用情景分析法,通过设定不同调控方案对淮北市生态安全进行调控分析,以期准确反映不同调控方案下淮北市生态安全的变化趋势,为淮北市政府制定生态安全调控对策和措施提供参考。

为此,本节在参考国内外有关"情景分析法"研究成果的基础上,依据淮北市生态安全的实际,设置了"子系统调控"和"关键因子调控"两种情景模拟调控方案。

(1)子系统调控。通过改变 PSR 总系统和子系统中指标参数,设置 4 种不同的调控情景,对生态安全警情变化趋势进行调控模拟,以考察子系统指标变化对生态安全的敏感度和贡献率,找出影响生态安全的关键子系统,为政府选择生态安全调控系统提供依据。

(2)关键因子调控。通过改变生态安全影响因素中的关键因子指标参数,设置 4 种不同的调控情景,对生态安全警情变化趋势进行调控模拟,以考察关键因子指标变化对生态安全的敏感度和贡献率,找出影响生态安全的关键因子,为政府选择生态安全关键影响因素提供依据。

(二)警情调控敏感度测算方法及评判标准

为了考察情景模拟设置中调控指标对生态安全的敏感度(或贡献率),本节提出敏感变化率的概念。即以基期年 2017 年的生态安全警度指数为基准,通过调控目标年与基期年的生态安全警度指数进行比较,计算出某种调控情景的敏感变化。具体的计算公式为

$$I = \frac{Q_{目标年} - Q_{基期年}}{Q_{基期年}} \times 100\%$$

式中 I 为生态安全敏感变化率;$Q_{目标年}$ 为调控目标年的警度指数;$Q_{基期年}$ 为基期年的警度指数。当 I 大于子系统调控值时,认为该情景调控系统敏感性较强,对总系统生态安全的贡献率较大;当 I 小于子系统调控值时,认为该情景调控系统敏感度较弱,对总系统生态安全的贡献率较小。

二、生态环境子系统调控模拟分析

(一)生态环境子系统调控模拟方案设计

1. 子系统调控模拟参数设置

生态安全调控的目的是保证生态安全,消除警情。子系统和因素指标的调控模拟目的是通过调控子系统和影响因素指标,考察子系统和影响因素指标的变化对总系统变化贡献率,从而选择出子系统和影响因素关键指标,为政府生态调控政策和措施的制定提供参考依据。

通过 excel 2013 软件函数公式,以 2018 年达到轻警状态的贴近度指数 0.6 作为调控底线。根据 2008—2017 年 18 个指标的年平均增长率作为调控基线,以

2017 年淮北市的 18 个生态安全统计数据为基期年数据,以 2017 年为起点,首先按照每个正向指标年均增长 5%、负向指标年均降低 5% 进行初步调控,逐步增加调控指数,只要 2018 年的警情贴近度达到 0.6 时,即达到了调控目标值。

2. 子系统调控模拟情景设置

根据以上参数设置,分别设置以下 4 种情景对对应年度生态安全的变化趋势进行推理并预警分析:

情景 1:只改变压力子系统中 6 个指标,其他指标均按照预测值进行设置;

情景 2:只改变状态子系统中 7 个指标,其他指标均按照预测值进行设置;

情景 3:只改变响应子系统中 5 个指标,其他指标均按照预测值进行设置;

情景 4:改变总系统中 18 个指标。

（二）生态安全子系统调控模拟结果

将以上设置的 4 种情景,以 2017 年为基期年,按照生态安全警情贴近度的计算方法,利用 Excel 2013 软件函数公式进行试调,总系统调指数的计算方法,利用 Excel 2013 软件函数公式进行试调,总系统调控计算结果显示,年均变化率调控到 17% 时,2018 年的生态安全警情贴近度达到了 0.664,超过设置的调控目标值 0.6。因此,各子系统按照总系统的年均变化率 21% 设置调控参数,按照生态安全警情贴近度的计算方法对 4 种情景的贴近度进行计算,最后得到淮北市 2018—2022 年生态安全子系统调控模拟的 4 种情景的警情贴近度。4 种情景模拟的生态环境警情贴近度的计算结果,见表 4-9。

表 4-9　淮北市 2018—2022 年生态环境子系统调控模拟的警情贴近度

年份	情景 1	情景 2	情景 3	情景 4
2017	0.583	0.583	0.583	0.583
2018	0.605	0.635	0.596	0.664
2019	0.663	0.663	0.653	0.727
2020	0.734	0.713	0.695	0.789
2021	0.798	0.792	0.752	0.857
2022	0.861	0.814	0.800	0.902
敏感度	42%	39%	36%	53%

（三）生态环境子系统调控模拟结果分析

根据表 4-9 计算结果,对比 4 种调控模拟情景的敏感度。对 4 种情景调控结果进行敏感度分析。

1. 子系统调控敏感度分析

情景 1：调控压力子系统，生态安全敏感变化率达到 42％，总系统变化幅度超过调控设置参数 17％的 2.5 倍，说明压力子系统对生态安全总系统变化贡献率最大。

情景 2：调控状态子系统，生态安全敏感变化率达到 39％，总系统变化幅度超过了调控设置参数 17％的 2.3 倍，说明状态子系统变化对生态安全总系统变化贡献率中等。

情景 3：调控响应子系统，生态安全敏感变化度达到 36％，总系统变化幅度超过调控设置参数 17％的 2.1 倍，说明响应子系统对生态安全总系统变化贡献率最小。

从以上子系统模拟调控结果可以看出：在调控压力、状态、响应子系统时，响应子系统敏感度较低，说明淮北市对生态变化响应能力较差，响应子系统对生态安全变化贡献率最小。因此，在进行子系统调控时，淮北市应重点加大对响应子系统内部指标的调控。

情景 4：调控 18 个因素指标，总系统生态安全敏感变化率达到 53％，而且将生态安全状况从 2018 年全部提升到了轻警区间，2021 年更是到达无警区间，完全起到了消除警患的作用。

总之，从以上 4 种情景调控模拟结果中的生态安全综合状态变化可以看出：单项调控模拟时，响应子系统和经济因素的敏感度较低，贡献率小，对生态安全警情状态变化的影响作用较小。分析认为，淮北市在未来的生态安全调控中应当加大对生态响应能力的调控力度，将其作为生态安全调控的重点。

2. 子系统调控警情演变趋势分析

将淮北市生态安全 4 种子系统情景模拟调控后的警度综合指数与警度等级划分标准对比，可以得到淮北市 2018—2022 年生态环境质量调控后的警情级别，用警度信号灯表示，见表 4-10。

表 4-10　淮北市 2018—2022 年生态环境子系统情景调控模拟结果

年份	情景 1	情景 2	情景 3	情景 4
2017	○	○	○	○
2018	◐	◐	○	◐
2019	◐	◐	◐	◐
2020	◐	◐	◐	◐
2021	◐	◐	◐	●
2022	●	●	●	●

通过表 4-10 可以看出，在 4 种警情调控模拟方案中，均可使淮北市的生态安全从 2022 年全部达到无警状态。从单项子系统调控结果中可以看出：在压力、状态、响应单项调控中，压力和状态子系统的敏感度较高，2018 年进入轻警状态；而

响应子系统滞后到 2019 年进入轻警状态。因此,判定在子系统调控时,三大子系统调控时压力和状态子系统具有同等重要的作用。但是,响应子系统相比之下敏感度较低,总系统进入轻警状态较晚。因此,为保证淮北市生态安全系统早日进入轻警状态,应当在三大系统分别调控时,重点加大对响应子系统指标的调控力度。

三、生态环境关键因子调控模拟分析

关键因子调控模拟的目的是通过关键指标的选择和调控,考察关键指标的变化对总系统变化贡献率,从而筛选出关键因子指标,为政府生态调控政策和措施的制定提供参考依据。

(一)生态环境关键因子调控模拟方案设计

1. 关键因子调控模拟参数设置

首先,根据生态安全预警指标权重确定关键因子,同时考虑各关键因子的可控性进行关键因子调控情景设置;其次,在压力、状态、响应三个子系统中分别选择权重较大的 2 个指标作为关键因子指标。三系统共选择 6 个关键因子指标。见表4-11。通过 Excel 2013 软件函数公式进行自动运算。调控参数设定时,仍然以2018 年达到轻警状态时所对应的警情划分标准的生态环境警情贴近度达到 0.6作为调控底线,只要总系统警情贴近度达到 0.6,即为达到了调控目标值。

表 4-11　生态环境关键因子调控指标选取结果

准则层 X	指标层 Y	单位	性质
压力 X_1	城镇化率 Y_2	％	负
	单位 GDP 能耗 Y_3	吨标准煤/万元	负
状态 X_2	人均 GDP Y_7	元/人	正
	固定资产投资总额 Y_8	亿元	正
响应 X_3	污水处理率 Y_{14}	％	正
	环保支出占财政支出比重 Y_{18}	％	正

2. 关键因子调控模拟情景设置

根据以上关键因子参数设置,分别设置以下 4 种情景考察对应年度生态环境质量的变化趋势并进行预警分析:

情景 1:只改变压力子系统指标中的 2 个关键因子指标,其他指标均按照预测值进行设置。

情景 2:只改变状态子系统指标中的 2 个关键因子指标,其他指标均按照预测值进行设置。

情景 3:只改变响应子系统指标中的 2 个关键因子指标,其他指标均按照预测值进行设置。

　　情景 4：改变总系统的 6 个关键因子指标，其他指标均按照预测值进行设置。

（二）生态环境关键因子调控模拟结果

　　首先，将以上设置的 4 种情景，以 2017 年为基期年，同样参照生态环境警情贴近度的计算方法，利用 Excel 2013 软件函数公式进行自动试调；其次，当调控指数达到 23％时，2018 年的警情贴近度达到了 0.665，超过调控参数设置目标值 0.6，停止调控；最后生态安全警情贴近度的计算方法，计算得到淮北市 2018—2022 年生态环境关键因子调控模拟的警情贴近度，见表 4-12。

表 4-12　淮北市 2018—2022 年生态环境关键因子调控模拟的警情贴近度

年份	情景 1	情景 2	情景 3	情景 4
2017	0.583	0.583	0.583	0.583
2018	0.596	0.621	0.591	0.665
2019	0.629	0.644	0.620	0.677
2020	0.668	0.674	0.651	0.745
2021	0.712	0.759	0.681	0.822
2022	0.733	0.786	0.715	0.880
敏感度	39％	45％	37％	58％

（三）关键因子调控模拟结果分析

　　根据表 4-12 计算结果，对比 4 种关键因子调控模拟情景的敏感度，对 4 种情景调控结果进行敏感度分析。

　　1. 关键因素调控敏感度对比分析

　　情景 1 中调控压力子系统 2 个关键因子指标，生态环境敏感变化率达到 39％，总系统变化幅度达到调控设置参数的 1.7 倍，说明压力子系统中 2 个关键因素指标对生态安全总系统变化贡献率中等。

　　情景 2 中调控状态子系统 2 个关键因子指标，生态环境敏感变化率达到 45％，总系统变化幅度达到调控设置参数的 2.0 倍，说明状态子系统变化对生态安全状态变化贡献率最大。

　　情景 3 中调控响应子系统 2 个关键因子指标，生态环境敏感变化率达到 37％，总系统变化幅度达到调控设置参数的 1.6 倍，说明响应子系统变化对生态安全状态变化贡献率最小。

　　从以上子系统关键因子模拟调控结果对比可以看出：在调控压力、状态、响应子系统的关键因子时，响应子系统敏感度较低，说明淮北市对生态变化响应能力较差，响应子系统对生态安全变化贡献率最小。因此，在进行子系统关键因子调控时,淮北市应重点加大对响应子系统关键因子指标的调控。由此看出,关键因素调控表现出与子系统调控结果的一致性。

情景 4 中调控 6 个因素指标,生态环境敏感变化度达到 58%,总系统的变化幅度达到调控设置参数的 2.5 倍,而且将生态环境状况从 2018 年全部提升到了轻警区间,2021 年到达无警区间,完全起到了消除警患的作用。

因此,从以上 4 种关键因子调控模拟结果中的生态环境综合状态变化可以看出:单项调控关键因子模拟时,响应子系统关键因子调控敏感率较低,对总系统的贡献率较小。分析认为,淮北市在未来的生态环境关键因素调控时,应当加大对响应子系统关键因子调控。

2. 关键因子调控模拟警情演变趋势分析

将以上 4 种关键因子警情调控模拟出的各种警情贴近度与警度等级划分标准对比,得到淮北市 2018—2022 年生态环境关键因子指标调控后的警情级别,用警度信号灯表示,见表 4-13。

表 4-13　淮北市 2018—2022 年生态环境关键因子指标警情调控结果

年份	情景 1	情景 2	情景 3	情景 4
2017	○	○	○	○
2018	○	●	○	●
2019	●	●	●	●
2020	●	●	●	●
2021	●	●	●	●
2022	●	●	●	●

通过表 4-13 能够看出,在 4 种关键因子调控模拟方案中,关键因子调控模拟与子系统调控模拟表现出调控结果的一致性。从子系统关键因子调控结果中可以看出:在压力、状态、响应三大系统关键因子调控中,状态子系统的敏感度较高,2018 年进入轻警状态;压力和响应子系统的敏感率较低,滞后在 2019 年生态环境进入轻警状态;而在总系统全部关键因子调控中,从 2018 年以后,淮北市生态环境进入轻警状态,到 2021 年,达到无警状态。因此,为了保证淮北市生态环境系统早日进入无警状态,应当加大对压力和响应子系统关键因子调控力度。

四、生态安全调控对策

通过以上系统调控、关键因子调控两种情景模拟可以看出,实施积极有效的调控措施对城市生态安全警患的排除以及整体状况的提升具有重要意义。关键因子的影响对生态安全的整体走势具有重要的作用。根据生态承载力未来情景规划的构思,在参考《淮北市社会经济十三五发展规划》等文件基础上,结合淮北市现有基础和条件对改善淮北市生态安全状态、解决目前存在的和防止未来可能出现的生态警情,研究分析国内外先进经济带在不同发展阶段时期的自然(环境污染、经济资源消耗密度等)、经济(经济总量等)、社会(人口结构、产业结构等)三个方面探寻社会经济发展和环境变化之间的变迁模式和一般规律,借鉴国内外先进城市群的不同发展模式的成功经验提出调控措施。

(一) 自然层面

1. 控制"三废"排放,改善城市环境

工业生产过程中产生的"三废"对城市生态安全会造成极大的危害。据《淮北市统计年鉴》统计,2017年淮北市工业废水1726.6万吨,工业烟尘排放量0.898万吨,工业二氧化硫1.19万吨。空气质量优、良达标天数为190天,达标率52.1%。以上数字表明淮北市"三废"治理形势依然严峻。控制和治理工业"三废"排放要坚持环保优先方针,以源头控制为载体。一是要通过严把能源、信贷两个闸门提高节能环保市场准入门槛;二是要落实限制高污染行业的各项政策,有效控制高污染行业过快增长;三要认真组织开展清理高污染行业专项检查,加强对现有污染源的监测与治理,严格控制新污源的产生;四是遵循生态规律,调整工业布局,形成合理的生态工业链,切实防止"三废"的扩散,保护和改善城乡生态环境;五是发展循环经济,在工业污染控制过程中大力推行清洁生产和废物减量化,削弱"三废"的产生量。

2. 注重矿区生态调控、加大复垦生态恢复

淮北市煤矿开采已有百年历史,长期大规模的煤矿开采与粗放型的工艺技术,导致了目前主要矿区和工业区成为矿山地质环境影响重灾区。针对淮北市这一特殊的煤炭资源型城市属性,可做以下调控方式:在城市规划区内,对于塌陷面积较小沉陷较深的区域,可以通过土地回填开辟街头绿地、社区公园;对于塌陷面积较大回填成本较高,且回填后安全无法保证的区域,可开辟景观水体,提高城市蓄水能力。对于大面积塌陷较浅的区域,可以通过回填治理作为城市建设用地。在城市规划区外,对于塌陷面积较小沉陷较浅的区域,可以复垦造林、复垦重耕,补充耕地资源;对于塌陷面积较大土地,可以结合焦作市的煤矿历史文化,进行旅游开发,形成独特的旅游资源。

(二) 经济层面

1. 加大生态投入,提高污染治理能力

从环保投资占GDP的比重上来看,淮北市总体水平较其他淮河经济带沿线城市较高,但与国内一线城市相比差距仍然较大,为0.37%。因此,淮北市应以生态市建设为龙头,以经济持续增长、污染持续下降为目标,大力加强生态建设投入,提高污染处理水平,增强城市生态系统的整体承载力和竞争力。一是政府要加大对生态建设的投入力度,在政策上给予优先支持,在财政上给予资金保障;二是对生

态建设进行先进技术的投入,重视先进技术的典型示范和推广普及;三是要以控制燃煤排放二氧化硫为重点,采取综合防治措施,控制工业烟尘和二氧化硫污染;四是加快实施城镇污水处理、城镇垃圾及危险废物处置、工业及其他点源污染控制、调水导污、生态恢复、生态清淤、面源污染控制、饮用水源水质保护等工程建设;五是着力加快重点流域水污染治理工程建设。

2. 以生态城市为目标、全面推动生态建设

以生态农业建设为基础,大力发展无公害、绿色、有机农产品。加快绿色农产品生产,办好农产品基地,搞好农产品加工,做好农产品安全检测工作。大力推广生态农业模式,建立农业生态产业化体系。形成高产、高效、优质的生态绿色农业链,提高农民人均收入。以生态工业为龙头,建立以清洁生产为核心,以提高资源利用率为最大效益,以资源循环利用和再生资源横向耦合的生态工业链。积极推动煤炭产业结构调整和转型升级,大力发展低能耗、低污染的高新技术产业和互联网产业。大力发展淮北市高端旅游、健身康体、养老休闲等旅游产业,增加旅游总收入和旅游外汇收入。

(三) 社会层面

1. 实施生态补偿制度、健全法律法规体系

当前,尽管国家出台了一些相关法律制度,但是,这些生态补偿制度并不一定具有广泛的适用性,特别是针对淮北市这种典型的资源型城市,现有生态补偿制度注重资源自身的经济价值,不足以体现资源的实际价值。因此,淮北市生态补偿机制的完善是必须解决的首要问题。可以通过出台《淮北市煤炭资源生态补偿法》进行完善。生态补偿的实施要用法律手段予以协调,就煤炭资源开发、利用过程中对生态的补偿问题,以地方基本法律的形式进行规定。通过基本法律的完善,使煤炭资源生态补偿制度有法可依。严肃查处重大生态环境破坏和污染事故,依法追究法律责任,保证煤炭资源开采活动对生态环境的影响在可控制范围。

2. 加大环保宣传、营造生态环境

淮北市应在重点实施以上调控措施的同时,一方面,要注意加大环保宣传力度,普及与提高市民的生态意识,加大生态安全规划与引导,完善生态安全的有关法律法规,提高生态安全行政管理执行效率,强化生态安全执法和监督,努力营造维护城市生态安全的宏观环境。另一方面,要加强生态技术研究。积极与大学科研机构联合,组织力量就环境污染防治、清洁生产、循环经济、生态工业、生态系统恢复与重建等方面的关键技术开展科技攻关,引进技术、工艺、设备和能够降低环境负荷的生态产品。开展工业生态化、农业生态化、城市建设生态化的生态建设理论研究,为保障生态安全提供科学的决策依据。

第五章　实证案例应用

第一节　TOPSIS 模型在生态安全评价中的应用

一、区域水资源承载力评价

(一) 研究区概况与数据来源

淮河流经安徽省北部 8 地市(蚌埠、淮南、阜阳、六安、亳州、宿州、淮北、滁州),据此形成了特有的淮河生态经济带安徽段。淮河生态经济带安徽段面积为 6.7 万平方千米,是安徽省总面积的 47.7%。淮河生态经济带安徽段北部以平原为主,南部以丘陵为主,西南部是大别山区,地形复杂多变。淮河为流域内的工业、农业、居民生活以及生态提供了充足的水资源。淮河水资源是流域社会经济发展的重要推动力之一,也是安徽省经济发展的重要因素。

研究淮河生态经济带安徽段水资源承载力所需原始数据均来自《安徽省统计年鉴》(2011—2018)、淮河生态经济带安徽段 8 地市统计年鉴(2011—2018)、《安徽省水资源公报》(2010—2017),部分数据根据计算所得。

(二) 加权改进的 TOPISIS 水资源承载力评价模型

1. 评价指标的选取

依据研究区域、研究目的、研究侧重点,研究者们选择不同的指标体系构建模型,将其归纳为 6 类,如图 5-1 所示。

淮河生态经济带安徽段 8 地市水资源承载力评价指标体系可划分为目标层、系统层、准则层和指标层四个层次。其中,目标层指综合评价所追求的总目标,表示淮河生态经济带安徽段八地市水资源承载力综合评价;系统层划分为水资源子系统、社会经济子系统、环境子系统;准则层包括资源支撑、资源消耗、人口增长、人民生活、经济实力、产业结构、环境污染、环境治理。指标层选取了与淮河生态经济带安徽段八地市发展联系紧密且针对性较强的 29 个具体的评价指标,评价指标分为正向指标和逆向指标。

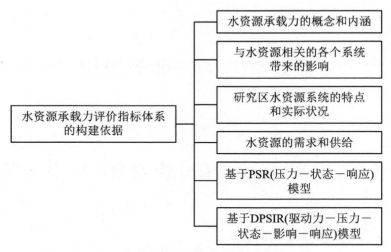

图 5-1　水资源承载力指标体系构建依据

循环经济系统中存在社会、经济和生态等子系统,不同子系统具有不同量纲,通过定量计算对循环经济系统内的能值流动、资源利用、经济发展和生态安全做出客观评价,为实现区域可持续发展提供新的思路。指标体系构建的目的在于表征区域水资源子系统、社会经济子系统、环境子系统之间的交互关系,较为全面地反映区域水资源承载状况。借鉴前人研究成果,建立多系统多准则的淮河生态经济带安徽段八地市水资源承载力评价指标体系,见表 5-1。

表 5-1　淮河生态经济带安徽段 8 地市水资源承载力综合评价指标体系

目标	系统层	准则层	指标层	指标代码	指标性质
淮河生态经济带安徽段八地市水资源承载力	水资源子系统	资源支撑	产水模数(万 m³/km²)	I_1	正
			人均水资源量(m³/人)	I_2	正
			地表水资源占比(%)	I_3	正
			降雨深(mm)	I_4	正
		资源消耗	供水模数(万 m³/km²)	I_5	逆
			水资源开发利用率(%)	I_6	逆
			人均水资源利用量(m³/人)	I_7	逆
	社会经济子系统	人口增长	城市人口密度(人/km²)	I_8	逆
			人口自然增长率(%)	I_9	逆
			城镇化率(%)	I_{10}	正

续表

目标	系统层	准则层	指标层	指标代码	指标性质
淮河生态经济带安徽段八地市水资源承载力	社会经济子系统	人民生活	城镇居民家庭恩格尔系数	I_{11}	逆
			农村居民家庭恩格尔系数	I_{12}	逆
		资源消耗	人均日生活用水量(升)	I_{13}	逆
			单位 GDP 用水量(m^3/元)	I_{14}	逆
			生活用水总量(亿 m^3)	I_{15}	逆
			耕地有效灌溉率(%)	I_{16}	正
			单位耗水粮食产量(kg/m^3)	I_{17}	正
			农业用水比重(%)	I_{18}	逆
			节水灌溉面积(千公顷)	I_{19}	正
			单位工业增加值用水量(m^3/元)	I_{20}	逆
		经济实力	GDP(亿元)	I_{21}	正
			GDP 增长率(%)	I_{22}	正
			人均生产总值(人/元)	I_{23}	正
		产业结构	第二产业比重(%)	I_{24}	逆
			第三产业比重(%)	I_{25}	正
	环境子系统	环境污染	万元增加值废水排放量(吨/万元)	I_{26}	逆
		环境治理	森林覆盖率(%)	I_{27}	正
			建成区绿化覆盖率(%)	I_{28}	正
		资源消耗	生态环境用水率(%)	I_{29}	逆

2. 加权改进的 TOPISIS 评价模型

TOPSIS 方法的优点是计算简单、灵活方便,对指标和数据没有严格的限制和要求。由于计算贴近度时,需要各评价指标的权重数据,传统的 TOPSIS 法一般运用主观评价方法求解权重,使得计算结果主观性强。考虑到这点不足之处,利用熵权法对其改进,使得计算结果更加客观,更加符合研究区实际。

基于大量的文献研究发现,目前国内权重计算的方法主要分为主观权重分析法和客观权重分析法。主观分析法以德尔菲法、网络层次分析法使用较多,客观评价方法主要以熵值法为主。即利用熵值法进行指标权重的计算,可以避免主观因素的影响,使计算结果具有更高的可信度。

熵值法基本步骤详见第四章第二节。

目前关于水资源承载力研究成果较多,但由于研究方法、评价指标体系构建和研究区域的不同,学术界尚未形成统一的水资源承载力划分标准,故借鉴众多学者[67-70]的研究成果,采用非等间距划分方法将贴近度 T 划分为五个等级,分别表示水资源承载力的五种状态,具体见表 5-2。

表 5-2　淮河生态经济带安徽段 8 地市水资源承载力评判标准

贴近度	承载力等级	系统状态
[0.00～0.30)	低级	水资源承载力已接近饱和,水资源供需矛盾突出,生态破坏严重
[0.30～0.40)	警戒	水资源与社会经济平衡发展的状态趋向失衡,生态系统濒临失衡
[0.40～0.50)	中级	水资源与社会经济处于平衡状态,生态系统较稳定,处于可持续状态
[0.50～060)	良好	水资源处于弱无压力状态,水资源满足社会经济快速发展,生态系统稳定,处于可持续状态
[0.60～1.0)	优质	水资源处于强无压力状态,水资源富余,满足社会经济高速发展,生态系统极稳定,处于可持续状态

(三) 结果与分析

计算各评价对象与最优方案贴近度 T。最后,计算得到淮河生态经济带安徽段八地市水资源综合承载力以及水资源子系统、社会经济子系统和环境子系统承载力,见图 5-2。

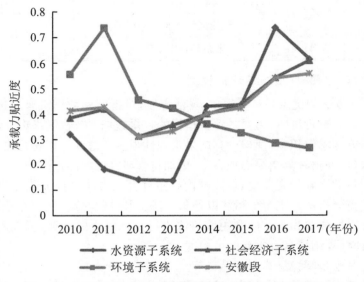

图 5-2　淮河生态经济带安徽段水资源承载力综合评价结果

　　水资源综合承载力分析。由图 5-2 可知,2010—2017 年淮河生态经济带安徽段整体水资源承载力经历先上升后下降再上升的发展过程,总趋势逐渐向好。2010 年至 2011 年,淮河生态经济带安徽段综合承载力提升 3.3%,主要是由于该时间段内社会经济子系统承载力与环境子系统承载力各有 8.8% 和 32.6% 的提升,但水资源子系统承载力有 43.0% 的下降,导致淮河生态经济带安徽段水资源综合承载力提升幅度较小;2011 年至 2012 年,淮河生态经济带安徽段水资源综合承载力下降了 27.4%,较大幅度的下降主要是由于水资源子系统、社会经济子系统和环境子系统承载力均有不同程度的下降,下降幅度分别为 22.7%、25.5%、27.4%;2013 年至 2017 年淮河生态经济带安徽段水资源承载力一直保持较平稳的上升趋势,由 2013 年的 0.3338 上升为 2017 年的 0.5585,年平均增长率为12.8%。在这期间,水资源子系统和社会经济子系统承载力也是保持增长的趋势,对淮河生态经济带安徽段水资源综合承载力有较强的带动作用。总体来看,淮河生态经济带安徽段水资源承载力等级经历了中级—警戒—良好的过程,近年呈现出逐渐向好的发展趋势。

　　水资源子系统承载力分析。由图 5-2 可以看出,2010—2017 年水资源子系统承载力是在波动中上升的,波动幅度较大。2010—2013 年,水资源子系统承载力由 0.321 下降为 0.1378,下降了 57%,承载力等级由警戒水平下降为低级水平。通过查看原始数据可以发现,淮河生态经济带安徽段 8 地市中亳州、宿州、蚌埠、滁州、六安五市水资源开发利用率不断增加,这说明城市发展建设和人口的增加使得对水资源的需求增加,但由于利用效率低,污染、浪费严重,人均水资源量却在不断减少;此外,降雨量的减少使得区域水资源总量减少,导致人均水资源量减少,这些因素都会制约水资源子系统承载力提升。2014—2016 年,水资源子系统承载力由0.4307 上升为 0.7381,增长了 71.3%,承载力等级由中级上升为优质。主要的原因是由于降雨量的增加,2014—2016 年,淮河生态经济带安徽段 8 地市的降雨量都有显著的提升,使得人均水资源量增加;2016—2017 年,8 地市的降雨量均出现了小幅度的下降,人均水资源量亦有小幅降低,所以水资源子系统承载力由 2016年的 0.7387 下降为 0.6142,下降幅度为 16.8%,但水资源承载力等级仍维持在优质等级。

　　社会经济子系统承载力分析。由图 5-2 可知,2010—2017 年社会经济子系统承载力变化趋势与淮河生态经济带安徽段水资源承载力基本一致,经历先上升后下降再上升的趋势。2010—2011 年,社会经济子系统承载力有小幅度上升,由2010 年 0.3863 上升为 2011 年的 0.4204,上升幅度为 8.8%,2012 年下降为0.313,下降幅度为 25.5%,承载力等级一直维持在警戒水平。2013—2017 年,社会经济子系统承载力由 2013 年的 0.3338 上升为 2017 年的 0.6095,承载力等级由警戒上升为优质。

　　环境子系统承载力分析。由图 5-2 可知,环境子系统承载力呈现出先上升后下降的趋势。2010—2011 年,环境子系统承载力由 0.5569 上升为 0.7383,上升幅度为 32.5%,承载力等级由良好上升为优质;2011—2017 年,环境子系统承载力开始出现大幅度下降,承载力由 2011 年的 0.7384 下降为 2017 年的 0.2665,下降幅度为 64.%,承载力等级由优质下降为低级。2011—2017 年,淮河生态经济带安徽段 8 地市森林覆盖率、生态环境用水率和建成区绿化覆盖率都在波动中增长,作为逆向指标的生态环境用水率增加,一方面减少了其他水资源供给,加剧了水资源的供需矛盾,另一方面我们不得不思考,什么原因促使生态环境用水的增加?是否生态环境恶化使其自身无法满足生态平衡用水,必须增加更多水资源保持生态系统的合理循环?

2010—2017 年间,淮河生态经济带安徽段 8 地市水资源承载力总体趋势向好,但变化趋势存在差异。

水资源承载力提升的区域有淮北、宿州、蚌埠、阜阳、淮南、滁州 6 市。其中,蚌埠、阜阳、淮南、滁州水资源承载力提升幅度均在 50% 以上,分别为 188.9%、77.81%、78.06%、52.07%。由前文分析可知,影响该 6 市水资源承载力提升的因素均与其评价指标直接相关,评价指标主要集中在水资源子系统和社会经济子系统。在水资源子系统中,主要影响因素有产水模数、降雨深、地表水资源占比,在社会经济子系统中,主要影响因素有第二产业比重、第三产业比重、耕地有效灌溉率和节水灌溉面积。因此,可以看出水资源自身条件是制约承载能力大小的关键性因素,如偏丰水年,即降雨量增多的年份,区域水资源承载力就会有所提升。社会经济的发展对水资源承载能力的影响过程较为复杂,由于社会经济因素对水资源的影响广泛、影响因素众多,各影响因素间又交互作用,使得无法逐一掌握各因素对水资源的影响过程。但大体上可将经济社会的发展对水资源承载能力的影响归纳为两方面:一方面,科技进步会带来节水技术和污水处理水平提高,这将极大地提高水资源的循环使用效率,在供水总量不变的情况下,可承载的经济社会规模增加,水资源承载能力提高;另一方面,城市化进程的加快以及人口的迅速增加,又会增加用水总量和污水排放量,使得水资源承载能力下降。

水资源承载力等级无提升的区域为亳州市,2010 年和 2017 年承载力等级均为良好。从评价指标上看,亳州市近年来降雨量不断增加,同时第二产业比重逐渐减少,第三产业比重逐渐增加,产业结构不断调整优化,但该区域承载力并未有明显提升的原因则是经济社会发展对水资源承载力的负效应大于或等于经济社会发展对水资源承载力的正效应。

水资源承载力等级下降的区域为六安市,由良好下降为中级,下降幅度为 27.86%。六安市水资源量居淮河生态经济带安徽段第一位,水资源充足,水资源自身条件好。水资源承载力却没有提升的原因则是六安市农业发展还处于粗放式阶段,农业用水占比大,农业用水效率低。

二、矿业城市生态安全评价

（一）研究区概况与数据来源

安徽省是我国的煤炭大省，具有丰富的煤矿资源，且煤质精良，储备量高，目前已探明煤炭储量250亿吨，2018年煤炭产量达1.13亿吨。根据国务院2013年发布的《国务院关于印发全国资源型城市可持续发展规划（2013—2020年）的通知》，明确安徽省拥有9座矿业城市，分别是宿州、淮北、亳州、淮南、滁州、马鞍山、铜陵、池州和宣城，占安徽省城市总数的56.25%。其中，宿州、亳州、淮南、滁州、池州和宣城属于成熟型城市，淮北和铜陵属于衰退型城市，马鞍山属于再生型城市。2018年10月印发的《国务院关于淮河生态经济带发展规划的批复》中，安徽省有8座城市位列其中，属于矿业城市的有宿州、淮北、亳州、淮南和滁州。当前安徽省应大力开展生态文明建设，处理好经济发展与生态环境之间的关系，特别要注重矿业城市的生态安全。因此，研究安徽省矿业城市生态安全对我国其他煤炭资源丰富的省份具有一定的参考价值。

研究初始数据来源于《安徽省统计年鉴》（2014和2018年）、安徽省各矿业城市2014和2018年统计年鉴，及《国民经济和社会发展统计公报》等，其中个别指标数据不完整，以其他年份同一指标的数据进行内插法计算补充。

（二）构建评价指标体系与评价等级

DPSIR模型是1993年欧洲环境局（European Environment Agency）将DSR模型与PSR模型结合后提出的。矿业城市生态安全的DPSIR模型模拟了矿业城市中人类的行为与生态环境之间的联系：驱动力（D）表示社会经济发展需求影响矿业城市生态安全状况波动的内生动力；压力（P）表示矿业城市生产活动造成的生态环境负荷；状态（S）表示在驱动力和压力的双重作用下矿业城市生态安全变化的现状；影响（I）表示在上述状态下矿业城市生态系统产生的效应；响应（R）表示为改善生态环境状况采取一系列措施。通过查阅相关文献[15-18]，进行归纳梳理，并结合安徽省矿业生产的具体特点及区域特征，综合考虑数据来源的科学性、可得性、准确性等因素，选取18个指标构建矿业城市生态安全评价指标体系，见表5-3。

表5-3　矿业城市生态安全评价指标体系

目标层 A	准则层 X	指标层 Y	单位	性质
矿业城市生态安全评价	驱动力 X_1	人均GDP Y_1	元/人	正
		人口自然增长率 Y_2	%	负
		矿业从业人员占比 Y_3	%	负

续表

目标层 A	准则层 X	指标层 Y	单位	性质
矿业城市生态安全评价	压力 X_2	人口密度 Y_4	人/平方公里	负
	状态 X_3	居民点及工矿用地占比 Y_5	%	负
		工业煤炭消耗量 Y_6	万吨	负
		采矿业固定资产投资占比 Y_7	%	负
		人均水资源量 Y_8	立方米/人	正
		耕地面积 Y_9	千公顷	正
		森林覆盖率 Y_{10}	%	正
		人均公园绿地面积 Y_{11}	平方米	正
		工业废水排放量 Y_{12}	万吨	负
	影响 X_4	工业废气排放量 Y_{13}	亿标立方米	负
		工业固体废物产生量 Y_{14}	万吨	负
		SO_2 排放量 Y_{15}	毫克/立方米	负
		造林面积 Y_{16}	公顷	正
	响应 X_5	地质灾害防治投资 Y_{17}	万元	正
		环保建设投资完成额 Y_{18}	万元	正

生态安全评价等级的设置,直接关系到评价结果的可信度和客观性。借鉴相关研究与文献资料,并结合研究区区域特点,以等间距将贴近度大小划分为 5 个矿业城市生态安全等级,并分别描述了 5 种安全等级的判别标准,以此作为衡量矿业城市生态安全状况的尺度,见表 5-4。综合指标贴近度的数值越大,矿业城市生态安全等级就越高,反之则越低。

表 5-4 矿业城市生态安全等级

贴近度 t_i	安全等级	矿业城市生态安全判别标准
$[0,0.2)$	不安全	矿业城市生态环境被破坏程度极为严重,生态结构失衡,生态系统功能紊乱,阻碍社会正常发展
$[0.2,0.4)$	较不安全	矿业城市生态环境被破坏程度较为严重,生态结构出现异常,生态系统功能衰退,威胁社会正常发展
$[0.4,0.6)$	基本安全	矿业城市生态环境部分被破坏,生态结构尚能维稳,生态系统功能尚能发挥,但不具备抵抗外界干扰的能力
$[0.6,0.8)$	较安全	矿业城市生态环境被轻微破坏,生态结构基本稳定,生态系统功能总体正常,能抵抗外界的干扰
$[0.8,1]$	安全	矿业城市生态环境未被破坏,生态结构稳定,生态系统功能正常,有利于社会发展

（三）结果分析

对安徽省 9 个矿业城市的相关数据进行汇总整理，结果见表 5-5。

表 5-5　各指标主观、客观及组合权重

层次	主观权重 $w_{主i}$	客观权重 $w_{客i}$	组合权重 w_i
Y_1	0.0575	0.0511	0.0543
Y_2	0.0406	0.0459	0.0432
Y_3	0.0318	0.0824	0.0571
Y_4	0.0593	0.0389	0.0491
Y_5	0.0520	0.0506	0.0513
Y_6	0.0275	0.0941	0.0608
Y_7	0.0517	0.0660	0.0588
Y_8	0.1047	0.0619	0.0833
Y_9	0.0641	0.0205	0.0423
Y_{10}	0.0824	0.0547	0.0685
Y_{11}	0.0693	0.0237	0.0465
Y_{12}	0.0295	0.0861	0.0578
Y_{13}	0.0378	0.0330	0.0354
Y_{14}	0.0440	0.0761	0.0601
Y_{15}	0.0334	0.0285	0.0310
Y_{16}	0.0599	0.0857	0.0728
Y_{17}	0.0811	0.0477	0.0644
Y_{18}	0.0733	0.0531	0.0632

指标组合权重越大，说明其对矿业城市生态系统作用越大。从表 5-5 中可知，准则层按权重大小排序为：状态(X_3)＞压力(X_2)＞响应(X_5)＞影响(X_4)＞驱动力(X_1)。其中矿业城市生产活动造成的环境压力和生态状态对矿业城市的生态安全影响较大，这表明以牺牲生态环境为代价开采矿业的后果需要人类采取更多的措施去弥补；人类为改善生态环境状况采取响应的作用大于矿业城市生态安全的驱动力和产生的影响，这表明可以通过采取一些方法改善矿业生产带来的生态问题。因此，要提倡以"预防为主，治理为辅"的矿业城市生态环保观念，在降低开采煤矿对环境污染的同时，加强对矿业城市生态系统的维护，改善当地的生态环境质量。

从单个指标的组合权重来看，影响安徽省矿业城市生态安全状况的主要指标有：工业煤炭消耗量(Y_6)、人均水资源量(Y_8)、森林覆盖率(Y_{10})、工业固体废物产生量(Y_{14})、造林面积(Y_{16})、地质灾害防治投资(Y_{17})、环保建设投资完成额(Y_{18})，组合权重均大于 0.06。表明这些指标对矿业城市的生态安全影响较大,即人类的矿业生产活动、水资源、森林资源和环保举措与矿业城市的生态安全关系密切,当前应重点提升权重较大指标的水平,才能有效改善生态质量。其中排名前三的分别是人均水资源量组合权重为 0.0833,造林面积组合权重为 0.0728,森林覆盖率组合权重为 0.0685,说明自然资源对矿业城市生态环境影响最大,可以通过对自然资源加强保护和人为再造提高生态安全水平。响应层的三个指标权重均较大,也说明人类可以采取相应措施维护矿业城市的生态环境。

通过上述 TOPSIS 法计算 2013 年和 2017 年安徽省 9 个矿业城市的综合指标贴近度,并判断各市生态安全等级,见表 5-6。从表 5-6 的判断结果可知,2017 年安徽省矿业城市生态安全等级总体高于 2013 年。2017 年宿州、滁州、马鞍山、铜陵、池州和宣城 6 市已达到基本安全状态,可以保证提供满足生态系统基本工作的环境条件;淮北、亳州和淮南仍处于较不安全状态,生态系统仍受到较大的威胁,生态环境十分脆弱。其中,马鞍山市和铜陵市综合指标贴近度增幅明显,分别提升了 15.63% 和 11.72%,生态安全等级由较不安全状态提升至基本安全状态。宿州、淮北、滁州和池州综合指标贴近度均小幅增加,分别上涨了 5.14%、6.98%、3.79% 和 3.25%,宿州生态安全等级上升至基本安全状态,淮北、滁州和池州虽未能提升其生态安全等级,但也在一定程度上缓解了当地生态环境的压力。亳州出现了明显的生态安全等级下降,综合指标贴近度减少了 6.67%,由基本安全状态跌至较不安全状态。淮南 2017 年的综合指标贴近度大幅下降,比 2013 年减少了 16.87%,在安徽省矿业城市中排名最低,处于较不安全状态,生态环境状况不断恶化。宣城 2013 年和 2017 年的综合指标贴近度均为安徽省矿业城市中最高,生态安全等级均为基本安全,且 2017 年的贴近度增加了 6.82%,生态环境质量持续提高。

表 5-6　2013 年和 2017 年安徽省矿业城市生态安全等级

地区	2013 年			2017 年		
	综合指标贴近度	安全等级	排序	综合指标贴近度	安全等级	排序
宿州	0.3870	较不安全	6	0.4069	基本安全	6
淮北	0.3455	较不安全	9	0.3696	较不安全	8
亳州	0.4228	基本安全	4	0.3946	较不安全	7
淮南	0.3562	较不安全	8	0.2961	较不安全	9
滁州	0.4402	基本安全	3	0.4569	基本安全	3
马鞍山	0.3640	较不安全	7	0.4209	基本安全	5
铜陵	0.3958	较不安全	5	0.4422	基本安全	4
池州	0.4802	基本安全	2	0.4958	基本安全	2
宣城	0.5424	基本安全	1	0.5794	基本安全	1

　　从图 5-3 的波动趋势可以看出,2013 年安徽省皖南皖北地区的矿业城市综合指标贴近度差距不大,而 2017 年皖南地区矿业城市生态环境状况大多优于皖北地区,且均达到基本安全状态。这种现象是由多因素引起的:一是,皖南地区的矿业城市大多处于长江经济带和皖江城市带,近年来国家发布了《长江经济带发展规划纲要》《皖江城市带承接产业转移示范区规划》等一系列政策大力推动了皖南地区经济转型,通过不断调整产业结构,促进第三产业的发展,逐渐降低采矿业固定资产投资和矿业从业人员数量,采矿作业的减少有效提高了皖南地区矿业城市的生态安全状况。对于皖北地区来说,矿业仍是支柱型产业,对经济发展起决定性的作用,导致该地区工业煤炭消耗量居高不下,2013 年皖北地区矿业城市的工业煤炭消耗量为皖南地区的 2.95 倍,2017 年达到 3.19 倍。大量的矿业生产给皖北地区的生态环境造成了极大的压力,即使已经采取行动进行环保治理,但效果并不明显。二是,皖南地区矿业城市的森林覆盖率较高,池州、宣城和铜陵分别于 2013年、2015 年和 2017 年被授予"国家森林城市"的称号,其中池州和宣城 2017 年森林覆盖率达到 60% 和 59.3%,是皖北地区矿业城市的 3～4 倍,丰富的森林资源不仅满足了皖南地区矿业城市生态系统的需要,也让当地的生态环境更为安全。与此同时,池州和宣城近年来大力发展旅游业,逐渐减少了对矿业生产的依赖,从而使工业污染量下降,生态环境质量更佳。此外,皖南地区水资源较皖北地区更为充裕,人口密度和人口自然增长率也较低,生态系统的压力相对较小,使其生态安全等级稳定在基本安全状态且不断向较安全状态靠拢。

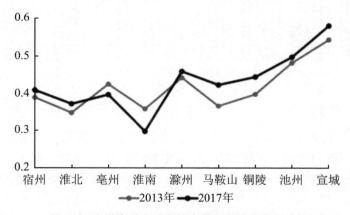

图 5-3　安徽省矿业城市综合指标贴近度变化趋势

　　为了直观地比较影响矿业城市生态安全的主要因素,绘制了 2013 年和 2017年安徽省矿业城市各子系统贴近度指标变化图,如图 5-4 所示。

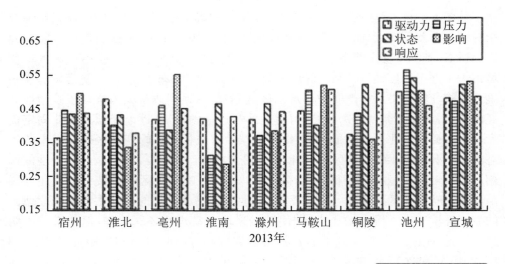

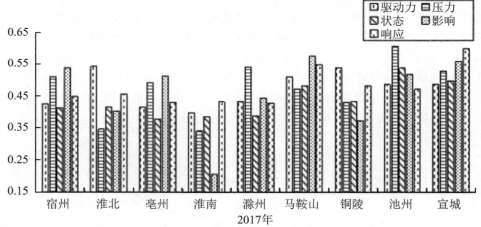

图 5-4　2013 年和 2017 年安徽省矿业城市各子系统指标贴近度

由图 5-4 可知,从整体上看 2013 年影响矿业城市生态安全状态最主要的子系统为压力子系统和影响子系统,2017 年为影响子系统和响应子系统。其中属于衰退型资源城市的淮北市和铜陵市 2017 年生态安全情况有所好转,淮北市 2017 年响应指标贴近度较 2013 年上升了 21.24%,主要得益于当地投入大量资金修复矿区环境,坚持优化产业结构,促进城市转型,推进生态文明建设,取得了一定的成果;铜陵 2017 年压力和影响指标贴近度提升明显,是因为其采矿业固定资产投资占比和工业煤炭消耗量较 2013 年均大幅减少,进而导致工业污染量下降明显,减轻了生态环境的负荷。马鞍山为再生型城市,通过转变经济发展模式,高度重视环保建设,使其压力、影响和响应指标贴近度均显著上升,2017 年当地地质灾害防治投资和环保建设投资完成额显著提高,表明该市重视生态安全治理,加强环保投资建设,提升了生态环境质量。宿州、亳州、淮南、滁州、池州和宣城 6 个成熟型城市的生态安全水平差异较大,影响其生态环境的主要因素也各不相同。宿州和池州2017年子系统指标贴近度较2013年有轻微浮动,因而综合指标贴近度提升不明显,但其生态环境状况也得到了一定的改善。亳州影响指标贴近度下降明显,这是由于2017年该市工业"三废"排放量大幅增加,大量的工业污染导致其生态环境质量下滑。淮南2013年和2017年压力和影响指标贴近度在安徽省矿业城市中均为最低,是因为淮南是我国13亿吨煤炭基地之一,工业煤矿消耗量一直在安徽省矿业城市中最高,2017年工业煤矿消耗量比排名第二的宿州高出2.09倍,虽然2017年淮南工业废水排放量较2013年下降了53.29%,但因耕地面积和森林覆盖率持续减少,也给生态环境造成了极大的威胁,状态指标贴近度大幅减少,导致综合指标贴近度下降。滁州2017年采矿业固定资产投资减少了74.41%,使其压力指标贴近度大幅上升,但是由于单个因素对整体生态环境的影响度不够高,因而综合指标贴近度涨幅不大。宣城各指标贴近度均有所上升,尤其响应指标贴近度上涨了22.91%,这表明近年来当地人们对环保的重视程度愈来愈高,加大了生态文明建设投资,有效改善了生态环境状况。

第二节　耦合协调模型在生态安全评价中的应用

一、技术创新与生态环境耦合协调研究

(一) 研究区概况与数据来源

安徽省地处我国华东地区,共有16个省辖市,处于长江三角洲城市群、长江经济带、淮河生态经济带等国家主体功能规划区内,也是我国几大经济板块的战略要冲。当前,安徽省的发展也面临许多的困难与挑战。作为新兴的工业大省,安徽省具有较高的工业发展密度,但缺乏高端核心技术和专业顶尖人才,致使总体创新能力较弱。大规模的工业化生产在推动该地区经济增长的同时也给生态环境造成了极大的负担,技术创新与生态环境之间的矛盾日益凸显。

为确保研究结果的准确性,研究初始数据大多来源于《安徽省统计年鉴》(2011—2018年),其中个别指标偶有缺失,通过查阅安徽省各市统计年鉴及《国民经济和社会发展统计公报》等资料进行补充。

(二) 耦合协调模型

耦合度是表征2个或2个以上的子系统间相互作用的程度。通过查阅相关文献和资料,提出技术创新与生态环境耦合度模型:

$$C = \frac{2\sqrt{u_1 \cdot u_2}}{u_1 + u_2} \tag{5-11}$$

式中,C 为协调度,u_1 和 u_2 分别表示技术创新子系统和生态环境子系统的综合评价指数。假设 j 项指标中有 t 项属于技术创新子系统,则 $u_1 = \sum_{i=1}^{t} w_j x_{ij}$,$u_2 = \sum_{i=j-t}^{j} w_j x_{ij}$。

耦合协调度模型:

$$D = \sqrt{C \cdot T} \tag{5-12}$$

式中,D 为耦合协调度,T 为技术创新与生态环境两个子系统的综合评价指数,$T = \alpha u_1 + \beta u_2$,其中 α 和 β 分别为技术创新子系统和生态环境子系统的待定系数,$\alpha + \beta = 1$。基于以往研究,拟定本研究中 $\alpha = 1/2$,$\beta = 1/2$。参考前人的划分标准,划分技术创新和生态环境系统耦合度和耦合协调度的区间和等级,见表 5-7 和表 5-8。

表 5-7　耦合度等级划分

C(耦合度)	耦合阶段
1	完全耦合
[0.8,1)	高度耦合
[0.5,0.8)	磨合耦合
[0.3,0.5)	拮抗耦合
(0,0.3)	低度耦合
0	无关无序状态

表 5-8　耦合协调度等级划分

D(耦合协调度)	耦合协调程度
[0,0.2)	极度不协调
[0.2,0.3)	中度不协调
[0.3,0.4)	轻度不协调
[0.4,0.5)	濒临不协调
[0.5,0.6)	初级耦合协调
[0.6,0.8)	中级耦合协调
[0.8,0.9)	良好耦合协调
[0.9,1]	高级耦合协调

（三）结果分析

依照第三章所述的耦合协调模型方法分别计算得到安徽省 16 个省辖市技术创新子系统与生态环境子系统的综合评价指数、耦合度、耦合协调度和协调类型，具体结果分析如下：

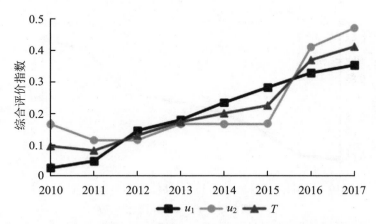

图 5-5　2010—2017 年安徽省技术创新与生态环境综合评价指数

由图 5-5 可知，从总体上看，安徽省 2010—2017 年技术创新、生态环境及两者综合评价指数不断提升，2010 年和 2011 年生态环境评价指数高于技术创新评价指数，而 2012—2015 年技术创新评价指数高于生态环境评价指数，2016 年生态环境评价指数再度反超技术创新评价指数。2016 年后综合评价指数大幅提升，主要是由于生态环境子系统评价指数显著提高。深度剖析指数趋势曲线发现，安徽省技术创新与生态环境存在同向发展关系，技术创新能力和生态环境发展基本同步。

分别计算出安徽省 2010—2017 年技术创新与生态环境耦合度和耦合协调度，如图 5-6 所示。从图 5-6 可以看出，除 2010 年处于磨合耦合阶段外，2011—2017 年安徽省技术创新子系统与生态环境子系统高度耦合，说明研究该区域耦合协调发展具有现实价值。耦合协调度曲线在研究时段内逐步攀升，2010—2011 年处于中度不协调状态，2012 年增长到轻度不协调状态，2013—2015 年进入发展平台期，均处于濒临不协调状态，2016—2017 年跃升至中级耦合协调状态，且有继续提升等级的趋势。这主要由于近年来安徽省在技术创新发展同时逐渐重视对生态环境的影响，并采取一定的措施加强生态文明建设。

横向对比安徽省 16 个省辖市的耦合协调度信息，结果见表 5-9。2010—2017 年安徽省技术创新与生态环境耦合协调程度总体趋好，大部分省辖市的耦合协调度都有不同程度的提高，部分城市的耦合协调程度在 8 年间有所起伏，耦合协调度不断提升又下降，但最终未能提高协调状态等级，如蚌埠 2013—2016 年均处于濒临不协调状态,但2017年又回落至轻度不协调状态;六安2010—2016年耦合协调度较为稳定,2014年达到濒临不协调状态,但2017年却跌至中度不协调状态。技术创新与生态环境耦合协调度不稳定,甚至等级下落的情况表明当地技术创新水平和生态环境质量相互制约、彼此限制,有待进一步探寻平衡协调的发展模式。

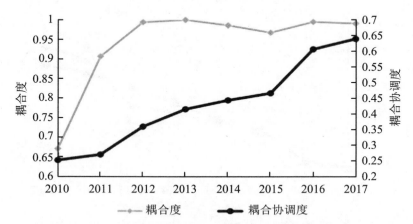

图5-6　2010—2017年安徽省技术创新与生态环境耦合协调发展

从表5-9可以直观地看出,2017年安徽省各市技术创新与生态环境耦合协调的空间分布严重不均。皖江地区技术创新与生态环境耦合协调度状况最好,其中合肥市耦合协调度最高,已达到中级耦合协调发展状态。除合肥市外,安徽省其他各市均处于不协调状态,皖南地区技术创新与生态环境耦合协调度(大多处在轻度不协调发展状态)总体优于皖北地区(大多处在中度不协调发展状态)。由此可见,安徽省技术创新与生态环境协调发展程度参差不齐,区域间存在严峻的发展不平衡问题。合肥市作为安徽省的省会,拥有全省最多的技术创新资源和环境,创新能力遥遥领先于其他城市,通过政府支持发展新兴产业,加大投入力度,创建了许多高水平的新兴企业和科技产业园,利用高新技术产品推动当地经济快速发展,同时也减轻了当地生态环境的负荷。2010年国务院印发《皖江城市带承接产业转移示范区规划》,带动皖江地区加快产业转型进程,提升技术创新水平,同时加大环保力度,提高资源综合利用率,发展循环与低碳经济。皖南地区近年来转变经济发展重心,以创新驱动地区发展,但缺乏优质人才和专业技术,技术创新能力有待提升。而皖北地区长久以来一直是粗放型发展模式,经济发展主要依赖传统工业,导致该区域出现大量的生态安全问题,如工业污染问题等,且当地优质人才储备量少,技术创新与生态环境发展十分不协调。

表 5-9   2010—2017 年安徽省各市技术创新与生态环境耦合协调度

省辖市	2010 年	2011 年	2012 年	2013 年	2014 年	2015 年	2016 年	2017 年
合肥	0.587	0.606	0.603	0.593	0.593	0.594	0.608	0.615
淮北	0.309	0.328	0.289	0.280	0.408	0.281	0.322	0.362
亳州	0.279	0.221	0.231	0.228	0.406	0.252	0.255	0.262
宿州	0.255	0.265	0.269	0.267	0.441	0.338	0.293	0.269
蚌埠	0.385	0.397	0.396	0.410	0.479	0.411	0.403	0.392
阜阳	0.275	0.313	0.275	0.260	0.426	0.292	0.307	0.316
淮南	0.231	0.350	0.306	0.308	0.294	0.299	0.327	0.259
滁州	0.309	0.316	0.381	0.399	0.440	0.393	0.404	0.410
六安	0.320	0.346	0.307	0.333	0.460	0.345	0.335	0.294
马鞍山	0.344	0.311	0.313	0.331	0.358	0.335	0.323	0.312
芜湖	0.480	0.479	0.470	0.477	0.485	0.451	0.435	0.445
宣城	0.306	0.273	0.315	0.277	0.427	0.306	0.314	0.323
铜陵	0.303	0.326	0.297	0.298	0.389	0.304	0.337	0.356
池州	0.296	0.227	0.320	0.263	0.442	0.262	0.290	0.328
安庆	0.309	0.296	0.302	0.340	0.438	0.327	0.361	0.350
黄山	0.284	0.252	0.280	0.279	0.475	0.279	0.290	0.273

二、产业转型与生态环境耦合协调研究

(一) 研究区概况

淮河生态经济带主要沿淮河干流,涉及江苏、山东、安徽、河南和湖北 5 个省份,面积广泛,人口众多。该经济带安徽段包括 8 个城市,分别为蚌埠、淮南、阜阳、六安、亳州、宿州、淮北和滁州,近年来经济发展迅速,尤其是纳入淮河生态经济带规划范围后,更是进入一个崭新的发展阶段。然而,粗放的发展模式、对矿产资源过分依赖等问题造成产业转型升级较为困难,且转型过程中带来的工业污染、水污染、环境承载力有限等问题,使发展面临着众多难题。因此,如何促进产业转型升级和生态文明建设并协调两者关系,是安徽区域乃至整个淮河生态经济带亟须考虑的重要问题之一。

（二）评价指标体系与划分耦合等级

为有效研究产业转型与生态环境的耦合协调关系，依据典型、动态、系统科学的原则，构建淮河生态经济带安徽段产业转型与生态环境耦合协调模型。产业转型升级是将产业结构高级化，从低附加值产业转向高附加值产业，因此选取第一、二、三产业占 GDP 比重、人均 GDP 和代表性第一、二、三产业固定投资额来作为评价产业转型的指标。选取与产业转型相关的生态环境指标作为评价依据，主要有当年造林面积、噪声均值、工业废水治理设施处理能力、工业烟（粉）尘排放量等。为对淮河生态经济带安徽段产业转型与生态环境综合发展水平及其耦合协调度进行对比和评价，选取淮河经济带安徽段 2009 年、2013 年和 2017 年相关数据，数据主要来源于各年份《安徽省统计年鉴》。利用极差法对数据进行标准化处理后，结合熵权法确定权重，如表 5-10 所示。

表 5-10　产业转型-生态环境评价指标体系

一级指标	二级指标	指标类型	权重		
			2009 年	2013 年	2017 年
产业转型	第一产业占 GDP 比重	逆	0.1772	0.2001	0.1582
	第二产业占 GDP 比重	正	0.1962	0.2020	0.1672
	第三产业占 GDP 比重	正	0.1237	0.0774	0.1153
	人均 GDP	正	0.1460	0.1486	0.1714
	以农业、牧渔业为代表的第一产业固定投资额	逆	0.0883	0.0738	0.0711
	以制造业为代表的第二产业固定投资额	正	0.1472	0.1570	0.1640
	以住宿、餐饮业为代表的第三产业固定投资额	正	0.1214	0.1411	0.1527
生态环境	当年造林面积	正	0.1555	0.1822	0.1667
	噪声均值	逆	0.1245	0.1439	0.0925
	工业废水治理设施处理能力	正	0.1504	0.2066	0.2268
	工业烟（粉）尘排放量	逆	0.0929	0.0545	0.0778
	工业固体废物综合利用量	正	0.3657	0.3232	0.2430
	空气质量指标：可吸入颗粒物	逆	0.1110	0.0896	0.1932

耦合模型与前文相同，在此不多赘述，由于耦合度及耦合协调度的等级划分尚未形成统一标准。基于前人研究，本例中对耦合度及耦合协调度进行划分，如表 5-11 所示。

表 5-11　耦合度及耦合协调度等级划分

耦合度 C	耦合阶段	耦合协调度 D	耦合协调程度
0.00—0.25	低度耦合	0.00—0.20	严重失调
		0.21—0.31	中度失调
0.25—0.60	拮抗阶段	0.32—0.41	轻度失调
		0.42—0.51	濒临协调
0.60—0.85	磨合阶段	0.52—0.61	初级协调
		0.62—0.71	中级协调
0.85—1.00	高度耦合	0.72—0.81	良好协调
		0.82—1.00	高级协调

（三）结果与分析

运用上述方法与模型,分别得出 2009 年、2013 年和 2017 年各年度淮河生态经济带安徽段产业转型与生态环境系统耦合度以及耦合协调度的综合得分,如表 5-12 所示,其中 $f(x)$ 为产生转型综合得分,$g(y)$ 为生态环境系统综合得分。

表 5-12　2009 年、2013 年和 2017 年淮河生态经济带安徽段产业转型与生态环境综合得分

地区	2009 年		2013 年		2017 年	
	$f(x)$	$g(y)$	$f(x)$	$g(y)$	$f(x)$	$g(y)$
蚌埠	0.6042	0.3204	0.6152	0.1062	0.6495	0.2223
淮南	0.6393	0.6422	0.6426	0.5792	0.4489	0.5185
阜阳	0.2361	0.4136	0.1676	0.1843	0.2738	0.1816
六安	0.3679	0.4646	0.4380	0.3618	0.4228	0.6277
亳州	0.2427	0.2635	0.2005	0.2733	0.3422	0.2331
宿州	0.2543	0.3761	0.3249	0.1447	0.3585	0.2992
淮北	0.6109	0.3325	0.6711	0.3616	0.6217	0.3308
滁州	0.4538	0.3798	0.5721	0.3022	0.5614	0.4958

1. 产业转型与生态环境系统综合得分分析

产业转型方面,在 2009 年、2013 年和 2017 年三个时间里,淮河生态经济带安徽段产业转型综合得分较为稳定,均处于 0.16 至 0.70 范围内,如图 5-7 所示。从时间变化来看,蚌埠和宿州两个城市的产业转型综合得分始终处于稳定上升趋势;淮南、六安、淮北和滁州在 2009 年至 2013 年期间处于上升阶段,到 2017 年又出现轻微下降;阜阳和亳州在 2013 年的综合得分较 2009 年相比略微下降,在 2017 年又出现增长趋势。从地区水平来看,蚌埠与淮北处于较高水平,六安和亳州次之,阜阳、亳州和宿州处于较低水平。淮南在 2009 年和 2013 年处于较高水平,在 2017 年下降到较低水平。自 2016 年 3 月淮河生态经济带规划范围初步确认以来,安徽区域 8 个城市的产业转型总体来说变化不大。在今后发展中,应充分利用区位条件,完备产业体系及相关设备,积极推进区域产业转型升级,促进区域经济良好发展,从而促进整个淮河生态经济带的有序发展。

　　如图 5-8 所示,2009 年、2013 年和 2017 年淮河生态经济带安徽段的生态环境综合得分变化幅度较大,处于区间[0.10,0.65]范围内。从时间变化来看,淮南和阜阳的生态环境综合得分一直在下降;蚌埠、六安、宿州和滁州在 2009 年到 2013 年呈现下降趋势,在 2017 年又出现"回暖",尤其是六安和滁州,综合得分较其他几个城市处于较高水平;亳州和淮北在 2009 年到 2013 年的综合得分稍微上升,在 2017 年又出现下降现象。从发展水平来看,淮南与六安生态环境水平较其他几个城市处于较高水平。自十八大以来,习近平总书记多次强调生态文明的重要性。发展过程中在利用契机进行产业转型升级,大力发展经济的同时,要更加关注生态环境保护问题。强化生态理念,加强生态文明建设,提高整个社会的环保意识,实现绿色经济、生态经济和可持续发展。

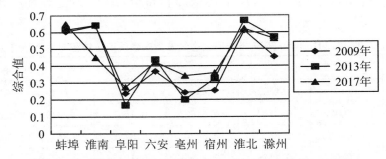

图 5-7　淮河生态经济带安徽段产业转型综合得分变化折线图

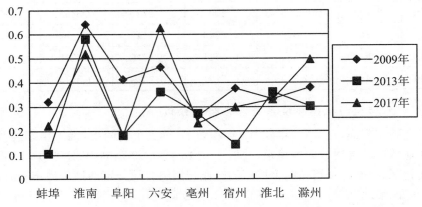

图 5-8　淮河生态经济带安徽段生态环境综合得分变化折线图

2. 产业转型与生态环境系统耦合度及耦合协调度分析

2009 年、2013 年和 2017 年,淮河生态经济带安徽段 8 个城市的产业转型与生态环境间的耦合度处于 0.35 至 0.65 范围内,始终为拮抗阶段,如图 5-9 所示。其中,蚌埠市的产业转型与生态环境间的耦合度变化幅度较大,从 2009 年的 0.476下降到 2013 年的 0.354,同比下降 34.32%,在 2017 年又上升到 0.436。滁州和宿州在三年中出现稍微波动,但变化幅度较小。其余城市产业转型与生态环境间的耦合度较为稳定。2016 年 3 月,淮河生态经济带规划范围初步确认,给该区域相关城市的生态环境发展带来良好机遇,使得相关问题得到有效改善。

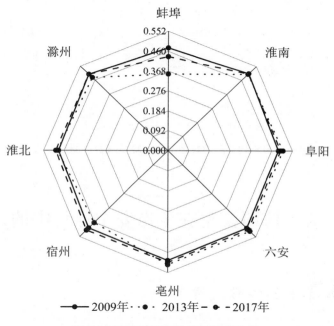

图 5-9　产业转型与生态环境耦合度

从图 5-10 可以看出,淮河生态经济带安徽段产业转型与生态环境的耦合协调度变化较大,总体呈现上升趋势,耦合协调程度属于濒临协调。淮南在 2003 年、2013 年和 2017 年均呈下降趋势,耦合协调度从初级协调转换到濒临协调;2013 年和 2009 年相比,蚌埠、阜阳、六安、亳州和宿州的耦合协调度稍微下降,2017 年又出现回升,主要在轻度失调和濒临协调阶段之间变化。淮河生态经济带安徽段的产业转型与生态环境间的耦合协调度虽在朝着良好方向发展,但总体水平较低,与高级协调阶段仍有较大距离。

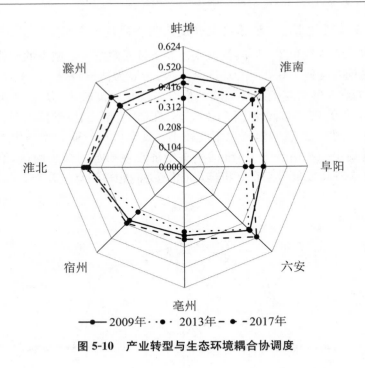

图 5-10　产业转型与生态环境耦合协调度

第三节　协同模型在生态安全评价中的应用

一、生态经济系统协同度研究

（一）研究区概况

淮南市作为中国重要的煤炭开采城市，属于典型的以矿产资源开发为主的资源型城市。近年来为了满足经济增长对煤炭资源消费需求的高速增长，淮南市煤矿开采力度不断加强，城市生态环境恶化越来越严重，集中表现在固体废弃物的堆积、矿区废气粉尘污染、水资源污染、大气污染、地表沉陷等方面，严重影响了城市生态经济系统的健康状态。

（二）构建生态经济系统协同度评价模型

目前对于复合系统协同度测量方法研究主要包括灰色聚类法、全面协同测度（DTS）模型，基于序参量的复合系统协同度测量模型等。通过对比分析前人的研究，本例选择基于序参量的复合系统协同度测量模型。基于序参量的复合系统协同度模型包括有序度模型和复合系统协同度模型两个递进模型,可以通过简化系统的复杂关系,有效地计算出复合系统的协同度,广泛应用于分析复合系统内各子系统有序度及各子系统的协同演化规律及状态。

1. 子系统有序度模型

决定子系统内部演化规律的为序参量,根据序参量对子系统内部演化规律作用程度的不同,可将序参量分为慢驰序参量和快驰序参量,其中慢驰序参量对子系统内部演化规律起决定性作用。本文将生态系统和经济系统两个具有相互作用的系统视为复合系统。复合系统可抽象为 $S_j = (S_1, S_2, \cdots, S_m)$,其中 $S_j (j=1,2,\cdots,m)$ 为系统第 j 个子系统,设子系统 S_j 的序参量变量为 $h_{ji} = (h_{j1}, h_{j2}, \cdots, h_{jn})$,其中 $n \geqslant 1, \alpha_{ji} \leqslant h_{ji} \leqslant \beta_{ji} (i=1,2,\cdots,n), \alpha_{ji}, \beta_{ji}$ 为系统稳定临界点上序参量 h_{ji} 的上限和下限。这里序参量有两种类型,一种是序参量为正向指标,$h_{j1}, h_{j2}, \cdots, h_{jk}$ 取值与系统有序度正相关,一种是序参量为负向指标,$h_{j(k+1)}, h_{j(k+2)}, \cdots, h_{jn}$ 取值与系统有序度负相关。因此,序参量分量有序度可通过如下模型测得

$$\mu(h_{ji}) = \begin{cases} \dfrac{h_{ji} - \beta_{ji}}{\alpha_{ji} - \beta_{ji}}, & j \in [1,k] \\[3mm] \dfrac{\alpha_{ji} - h_{ji}}{\alpha_{ji} - \beta_{ji}}, & j \in [k+1,n] \end{cases} \tag{5-13}$$

由上述公式可知 $\mu(h_{ji}) \in [0,1]$,表示序参量分量对系统有序度的贡献,$\mu(h_{ji})$ 越大则表明序参量分量有序度越高,相应的其对系统有序度的贡献越大。

从系统内部运行规律看,决定系统从无序向有序方向发展的序参量是由各序参量分量 h_{ji} 有序度的集成作用而成,集成结果不仅与各序参量分量的有序度大小有关,而且还与它们的组合形式有关。目前常用方法有线性加权法和几何平均法。

$$\mu_j(h_j) = \sum_{i=1}^{n} \omega_i \mu_j(h_{ji}), \quad \mu_i \geqslant 0, \quad \sum_{i=1}^{n} \omega_i = 1 \tag{5-14}$$

$$\mu_j(h_j) = \sqrt[n]{\prod_{j=1}^{n} \mu_j(h_{ji})} \tag{5-15}$$

式(5-14)、式(5-15)中的 $\mu_j(h_j)$ 为序参量变量 h_j 的系统有序度。由定义可知,$\mu_j(h_j) \in [0,1]$,$\mu_j(h_j)$ 数值越大,表明 h_j 对系统 S_j 有序的贡献就越大,系统有序度就越高;反之,则系统有序度越低。为了反映不同指标对序参量分量有序度的作用大小,本例采用线性加权法,即公式(5-14)。

2. 复合系统协同度模型

设 $u_{j0}(h_j) (j=1,2,\cdots,k)$ 为系统在 t_0 时刻的系统有序度,$u_{j1}(h_j) (j=1,2,\cdots,k)$ 为系统在 t_1 时刻的系统有序度,则系统在 $t_1 - t_0$ 时间段的协同度为

$$\text{DGS} = \varphi \sum_{j=1}^{n} \mu_i [\, | \, \mu_j^1(h_j) - \mu_j^0(h_j) \, | \,] \tag{5-16}$$

其中，$\varphi = \dfrac{\min[\mu_j^1(h_j) - \mu_j^0(h_j) \neq 0]}{|\min[\mu_j^1(h_j) - \mu_j^0(h_j) \neq 0]|}$。

DGS 取值范围为 $[-1, 1]$，其值越大，表示系统协同能力越强，反之则越低。

3. 协同度测度指标体系

基于大量的文献研究，结合当前中国对生态文明建设和经济建设的相关政策文件，整理出生态系统和经济系统的主要衡量指标。遵循指标选择的科学性、可操作性和可获得性原则，对初步整理的指标进行筛选与优化，进而构建出生态经济复合系统协同度评价指标体系，见表 5-13。

表 5-13　淮南市生态经济系统协同度评价指标体系

复合系统	子系统	序参量		指向性
生态经济协同系统	生态系统 S_1	单位 GDP 水耗(亿 m³/亿元)	(h_{11})	逆向
		原煤产量(万吨)	(h_{12})	逆向
		原煤产量增长率(%)	(h_{13})	逆向
		工业废水排放量(万吨)	(h_{14})	逆向
		工业废气排放量(吨)	(h_{15})	逆向
		万吨塌陷率(公顷/万吨)	(h_{16})	逆向
		建成区绿化覆盖率(%)	(h_{17})	正向
		环境治理投资占 GDP 比重(%)	(h_{18})	正向
		固体废弃物综合利用率(%)	(h_{19})	正向
	经济系统 S_2	工业总产值占 GDP 比重(%)	(h_{21})	正向
		人均 GDP(元)	(h_{22})	正向
		工业总产值增长率(%)	(h_{23})	正向
		技术研发投入占工业产值的比重(%)	(h_{24})	正向

（三）结果分析

由表 5-14 可知，通过熵值法确定的序参量权重中，生态系统中固体废弃物综合利用率权重最高，且远远领先于生态系统中其他序参量的权重，其对生态系统有序度作用最显著。经济系统中人均 GDP 和技术研发投入占工业总产值的比重权重大幅高于经济系统中另外两个序参量的权重，其对经济系统有序度作用更为显著。

表 5-14　生态经济系统序参量权重

生态系统序参量权重										经济系统序参量权重		
(h_{11})	(h_{12})	(h_{13})	(h_{14})	(h_{15})	(h_{16})	(h_{17})	(h_{18})	(h_{19})	(h_{21})	(h_{22})	(h_{23})	(h_{24})
0.08	0.10	0.05	0.13	0.11	0.10	0.10	0.10	0.23	0.18	0.29	0.19	0.34

表 5-15 显示,淮南市生态系统有序度从 2006 年的 0.654 下降到了 2015 年的 0.327,下降幅度达 50%。通过观察每一年的数据,淮南市生态系统有序度总体呈波动下降趋势。结合序参量有序度数值和原始数据来看,原因主要有以下几点:第一,2006—2015 年原煤产量(h_{12})和万吨塌陷率(h_{16})的有序度显著下降,导致生态系统有序度的降低。观察原始数据可知,2006—2012 年淮南市原煤产量迅速增加,原煤产量的迅速增加导致生态破坏的加剧。进一步观察可知 2014 年生态系统有序度略有提升,这与 2013—2015 年原煤产量下降,进而生态改善相一致。而万吨塌陷率一直处于上升趋势,其对生态环境的破坏也是显而易见的。原煤产量和万吨塌陷率有序的下降共同作用于生态系统有序度,导致生态系统有序度的波动下降。第二,2013—2015 年生态系统有序度相比前几年更低,主要是固体废弃物综合利用率有序度的急速下降导致的。通过观察原始数据可知 2013—2015 年固体废弃物综合利用率一直在下降,而固体废弃物综合利用率权重在生态系统中占比最高,其对生态系统影响最为显著。固体废弃物综合利用率的迅速下降导致生态系统有序度的进一步降低。第三,从淮南市经济发展现状而言,淮南市经济增长依然以资源消耗为主要动力源,主要手段是煤矿资源的开发利用。煤矿资源的开发利用不仅导致了生态环境的破坏,更为重要的是长期的煤矿资源开发利用造成的累积负效应正不断显现,直观的体现就是近年来生态系统有序度相比之前更低。这与整个国家的生态环境问题具有一致性,如近年的持续大范围雾霾现象。

表 5-15　淮南市生态系统有序度

年份	(h_{11})	(h_{12})	(h_{13})	(h_{14})	(h_{15})	(h_{16})	(h_{17})	(h_{18})	(h_{19})	线性加权求和
2006	0.833	1.000	0.678	1.000	1.000	1.000	0.000	0.350	0.340	0.654
2007	0.333	0.929	0.675	0.922	0.790	0.860	0.040	0.430	0.190	0.537
2008	0.667	0.483	0.000	0.677	0.370	0.670	0.120	0.600	0.500	0.484
2009	0.167	0.245	0.519	0.417	0.120	0.650	0.240	0.840	0.580	0.438
2010	0.333	0.214	0.778	0.213	0.020	0.460	0.360	1.000	0.640	0.446
2011	0.667	0.142	0.734	0.074	0.350	0.540	0.440	0.680	0.680	0.403
2012	1.000	0.000	0.663	0.000	0.690	0.280	0.620	0.230	1.000	0.532
2013	0.833	0.136	0.937	0.046	0.810	0.080	0.820	0.330	0.388
2014	0.667	0.327	1.000	0.063	0.970	0.040	0.834	0.020	0.370	0.425
2015	0.000	0.196	0.649	0.768	0.680	0.040	1.000	0.000	0.327

从表 5-16 可以看出,淮南市经济系统有序度总体呈波动上升趋势,但从 2011 年后上升趋势显著减弱,甚至下降。这主要是因为近年来我国不断加快经济发展方式转变,尤其是十八大以来强调绿色发展,将生态文明建设纳入发展理念中。而资源型城市一般以矿业开采为支柱性产业,城市产业结构单一,产业转型升级困难,导致城市长期发展潜力不足。进一步观察发现,2013—2015 年淮南市人均GDP 处于下滑趋势,说明淮南市经济效益提高遇到瓶颈。人均 GDP 对经济系统有序度贡献仅次于技术研发占工业总产值比重,人均 GDP 的下降直接导致经济系统有序度的徘徊不前。而 2015 年淮南市技术研发投入占工业产值的比重相较2014 年提高了 8.3%,占工业总产值的 17%,说明淮南市已经意识到转变经济发展方式的紧迫性,正在大力提高技术创新对经济增长的贡献作用,进一步推动粗放型经济增长方式向集约型经济增长方式转变。

表 5-16　经济系统有序度

年份	(h_{21})	(h_{22})	(h_{23})	(h_{24})	线性加权求和
2006	0.444	0.000	0.793	0.156	0.284
2007	0.774	0.113	0.753	0.143	0.364
2008	0.816	0.260	1.000	0.162	0.468
2009	0.896	0.412	0.793	0.195	0.498
2010	0.972	0.602	0.721	0.000	0.487
2011	1.000	0.792	0.737	0.234	0.629
2012	0.953	0.935	0.701	0.227	0.653
2013	0.858	1.000	0.578	0.234	0.634
2014	0.642	0.929	0.000	0.463	0.542
2015	0.000	0.880	0.179	1.000	0.629

根据协同度 5 个阶段:DGS∈(−1,0]不协同,DGS∈(0,0.3]低度协同,DGS∈(0.3,0.5]中度相关,DGS∈(0.5,0.8]高度相关,DGS∈(0.8,1]极度相关,结合表 5-17 可知,淮南市生态经济系统总体上处于不协同或低度协同状态。复合系统协同度的提高有赖于各子系统有序度的协同发展。如果某些子系统的有序度提高幅度大,而另一些子系统有序度提高幅度小或下降,则复合系统将处于低度协同或不协同状态,其体现为 DGS∈(−1,0]。为了更直观地体现子系统有序度和复合系统协同度的关系,见图 5-11。

表 5-17　生态经济系统协同度

年份	2007	2008	2009	2010	2011	2012	2013	2014	2015
生态经济系统协同度	−0.037	0.051	−0.017	−0.003	0.100	0.153	0.163	−0.054	−0.012

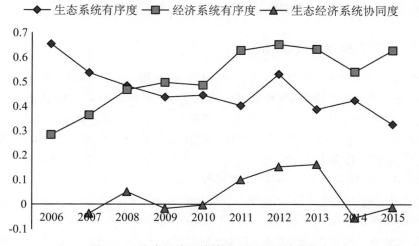

图 5-11　生态经济系统协同度及子系统有序度

图 5-11 显示,生态系统有序度与经济系统有序度呈现不一样的演进路径。其中,经济系统有序度呈现较好的发展态势,总体呈上升趋势,说明淮南市具有较强的经济发展能力,尤其是从淮南市 2015 年大幅增加技术研发投入来看,未来淮南市经济发展将更为稳定,经济发展质量将进一步提高。但生态系统有序度下降较为显著,生态经济系统协同度则一直处于不协同与低度协同的波动状态中,并且在2013—2014 年出现了大幅下降的现象,主要是固体废弃物综合利用率、人均 GDP 的下降和工业总产值增长率下降共同作用导致的。一方面表明淮南市生态文明建设成效不显著,另一方面表明淮南市生态经济系统不协同或低度协同,其主要原因是生态系统有序度的下降导致的,生态系统有序度的持续下降已经成为制约淮南市可持续发展的瓶颈。

表 5-15、表 5-16、表 5-17 及图 5-11 显示,淮南市生态系统有序度总体呈波动下降趋势,经济系统有序度总体呈波动上升趋势。生态经济系统协同度波动大,总体处于不协同或低度协同状态。复合系统协同度的提高有赖于各子系统有序度地共同提高。当各子系统有序度共同提高时,复合系统协同度提高明显,如图 5-11 所示,2011 年和 2012 年,复合系统协同度随着两个子系统有序度的共同提高而明显上升。当各子系统同时下降时,复合系统协同度显著下降,2013 年复合系统协同度随着两个子系统有序度的共同下降而显著下降。而子系统有序度呈相反发展趋势时,会导致复合系统协同度的不稳定,其可能呈下降也可能呈上升趋势,主要取决于起主导作用的子系统。

二、区域水资源-社会经济系统协同度研究

（一）研究区概况及数据来源

淮河生态经济带安徽段由淮北市、亳州市、宿州市、蚌埠市、阜阳市、淮南市、滁州市、六安市8个地级市构成，地处我国中东部，位于我国南北气候过渡带。降水量变化大，多集中于每年的6～9月，近几年的年平均降水量为1200～1400 mm，降水南多北少。2017年，淮河生态经济带安徽段降水量713.54亿立方米，比常年偏多5.9%，地表水总量为217.9亿立方米；水资源总量为271.25亿立方米，比2016年减少了41.48亿立方米，占安徽省水资源总量的34.56%。

这里以淮河生态经济带安徽段为具体研究对象，文中涉及的数据主要来源于《安徽省统计年鉴（2011—2018）》、淮河生态经济带安徽段8地市统计年鉴（2011—2018）、《安徽省水资源公报（2010—2017）》，个别缺失指标数据，通过选取该地区其他年份的同一指标数据由曲线拟合得到。

（二）计算区域水资源与社会经济的有序度

研究模型及方法与前文相似，此处不作赘述。

计算得出研究区域水资源子系统有序度。从图5-12可以看出，淮北市的水资源子系统有序度始终处于较低水平，最低在2011年仅为0.014；2010—2011年，除蚌埠市和淮南市的水资源子系统有序度呈上升趋势外，其余6市均有所下降；整个研究期内，水资源子系统的有序度趋势线一直出现大幅度波动，主要因为水资源子系统受多种序参量影响，具有随机性、时限性和时空变化的不均匀性等。

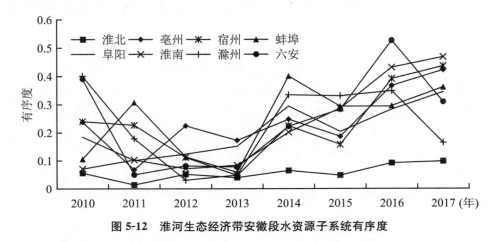

图5-12　淮河生态经济带安徽段水资源子系统有序度

淮河生态经济带安徽段社会经济子系统的有序度计算结果如图5-13所示，相对于活跃、复杂的水资源子系统来说，社会经济子系统的有序度变化较为稳定，整

体呈稳步增长态势,主要因为淮河经济带安徽段面对政策的高质量发展要求,转变经济发展方式,推进城市经济的生态可持续发展。淮北市的社会经济子系统有序度仍然处于较低水平,原因是淮北市为资源枯竭型城市,面临城市产业转型问题,经济发展相对滞后。

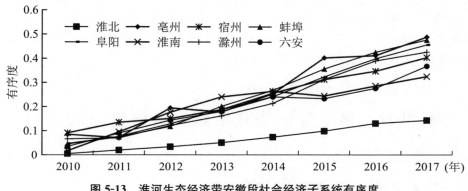

图 5-13　淮河生态经济带安徽段社会经济子系统有序度

计算得出淮河生态经济带安徽段的水资源-社会经济系统协同度见图 5-14,由图可知虽然淮北市的水资源子系统和社会经济子系统的有序度偏低,但水资源-社会经济系统的协同度最高。蚌埠市和滁州市的水资源-社会经济系统协同度为0.50,处于最低水平,其次是六安市、阜阳市和淮南市。亳州市和宿州市的水资源-社会经济系统协同度较高,位居第二。

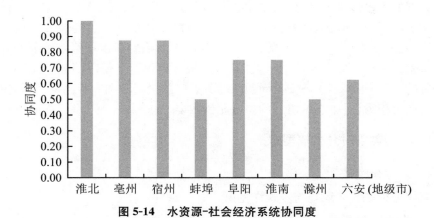

图 5-14　水资源-社会经济系统协同度

（三）结果分析

水资源子系统的发展较为无序,社会经济子系统的有序度变化较为稳定,整体呈稳步增长态势。协同度数值受子系统有序度影响,是子系统有序度综合作用的结果,其中淮北市的水资源-社会经济系统处于高度协同水平,亳州市和宿州市的水资源-社会经济系统协同度为 0.88,位居第二;蚌埠市和滁州市的水资源-社会经济系统协同度为 0.50,处于最低协同水平。

推进产业结构改革,平衡 GDP 发展与用水之间的矛盾。在发展经济的同时,控制水资源的使用量。水资源的利用率受城市产业结构的影响,减少对第一产业和第二产业中的高耗水行业的发展,利用创新促进发展,发掘新兴产业;大力开展节约用水,提高节水意识。带动生产、人民生活、生态等各领域的节约用水,进一步提高水资源利用率,保障水资源的可持续利用,缓解水资源与社会经济系统之间的供需矛盾,实现经济发展和水资源协调利用。

第四节　集对分析法在生态安全评价中的应用

一、区域生态承载力评价

(一) 研究区概况

安徽省处于中国东部与中部的过渡带,共有五大生态区,生态资源十分丰富。安徽省土地总面积约 140139.85 平方千米,约占国土面积的 1.46%。截至 2017 年末,安徽省城市人口密度为 2535 人/平方千米,高于全国的 2477 人/平方千米,是我国典型的人多地少省份之一;安徽省人均水资源量为 1260.8 立方米/人,低于全国的 2074.5 立方米/人,也是我国典型的资源短缺省份之一。安徽省人口急剧增长、资源开发加快、环境污染严重、资源逐渐枯竭等问题,给区域经济发展和生态保护带来重重困难。安徽省近十年发展迅速,从一定程度上是以消耗生态环境资源为代价的,产生了很多生态安全问题。随着人口总量剧增和经济高速发展,生态环境遭受巨大压力,对生态承载力的测度尤为重要。

(二) 构建集对分析模型

1. 集对分析法

集体分析法具体原理与步骤详见第三章第四节内容。

2. 构建评价指标体系

考虑到生态承载力评价在定量化过程中的模糊性和随机性问题,本例以集对分析为基础,构建基于 DPSIR 模型的综合评价模型,运用熵权法和集对分析法对 2008—2017 年安徽省生态承载力进行综合评价。基于生态承载力特征,从驱动力、压力、状态、影响和响应五个方面构建安徽省生态承载力综合评价指标体系,共 20 个指标(表 5-18)。

表 5-18　综合评价指标体系

准则层	指标层	指标性质	指标代码
驱动力子系统	人口自然增长率(‰)	正向	I_{11}
	人均生产总值(元/人)	正向	I_{12}
	城镇化率(%)	正向	I_{13}
	城镇居民人均可支配收入(元/人)	正向	I_{14}
压力子系统	人口密度(人/km^2)	负向	I_{21}
	单位耕地化肥施用量(kg/hm^2)	负向	I_{22}
	能源消耗弹性系数(%)	负向	I_{23}
	二氧化硫排放量(万 t)	负向	I_{24}
状态子系统	人均耕地面积/(hm^2/人)	负向	I_{31}
	每万人城市建设用地面积(km^2/万人)	正向	I_{32}
	城市人均道路面积(m^2/人)	正向	I_{33}
	森林覆盖率(%)	正向	I_{34}
影响子系统	自然保护区面积(万 hm^2)	正向	I_{41}
	建成区绿化覆盖率(%)	正向	I_{42}
	每平方公里污水排放量(万 t/km^2)	负向	I_{43}
	人均水资源量(m^3/人)	正向	I_{44}
	工业固体废弃物综合利用率(%)	正向	I_{51}
	城市污水处理厂集中处理率(%)	正向	I_{52}
	生活垃圾无害化处理率(%)	正向	I_{53}
	污染治理项目投资额(万元)	正向	I_{54}

3. 等级划分

由于目前尚无统一的生态承载力及相关指标的评价标准,在参考国内外城市生态承载力评价标准的基础上,通过实地考察和专家咨询等方法,本例将生态承载力等级划分为 5 个等级,其中Ⅰ级为安全,Ⅱ级为较安全,Ⅲ级为临界安全,Ⅳ级为较不安全,Ⅴ级为不安全。本研究采用熵权法对指标进行赋权,可以避免主观误差,等级取值范围及指标权重见表 5-19。

表 5-19　等级划分标准及权重

指标	I	II	III	IV	V	权重
I_{11}	[10.0,12.5)	[7.5,10.0)	[5.0,7.5)	[2.5,5.0)	[0,2.5)	0.31
I_{12}	[35000,50000)	[25000,35000)	[15000,25000)	[3000,15000)	[1000,3000)	0.22
I_{13}	[55,65)	[45,55)	[35,45)	[25,35)	[0,25)	0.22
I_{14}	[28000,35000)	[21000,28000)	[14000,21000)	[7000,14000)	[0,7000)	0.26
I_{21}	[0,200)	[200,500)	[500,700)	[700,1500)	[1500,2000)	0.16
I_{22}	[0,0.225)	[0.225,0.450)	[0.450,0.825)	[0.825,1.200)	[1.200,1.500)	0.11
I_{23}	[0,30)	[30,45)	[45,60)	[60,75)	[75,90)	0.29
I_{24}	[0,20)	[20,40)	[40,60)	[60,80)	[80,100)	0.43
I_{31}	[0.03,0.05)	[0.05,0.07)	[0.07,0.10)	[0.10,0.25)	[0.20,0.70)	0.29
I_{32}	[0.6,0.8)	[0.4,0.6)	[0.3,0.4)	[0.2,0.3)	[0,0.2)	0.18
I_{33}	[20,28)	[15,20)	[10,15)	[7,10)	[0,7)	0.25
I_{34}	[40,60)	[30,40)	[15,30)	[5,15)	[0,5)	0.28
I_{41}	[60,75)	[45,60)	[30,45)	[20,30)	[0,20)	0.34
I_{42}	[50,100)	[40,50)	[30,40)	[20,30)	[0,20)	0.18
I_{43}	[0,3)	[3,6)	[6,9)	[9,12)	[12,15)	0.16
I_{44}	[2200,2700)	[1700,2200)	[1000,1700)	[500,1000)	[0,500)	0.32
I_{51}	[97,100)	[85,97)	[80,85)	[70,80)	[40,70)	0.15
I_{52}	[95,100)	[85,95)	[75,85)	[60,75)	[0,60)	0.15
I_{53}	[97,100)	[85,97)	[80,85)	[70,80)	[40,70)	0.15
I_{54}	[0.80,1.00)	[0.40,0.80)	[0.15,0.40)	[0.10,0.15)	[0,0.10)	0.55

（三）结果分析

1. 各系统生态承载力等级时序分析

2008—2017 年驱动力、压力、状态、影响、响应各子系统生态承载力等级如图 5-15 所示，各子系统生态承载力都处于波动变化趋势，且都有所好转。

从驱动力子系统看，2008—2011 年生态承载力一直处于临界安全水平（III 级），2012—2015 年开始上升为较安全水平（II 级），并在 2016—2017 达到安全水平（I 级），表明 2012 年以来安徽省驱动力子系统生态承载力不断上升，并在 2016 年达到安全水平。主要由于 2012 年以来，安徽省城镇化进程的不断加快，人均 GDP 增长速度加快，城镇居民人均可支配收入持续上涨，安徽省居民生活水平和生活质量得到明显改善。

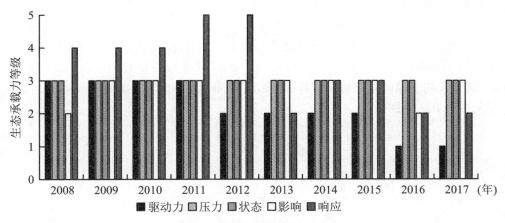

图 5-15　各子系统生态承载力等级

从压力子系统看，2008—2017 年的系统生态承载力都为临界安全水平（Ⅲ级）并保持不变，表明安徽省压力子系统生态承载力发展平稳但水平较低。主要因为人口不断增长，再加上资源的有限性，导致人均资源占有量不断减少，对安徽省生态承载力造成巨大压力。

从状态子系统看，2008—2017 年的系统生态承载力都为临界安全水平（Ⅲ级）并保持不变，说明安徽省状态子系统生态承载力发展平稳但水平有待提升，主要由于随着人口增长对粮食的需求加大导致需要不断开垦耕地，对土地的压力日益加剧。

从影响子系统看，2008—2017 年的系统生态承载力波动较小，除了 2008 年和 2016 年为较安全水平（Ⅱ级），其他年份一直保持为临界安全水平（Ⅲ级），表明安徽省影响子系统生态承载力发展有上升区间。在新常态背景下，不断强化科技创新，加大对自然保护区的防护，提高对城市的绿化水平，合理有效地控制污水排放，增强发展活力。

从响应子系统看，2008—2010 年以来系统生态承载力发展平稳，一直处于临界安全水平（Ⅲ级），但 2011 年又下降为不安全水平（Ⅴ级），并持续到 2012 年。在 2013 年又上升为较安全水平（Ⅱ级），表明 2013 年以来安徽省影响子系统有所改善，2014—2017 年系统由临界安全水平（Ⅲ级）上升到较安全水平（Ⅱ级）。主要由于安徽省通过产业转型推进绿色低碳循环发展，扎实推进重点治理工程，工业固体废物综合利用率和生活垃圾无害化处理率不断提高，持续加大对污染治理的投资额，逐步改善生态环境质量。

2. 安徽省生态承载力等级时序分析

安徽省生态承载力各等级的联系数如图 5-16 所示，Ⅰ级、Ⅳ级、Ⅴ级的联系数始终小于 0，但Ⅰ级联系数呈 V 型，在 2009 年以后逐年上升，Ⅴ级联系数一直处于波动状态并呈下降趋势,Ⅳ级联系数一直处于波动下降状态;Ⅱ级的联系数呈波动上升状态;Ⅲ级的联系数变化波动较大,上升(2008—2009)—下降(2009—2011)—上升(2011—2013)—下降(2013—2014)—上升(2014—2015)—下降(2015—2017),波动幅度逐渐加大;同时可以看出 2011 年以后Ⅳ级、Ⅴ级联系数逐年下降,而Ⅰ级和Ⅱ级联系数逐年上升,且在 2016—2017 年Ⅱ级联系数明显高于其他等级联系数,说明安徽省生态承载力等级将稳定在Ⅱ级,并有朝Ⅰ级方向发展的趋势,呈稳中向好的发展态势。

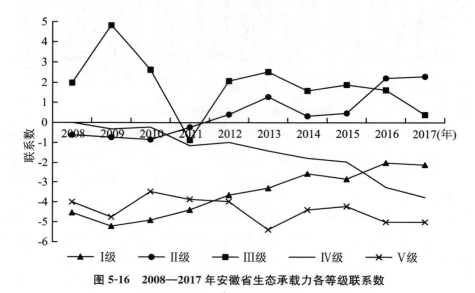

图 5-16　2008—2017 年安徽省生态承载力各等级联系数

2008—2017 年安徽省生态承载力等级如图 5-17 所示,研究期内,安徽省生态承载力水平呈波动上升状态。2008—2010 年安徽省生态承载力一直处于临界安全水平(Ⅲ级),各系统之间发展相对稳定;2011 年安徽省生态承载力由临界安全水平(Ⅲ级)上升为较安全水平(Ⅱ级),呈现出稳中向好的趋势,得益于安徽省经济实力的逐渐增强,城镇化水平的不断提升;但在 2012—2015 年,安徽省生态承载力水平又从较安全水平(Ⅱ级)下降为临界安全水平(Ⅲ级),说明水土资源供需矛盾突出,随着人口逐年增长,耕地面积和农业化肥用量的加大,人均水资源量的日益减少,安徽省生态承载力可持续发展正受到巨大的压力;2016—2017 年安徽省生态承载力由临界安全水平(Ⅲ级)上升为较安全水平(Ⅱ级),生态承载力水平明显好转,结果表明各子系统之间的协同发展水平在不断提高,驱动力子系统已达到安全水平(Ⅰ级),响应子系统承载力水平和安徽省生态承载力水平保持一致,其他子系统承载力水平有向着较安全水平(Ⅱ级)发展的趋势。

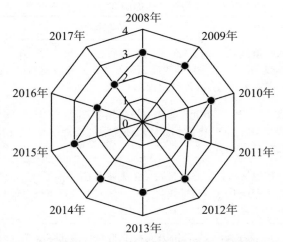

图 5-17　2008—2017 年安徽省生态承载力等级雷达图

二、区域生态脆弱性评价

（一）研究区概况

鉴于资源开采及不合理利用给资源型城市生态环境带来巨大影响，此处选取淮南市作为实证研究对象，利用集对分析法对其 2010—2016 年生态脆弱性进行综合评价。淮南市位于安徽省中北部，地处长江三角洲腹地，位于东经 116°21′5″～117°12′30″，北纬 31°54′8″～33°00′26″之间，年平均气温 16.6 ℃（最高气温 38.9 ℃，最低气温—5.5 ℃），年平均无霜期 223.7 天，年平均降水量 893.4 mm。全市总面积 5571 km²，辖 5 个区，2 个县。常住人口 345.6 万人，城镇化率 62.05%。淮南以煤炭工业立市，煤炭、电力工业比肩发展，逐步形成以能源工业为主体，拥有化工、机械、电子、建材、冶金、纺织、造纸、医药、食品等比较完整的工业门类，是中国能源之都，亦是安徽省重要的工业城市。

（二）构建评价指标体系及生态脆弱性等级划分

资源型城市生态系统是涉及资源、经济、社会和生态环境等多方面相互联系又彼此制约的复杂系统。基于前人的研究成果和资源型城市生态脆弱性特征，从资源、经济、社会、生态环境等四个方面构建脆弱性综合评价指标体系，共 28 个指标（表 5-20）。

表 5-20 资源型城市生态脆弱性评价指标体系

总目标	目标层	指标层
资源型城市生态脆弱性评价指标体系	资源	人均耕地 C_1（km^2/人）、人均水资源量 C_2（m^3/人）、万元 GDP 能耗 C_3（吨标准煤/万元）、人均城市道路面积 C_4（m^2）、森林覆盖率 C_5（%）、建成区绿化覆盖率 C_6（%）、人均住房面积 C_7（m^2/人）
	经济	人均 GDP C_8（万元）、采矿业投资比重 C_{10}（%）、第三产业比重 C_{11}（%）、科教支出占 GDP 比重 C_{12}（%）、环境治理投资占 GDP 比重 C_{13}（%）、农民人均纯收入 C_{14}（元）
	社会	城镇恩格尔系数 C_{15}（%）、城镇失业率 C_{16}（%）、人口密度 C_{17}（人/km^2）、资源依赖度 C_{18}（%）、城镇化率 C_{19}（%）、万人拥有医生数 C_{20}（人/万人）、万人拥有高等学历人数 C_{21}（人/万人）
	生态环境	COD 排放强度 C_{22}（kg/万元）、工业 SO_2 排放强度 C_{23}（kg/万元）、工业固体废物综合利用率 C_{25}（%）、空气质量优良率 C_{26}（%）、生活垃圾无害化处理率 C_{27}（%）、城市污水处理率 C_{28}（%）

由于目前尚无统一的生态脆弱性及相关指标的评价标准,在参考国内外城市生态脆弱性评价标准的基础上,通过实地考察和专家咨询等方法,本书将资源型城市生态脆弱性等级划分为 5 个等级,其中 Ⅰ 级为潜在脆弱,Ⅱ 级为轻度脆弱,Ⅲ 级为中度脆弱,Ⅳ 级为重度脆弱,Ⅴ 级为极度脆弱,取值范围见表 5-21。

表 5-21 等级划分标准及权重

指标	等级划分标准 Ⅰ	Ⅱ	Ⅲ	Ⅳ	Ⅴ	权重
C_1	(0.08,0.1)	(0.05,0.08)	(0.03,0.05)	(0.02,0.03)	(0,0.02)	0.10
C_2	(10000,15000)	(5000,10000)	(2000,5000)	(500,2000)	(100,500)	0.22
C_3	(0,0.2)	(0.2,0.5)	(0.5,1)	(1,2)	(2,3)	0.06
C_4	(20,28)	(15,20)	(10,15)	(7,10)	(0,7)	0.13
C_5	(45,,6)	(35,45)	(20,35)	(10,20)	(5,10)	0.14
C_6	(50,100)	(40,50)	(30,40)	(20,30)	(0,20)	0.25
C_7	(28,35)	(20,28)	(15,20)	(10,15)	(0,10)	0.10
C_8	(5,10)	(4,5)	(3,4)	(2,3)	(0,2)	0.11
C_9	(150,200)	(120,150)	(100,120)	(80,100)	(60,80)	0.17
C_{10}	(0,15)	(15,25)	(25,30)	(30,40)	(40,50)	0.12
C_{11}	(45,55)	(35,45)	(25,35)	(15,25)	(10,15)	0.24
C_{12}	(7,10)	(5,7)	(3,5)	(2,3)	(0,2)	0.12

指标	等级划分标准					权重
	I	II	III	IV	V	
C_{13}	(2.5,3.5)	(2,2.5)	(1.5,2)	(1,1.5)	(0,1)	0.12
C_{14}	(15000,2000)	(12000,15000)	(10000,12000)	(6000,10000)	(4000,6000)	0.14
C_{15}	(15,25)	(25,30)	(30,40)	(40,50)	(50,60)	0.10
C_{16}	(0,1.2)	(1.2,25)	(2.5,3)	(3,3.6)	(3.6,4.2)	0.06
C_{17}	(100,550)	(550,1400)	(1400,1800)	(1800,2200)	(2200,3500)	0.25
C_{18}	(0,2)	(2,4)	(4,8)	(8,12)	(12,20)	0.20
C_{19}	(70,80)	(55,70)	(40,55)	(30,40)	(15,30)	0.14
C_{20}	(40,50)	(30,,40)	(25,30)	(20,25)	(0,,2)	0.07
C_{21}	(1000,1200)	(650,1000)	(450,650)	(300,450)	(0,300)	0.19
C_{22}	(0,0.05)	(0.05,0.2)	(0.2,0.5)	(0.5,0.8)	(0.8,1.2)	0.29
C_{23}	(0,2)	(2,5)	(5,8)	(8,12)	(12,20)	0.10
C_{24}	(0,1)	(1,1.5)	(1.5,3)	(3,4.5)	(4.5,6)	0.15
C_{25}	(97,100)	(85,97)	(80,85)	(70,80)	(40,70)	0.10
C_{26}	(97,100)	(85,97)	(80,85)	(70,80)	(40,70)	0.08
C_{27}	(97,100)	(85,97)	(80,85)	(70,80)	(40,70)	0.09
C_{28}	(97,100)	(85,97)	(80,85)	(70,80)	(40,70)	0.09

（三）结果分析

首先采用熵值法求得 4 个目标层中每个指标的权重。然后,计算每个年度 4 个目标层的五元联系数。最后用均值法计算各年总系统联系数,计算结果见表 5-22。

表 5-22 2010—2016 年淮南市生态脆弱性等级

年份		联系数					等级
		I 级	II 级	III 级	IV 级	V 级	
2010	资源	−0.875	0.206	0.695	−0.117	−0.885	III
	经济	−0.802	−0.354	0.040	0.605	−0.245	IV
	社会	−0.604	−0.266	−0.527	−0.175	0.001	V
	生态环境	−0.608	−0.360	−0.600	−0.228	0.251	V
	综合	−2.890	−0.774	−0.392	0.084	−0.878	IV

年份		联系数					等级
		Ⅰ级	Ⅱ级	Ⅲ级	Ⅳ级	Ⅴ级	
2011	资源	−0.494	0.021	0.316	−0.057	−1.440	Ⅲ
	经济	−0.796	−0.126	0.424	0.275	−0.576	Ⅲ
	社会	−0.382	−0.269	−0.442	0.359	0.140	Ⅳ
	生态环境	−0.426	−0.277	−0.512	−0.224	0.046	Ⅴ
	综合	−2.099	−0.650	−0.214	0.353	−1.829	Ⅳ
2012	资源	−0.885	−0.219	0.627	0.050	−1.536	Ⅲ
	经济	−1.010	0.078	0.571	0.132	−0.707	Ⅲ
	社会	−0.589	−0.273	−0.565	−0.364	0.141	Ⅴ
	生态环境	−0.508	−0.277	−0.502	−0.195	0.061	Ⅴ
	综合	−2.992	−0.690	0.131	−0.377	−2.041	Ⅲ
2013	资源	−0.886	−0.236	0.623	0.030	−1.369	Ⅲ
	经济	−0.780	−0.064	0.430	0.033	−0.726	Ⅲ
	社会	−0.546	−0.210	−0.621	−0.166	0.010	Ⅴ
	生态环境	−0.430	−0.521	−0.420	0.268	−0.275	Ⅳ
	综合	−2.642	−1.031	0.011	0.164	−2.361	Ⅳ
2014	资源	−0.658	0.084	0.378	−0.482	−0.720	Ⅲ
	经济	−0.459	0.046	0.044	0.095	−0.696	Ⅳ
	社会	−0.507	−0.147	−0.251	0.065	−0.270	Ⅳ
	生态环境	−0.430	−0.436	−0.300	0.177	−0.291	Ⅳ
	综合	−2.054	−0.453	−0.129	−0.145	−1.977	Ⅲ
2015	资源	−0.209	0.112	0.034	−0.573	−0.720	Ⅱ
	经济	−0.484	0.286	0.104	−0.104	−0.645	Ⅱ
	社会	−0.559	−0.171	−0.186	−0.399	−0.390	Ⅱ
	生态环境	−0.602	−0.335	−0.250	0.261	−0.270	Ⅲ
	综合	−1.854	−0.107	−0.298	−0.815	−2.025	Ⅱ
2016	资源	0.287	0.344	−0.348	−0.711	−0.720	Ⅱ
	经济	−0.491	0.332	−0.111	−0.208	−0.429	Ⅱ
	社会	−0.636	−0.155	−0.189	−0.111	−0.363	Ⅳ
	生态环境	−0.623	−0.417	0.229	0.198	−0.605	Ⅳ
	综合	−1.463	0.105	−0.418	−0.832	−2.117	Ⅱ

从雷达图(图 5-18)中可以看出:研究期内,淮南市生态脆弱性水平呈波动上升状态。2010—2011 年淮南市生态脆弱性一直处于Ⅳ级水平,其联系数分别为 0.084、−0.224,可以看出这段时间内淮南市生态脆弱性水平稳中有升,呈现出逐渐变好的趋势。2012 年淮南市生态脆弱性由Ⅳ级上升为Ⅲ级,生态脆弱性水平明显好转。2013 年淮南市生态脆弱性下降为Ⅳ级,生态脆弱性出现恶化。2014 年淮南市生态脆弱性上升为Ⅲ级,且 2015—2016 年一直处于Ⅱ级水平,联系数分别为−0.107、0.105,可以看出 2014 年以后淮南市生态脆弱性水平明显好转。

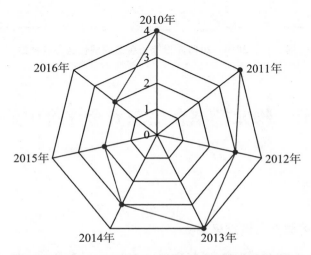

图 5-18　2010—2016 年淮南市生态脆弱性等级雷达图

从淮南市生态脆弱性总系统与各等级的联系度(图 5-19)可以看出:Ⅰ级、Ⅴ级的联系数始终小于 0,但Ⅰ级联系数在 2012 年以后逐年上升,Ⅴ级联系数一直处于下降状态;Ⅱ级的联系数呈 V 型,先下降(2011—2013)后上升(2013—2016);Ⅲ级的联系数呈拖尾型,先上升(2010—2012)后下降(2012—2016),但下降趋势比较缓慢;Ⅳ级的联系数呈 M 型,上升(2010—2011)—下降(2011—2012)—上升(2012—2013)—下降(2013—2016),下降幅度逐渐放缓;同时可以看出 2013 年以后Ⅲ级、Ⅳ级、Ⅴ级联系数逐年下降,而Ⅰ级、Ⅱ级联系数逐年上升,且Ⅱ级联系数远大于Ⅲ级联系数,说明淮南市生态脆弱性等级将稳定在Ⅱ级,并有朝Ⅰ级方向发展的趋势,生态脆弱性水平有所改善。

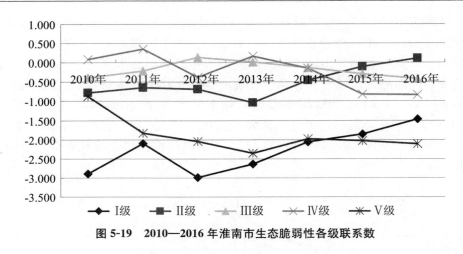

图 5-19   2010—2016 年淮南市生态脆弱性各级联系数

第五节   物元模型在生态安全评价中的应用

一、物元模型

（一）研究区概况及数据来源

淮南市位于安徽省中北部，地处长江三角洲腹地，是安徽省重要的工业城市，被称为"中国能源之都"。淮南市具有丰富的能源矿产资源和煤炭资源，煤炭工业的迅猛发展拉动了淮南市的经济发展，同时煤矿开采也带来了一系列的土地生态安全问题，比如矿区土地塌陷，土地污染，耕地减少，植被破坏等。构造基于经济-环境-社会（EES）概念框架的土地生态安全评价指标体系，借助熵权法进行赋权，运用物元分析法构建土地生态安全综合评价模型，对淮南市 2010 年、2013 年和 2016 年的土地生态安全等级进行评价。

研究数据主要来源于《淮南市统计年鉴》（2010—2016）和《淮南市 2016 年国民经济和社会发展统计公报》，部分指标直接使用统计数据，另一部分则为推导数据。

（二）指标体系及物元模型的构建

本例采用"经济-环境-社会"（EES）模式构建土地生态安全评价指标体系（表5-23）。

表 5-23 土地生态安全指标体系

目标层	因子层	指标层
A 土地 生态安全	B1 经济	C_1 GDP 增长率(%)
		C_2 经济密度(万元·km^{-2})
		C_3 人均 GDP(元)
		C_4 第三产业占 GDP 的比例(%)
		C_5 城镇居民年人均可支配收入(元·$人^{-1}$)
	B2 环境	C_6 耕地有效灌溉率(%)
		C_7 氨氮排放总量(t)
		C_8 地质灾害防治投资(万元)
		C_9 工业固废综合利用率(%)
		C_{10} 单位土地面积工业废水排放量(万 t·km^{-2})
	B3 社会	C_{11} 建成区绿地率(%)
		C_{12} 城镇生活污水处理率(%)
		C_{13} 人口密度(人/km^{-2})
		C_{14} 失业率(%)
		C_{15} 城镇化率(%)
		C_{16} 万元产值综合能耗(t 标准煤)

(1) 确定土地生态安全物元。根据物元的基本概念,土地生态安全 N,特征值 c 以及关于特征值 c 的量值 v,以有序三元组 $R=(N,c,v)$ 作为描述土地生态安全的基本元。式中,$v=c(N)$ 反映了事物质和量的关系。如果土地生态安全 N 有多个不同特征,它以 n 个特征 $C_1,C_2,\cdots,C_n$ 和相应的量值 $v_1,v_2,\cdots,v_n$ 描述,则称之为 n 维物元,具体表示为

$$R = \begin{vmatrix} N & c_1 & v_1 \\ & c_2 & v_2 \\ & \vdots & \vdots \\ & c_n & v_n \end{vmatrix} = \begin{vmatrix} R_1 \\ R_2 \\ \vdots \\ R_n \end{vmatrix} \tag{5-20}$$

(2) 确定经典域与节域物元矩阵。土地生态安全 N 经典域的物元矩阵可表示

$$\boldsymbol{R}_o = (N_o, C, V_o) = \begin{vmatrix} N_o & c_1 & (a_{o1}, b_{o1}) \\ & c_2 & (a_{o2}, b_{o2}) \\ & \vdots & \vdots \\ & c_n & (a_{on}, b_{on}) \end{vmatrix} \tag{5-21}$$

式中,$\boldsymbol{R}_o$ 为经典域物元;N_o 为所划分土地生态安全评价等级;C 为评价指标;$(a_{oi},$

$b_{oi})(i=1,2,\cdots,n)$ 为各评价指标关于对应等级所取的量值范围,即经典域。土地生态安全 N 节域的物元矩阵可表示为

$$\boldsymbol{R}_p = (N_p,C,V_p) = \begin{vmatrix} N_p & c_1 & (a_{p1},b_{p1}) \\ & c_2 & (a_{p2},b_{p2}) \\ & \vdots & \vdots \\ & c_n & (a_{pn},b_{pn}) \end{vmatrix} \qquad (5\text{-}22)$$

式中,N_p 为评价等级的全体,V_p 为土地生态安全 N 关于评价指标 C 的全部取值范围 $(a_{pi},b_{pi})(i=1,2,\cdots,n)$。

（3）确定待评物元。待评物元表示为

$$\boldsymbol{R}_x = (N_x,C,V_x) = \begin{vmatrix} N_x & c_1 & v_1 \\ & c_2 & v_2 \\ & \vdots & \vdots \\ & c_n & v_n \end{vmatrix} \qquad (5\text{-}23)$$

式中,N_x 为待评土地生态安全物元,V_x 为待评土地生态安全物元关于各评价指标 C 的具体数据。

（4）计算待评物元各评价指标关于各等级的关联度。

有界区间 $X_o=[a,b]$ 的模记作:

$$|X_o| = |b-a| \qquad (5\text{-}24)$$

点 X 到区间 $X_o=[a,b]$ 的距离为

$$\rho(X,X_o) = \left| X - \frac{1}{2}(a+b) \right| - \frac{1}{2}(b-a) \qquad (5\text{-}25)$$

则土地生态安全评价指标关联函数 $K(x)$ 表示为

$$K(x_i) = \begin{cases} \dfrac{-\rho(X,X_o)}{|X_o|}, & X \in X_o \\ \dfrac{\rho(X,X_o)}{\rho(X,X_p) - \rho(X,X_o)}, & X \notin X_o \end{cases} \qquad (5\text{-}26)$$

上式中,$\rho(X,X_o)$ 表示某一点 X 与有限区间 $X_o=[a_o,b_o]$ 的距离;X,X_o,X_p 分别表示待评土地生态安全物元的量值,经典域物元量值范围和节域物元的量值范围。

（5）计算综合关联度及确定评价等级。

$$K_j(N_x) = \sum_{i=1}^{n} w_i K_j(X_i) \qquad (5\text{-}27)$$

式中,$K_j(N_x)$ 为待评物元 N_x 关于等级 j 的综合关联度;$K_j(X_i)$ 为待评物元 N_x 关于等级 j 的单指标关联度;w_i 为对应指标的权重,若 $K_{ji}=\max[K_j(x_i)]$,则待评对象的第 i 个指标属于土地生态安全等级 j。若 $K_{jx}=\max[K_j(N_x)]$,则待评对象 N_x 属于土地生态安全等级 j。

（三）结果分析

淮南市土地生态安全的经典域物元矩阵 $\boldsymbol{R}_{o1}$，$\boldsymbol{R}_{o2}$，$\boldsymbol{R}_{o3}$，$\boldsymbol{R}_{o4}$ 分别为

$$\boldsymbol{R}_{o1} = \begin{bmatrix} M_{o1} & C_1 & \langle 30, & 40 \rangle \\ & C_2 & \langle 300, & 400 \rangle \\ & \vdots & \vdots & \vdots \\ & C_{16} & \langle 1, & 1.2 \rangle \end{bmatrix} \quad \boldsymbol{R}_{o2} = \begin{bmatrix} M_{o2} & C_1 & \langle 20, & 30 \rangle \\ & C_2 & \langle 200, & 300 \rangle \\ & \vdots & \vdots & \vdots \\ & C_{16} & \langle 1.2, & 1.4 \rangle \end{bmatrix}$$

$$\boldsymbol{R}_{o3} = \begin{bmatrix} M_{o3} & C_1 & \langle 10, & 20 \rangle \\ & C_2 & \langle 100, & 200 \rangle \\ & \vdots & \vdots & \vdots \\ & C_{16} & \langle 1.4, & 1.6 \rangle \end{bmatrix} \quad \boldsymbol{R}_{o4} = \begin{bmatrix} M_{o4} & C_1 & \langle 0, & 10 \rangle \\ & C_2 & \langle 0, & 100 \rangle \\ & \vdots & \vdots & \vdots \\ & C_{16} & \langle 1.6, & 2 \rangle \end{bmatrix}$$

根据经典域确定淮南市土地生态安全的节域物元矩阵 $\boldsymbol{R}_p$ 为

$$\boldsymbol{R}_p = \begin{bmatrix} M_p & C_1 & \langle 0, & 40 \rangle \\ & C_2 & \langle 0, & 400 \rangle \\ & \vdots & \vdots & \vdots \\ & C_{16} & \langle 1, & 2 \rangle \end{bmatrix}$$

待评价物元矩阵 $\boldsymbol{R}_{2010}$、$\boldsymbol{R}_{2013}$、$\boldsymbol{R}_{2016}$ 分别如下所示：

$$\boldsymbol{R}_{2010} = \begin{bmatrix} M_{2010} & C_1 & 18.75 \\ & C_2 & 232.7 \\ & C_3 & 24837 \\ & C_4 & 27.77 \\ & C_5 & 15377 \\ & C_6 & 41.8 \\ & C_7 & 5493 \\ & C_8 & 356 \\ & C_9 & 91.3 \\ & C_{10} & 2.16 \\ & C_{11} & 44.95 \\ & C_{12} & 74.99 \\ & C_{13} & 944 \\ & C_{14} & 4.3 \\ & C_{15} & 61.79 \\ & C_{16} & 1.46 \end{bmatrix} \quad \boldsymbol{R}_{2013} = \begin{bmatrix} M_{2013} & C_1 & 4.81 \\ & C_2 & 315.6 \\ & C_3 & 34897 \\ & C_4 & 31.8 \\ & C_5 & 22920 \\ & C_6 & 50 \\ & C_7 & 5202 \\ & C_8 & 70 \\ & C_9 & 88.8 \\ & C_{10} & 4.12 \\ & C_{11} & 36.07 \\ & C_{12} & 79.71 \\ & C_{13} & 942 \\ & C_{14} & 4 \\ & C_{15} & 66.65 \\ & C_{16} & 1.22 \end{bmatrix}$$

$$\boldsymbol{R}_{2016} = \begin{bmatrix} M_{2016} & C_1 & 25.07 \\ & C_2 & 371.2 \\ & C_3 & 27990 \\ & C_4 & 40.55 \\ & C_5 & 28098 \\ & C_6 & 56.7 \\ & C_7 & 4314.2 \\ & C_8 & 50 \\ & C_9 & 81.4 \\ & C_{10} & 1.57 \\ & C_{11} & 35.92 \\ & C_{12} & 89.4 \\ & C_{13} & 698 \\ & C_{14} & 4 \\ & C_{15} & 62.05 \\ & C_{16} & 1.54 \end{bmatrix}$$

计算结果如表 5-24、表 5-25、表 5-26 所示。$K_j(x_i)$ $(i=1,2,\cdots,16; j=1,2,3,4)$ 表示第 i 个指标对应各等级的关联度。

表 5-24　淮南市土地生态安全评价指标关联度及评价结果

关联度	M_{o1}	M_{o2}	M_{o3}	M_{o4}	等级		
					2010 年	2013 年	2016 年
$K_j(x_1)$	-0.375	-0.063	0.125	-0.318	临界安全	不安全	不安全
$K_j(x_2)$	-0.287	0.327	-0.164	-0.442	一般安全	安全	安全
$K_j(x_3)$	-0.254	0.516	-0.242	-0.495	一般安全	安全	一般安全
$K_j(x_4)$	-0.355	-0.091	0.223	-0.259	临界安全	一般安全	安全
$K_j(x_5)$	-0.487	-0.231	0.462	-0.259	临界安全	一般安全	一般安全
$K_j(x_6)$	-0.363	-0.121	0.32	-0.227	临界安全	一般安全	安全
$K_j(x_7)$	-0.831	-0.747	-0.493	0.493	不安全	不安全	临界安全
$K_j(x_8)$	0.44	-0.56	-0.78	-0.853	安全	不安全	不安全
$K_j(x_9)$	0.13	-0.13	-0.565	-0.783	安全	一般安全	一般安全
$K_j(x_{10})$	0.432	-0.568	-0.784	-0.856	安全	安全	安全
$K_j(x_{11})$	-0.335	-0.003	0.005	-0.333	临界安全	临界安全	临界安全
$K_j(x_{12})$	-0.334	-0.0005	0.001	-0.333	临界安全	不安全	安全
$K_j(x_{13})$	-0.32	0.112	-0.056	-0.371	一般安全	一般安全	一般安全

续表

关联度	M_{o1}	M_{o2}	M_{o3}	M_{o4}	等级		
					2010 年	2013 年	2016 年
$K_j(x_{14})$	−0.065	0.075	−0.463	−0.642	一般安全	一般安全	一般安全
$K_j(x_{15})$	−0.363	−0.121	0.321	−0.226	临界安全	一般安全	临界安全
$K_j(x_{16})$	−0.361	−0.115	0.3	−0.233	临界安全	一般安全	临界安全

表 5-25　EES 因子层关联度及评价结果

年份	综合关联度	M_{o1}	M_{o2}	M_{o3}	M_{o4}	等级
2010	$K_j(M_{2010},E)$	−0.114	0.006	0.049	−0.101	临界安全
	$K_j(M_{2010},E)$	−0.012	−0.11	−0.147	−0.185	安全
	$K_j(M_{2010},S)$	−0.072	−0.004	−0.02	−0.133	一般安全
2013	$K_j(M_{2013},E)$	−0.072	−0.01	−0.115	−0.115	一般安全
	$K_j(M_{2013},E)$	−0.171	−0.102	−0.081	−0.026	不安全
	$K_j(M_{2013},S)$	−0.039	0.023	−0.11	−0.178	一般安全
2016	$K_j(M_{2016},E)$	−0.001	−0.001	−0.16	−0.155	待定
	$K_j(M_{2016},E)$	−0.129	−0.174	−0.113	−0.073	不安全
	$K_j(M_{2016},S)$	−0.065	−0.014	−0.034	−0.133	一般安全

表 5-26　淮南市 2010 年、2013 年、2016 年土地生态安全关联度及评价结果

年份	综合关联度	M_{o1}	M_{o2}	M_{o3}	M_{o4}	等级
2010	$K_j(M_{2010})$	−0.198	−0.108	−0.118	−0.418	一般安全
2013	$K_j(M_{2013})$	−0.282	−0.088	−0.307	−0.319	一般安全
2016	$K_j(M_{2016})$	−0.194	−0.189	−0.307	−0.361	一般安全

　　从表 5-24 来看,2010—2016 年淮南市的经济密度、第三产业占 GDP 的比例、城镇居民年人均可支配收入等指标出现跨等级好转趋势,淮南市的土地生态安全得益于这些指标的支撑作用;但是,GDP 增长率、地质灾害防治投资、工业固废综合利用率等指标出现等级下降趋势,是影响淮南市土地生态安全等级的关键指标;人均 GDP、建成区绿地率、人口密度等指标的评价等级在波动中保持平稳,具有良好的发展潜力,能够为提升淮南市土地生态安全等级发挥作用。

　　从表 5-25 来看,2010—2016 年社会因子评价等级一直处于"一般安全"状态,由 $K_2(M_{2013},S)=0.023>K_2(M_{2010},S)=-0.004>K_2(M_{2016},S)=-0.014$ 知,2013 年社会因子的安全等级最稳定;经济因子评价等级由 2010 年的"临界安全"

转化为 2013 年的"一般安全",最终转化为 2016 年的"一般安全"或"安全"等级,这与淮南市近几年重视发展科技创新驱动力紧密相关;环境因子评价等级从 2010 年的"安全"等级降为 2013 年的"不安全"等级,并且在 2016 年也未实现等级的提升,说明环境因子是影响淮南市土地生态安全改善的一块短板。

从表 5-26 来看,淮南市 2010、2013、2016 年的土地生态安全评价等级都为"一般安全"等级,但综合关联度 $K_2(M_{2010})$、$K_2(M_{2013})$、$K_2(M_{2016})$ 均小于 0,表明所评价的"一般安全"等级非常不稳定。因此,淮南市的土地生态安全状况面临着很大的威胁,需要严加调控。

二、云物元模型

(一) 研究区概况

淮河位于中国东部,介于长江和黄河之间,发源于河南省南阳市桐柏山老鸦叉,干流流经河南、安徽和江苏三省,全长约 1000 千米(其中河南省境内约 364 千米,安徽省境内约 436 千米,江苏省境内约 200 千米)。淮河流域地跨山东、江苏、安徽、河南和湖北五个省份,流域面积约 27 万平方千米。淮河生态经济带战略是按照淮河流域经济规律,打破行政区域规划而形成的跨越我国东中部地区,涉及河南、安徽和江苏三省的一项国家发展战略,能够有效促进淮河流域资源共享。淮河生态经济带的规划范围为淮河干流、一级支流以及下游沂沭泗水系流经的地区,规划面积达 24.3 万平方千米。

安徽省东邻江苏、浙江,北接山东,西有湖北、河南,南有江西,既是承接沿海发达地区经济辐射和产业转移的前沿地带,又是中国实施西部大开发、中部崛起发展战略的桥头堡,具有独特的承东启西、连南接北的区位优势,因而安徽省成为淮河生态经济带的关键节点和重要支撑。淮河生态经济带安徽段位于淮河生态经济带的中部,涉及淮北、亳州、宿州、蚌埠、阜阳、淮南、滁州、六安 8 个地市,面积约为 6.7 万平方千米。淮河生态经济带安徽段的地形类型多样,平原区面积占全省面积 31.3%,大多分布在北部地区;丘陵区面积占全省面积 29.5%,大多分布在南部地区;西南部是大别山区。

(二) 评价指标体系的确立

1. 指标遴选

依据指标体系构建原则和 PSR-NES 模型,参考已有研究成果,结合淮河生态经济带安徽段土地生态系统的实际情况,对土地生态安全评价指标进行初选,共选取 45 项指标(表 5-27)。

表 5-27 初选的土地生态安全评价指标

系统	要素	初选指标
压力	自然压力	人口自然增长率、人均日生活用水量、全社会用电量、单位耕地面积化肥施用量、单位耕地面积农药施用量、单位耕地面积地膜使用量、自然灾害受灾面积比重
	经济压力	单位 GDP 能耗、工业废水排放量、农业经济比重、工业烟尘排放量、工业二氧化硫排放量、一般工业固体废物产生量
	社会压力	城市人口密度、人均住房建筑面积、城镇登记失业率、城镇生活污水排放量
状态	自然状态	人均水资源量、人均公园绿地面积、区域环境噪声平均值、二氧化硫日平均值、森林覆盖率、水土流失比重、人均公共绿地面积
	经济状态	人均 GDP、GDP 增长率、单位土地面积粮食产量、第三产业比重
	社会状态	城镇化率、人均耕地面积、人均城市道路面积、建成区面积
响应	自然响应	建成区绿化覆盖率、水土协调度、节水灌溉面积、耕地有效灌溉率、水土流失治理面积
	经济响应	一般工业固体废物综合利用率、节能环保支出占财政支出比重、经济密度、单位土地面积固定资产投资额
	社会响应	农业机械总动力、城市污水处理率、生活垃圾清运量、工业废水排放达标率

2. 初选指标频度分析及指标体系确立

频度分析法是一种客观的指标选取方法,消除了指标选取过程中存在的主观因素,能够反映专家们对土地生态安全评价指标的共识。指标被选取的频率越高,说明学者们普遍认为该指标与土地生态安全的关联较大,反之,关联较小。本书在CNKI 中文期刊数据库中,键入关键词"土地生态安全""生态安全评价"进行检索,从检索结果中选取 2015—2019 年共 163 篇有关土地生态安全指标体系的研究论文。采用频度分析法统计初选指标在这些论文中被使用的频率,从中选取使用频率较高的指标,依照指标体系构建原则,并结合淮河生态经济带安徽段的实际情况,确定最终的指标体系。

由图 5-20 可知,压力子系统初选指标中共有 15 个指标的使用频率在 20% 以上,其中人口自然增长率的使用频率高于 80%,农业经济比重和自然灾害受灾面积比重的使用频率最低。农业经济比重衡量农业经济在国民经济所占比例,虽然能够表征农业经济发展给土地生态系统带来的潜在压力,但其数据难以获取,统计难度大,因此,农业经济比重不纳入评价指标体系。

(1)压力子系统指标选取。根据初选指标频率分布的高低情况,考虑指标数据的可获得性,本书选取人口自然增长率、人均日生活用水量、全社会用电量、单位耕地面积化肥施用量、单位耕地面积农药施用量、单位耕地面积地膜使用量、单位GDP能耗、工业废水排放量、工业烟尘排放量、工业二氧化硫排放量、一般工业固体废物产生量、城市人口密度、人均住房建筑面积、城镇登记失业率、城镇生活污水排放量作为淮河生态经济带安徽段土地生态系统压力指标。

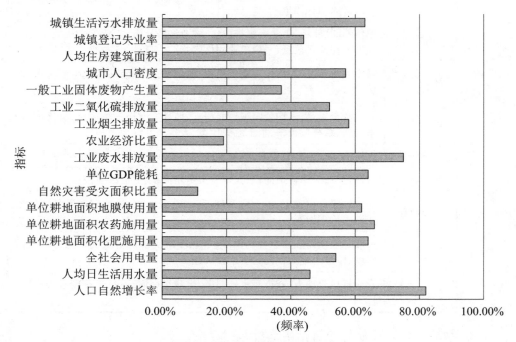

图 5-20　压力子系统初选指标频率分布

（2）状态子系统指标选取。由图 5-21 可知，单位土地面积粮食产量、水土流失比重、二氧化硫日平均值、区域环境噪声平均值的使用频率均小于 20％，城镇化率和人均 GDP 的使用频率大于 80％。频率处于中间的指标中，人均公共绿地面积和人均公园绿地面积在表达含义上存在重复，此处选取使用频率更高的人均公园绿地面积作为评价指标。综合考虑自然、经济、社会三方面因素，本文从状态子系统 15 项初选指标中选定人均水资源量、人均公园绿地面积、森林覆盖率、人均GDP、GDP 增长率、第三产业比重、城镇化率、人均耕地面积、人均城市道路面积、建成区面积等 10 项指标纳入评价指标体系。

（3）响应子系统指标选取。由图 5-22 可知，响应子系统的初选指标数量相对较少，这与响应指标统计难度大，数据较难获取有很大关系。在响应子系统 13 项初选指标中，除了工业废水排放达标率、单位土地面积固定资产投资额、经济密度和水土流失治理面积的使用频率不足 40％，其余指标的使用频率均较高，在指标数据可获取的前提下，选取这些高频率指标作为评价指标。

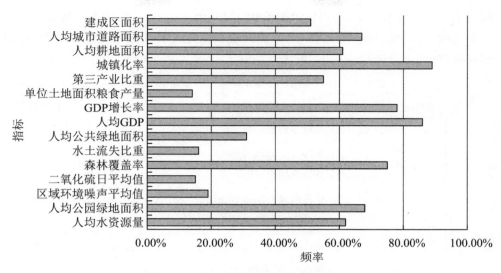

图 5-21　状态子系统初选指标频率分布

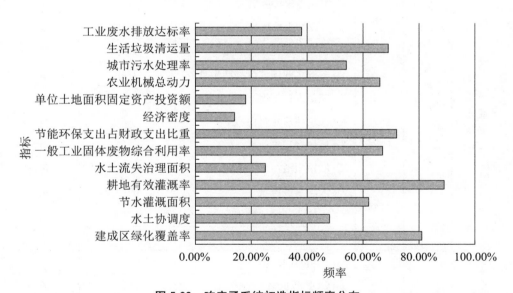

图 5-22　响应子系统初选指标频率分布

因此,本例选取建成区绿化覆盖率、水土协调度、节水灌溉面积、耕地有效灌溉率、一般工业固体废物综合利用率、节能环保支出占财政支出比重、农业机械总动力、城市污水处理率、生活垃圾清运量作为土地生态系统响应指标。

根据评价指标体系构建原则和初选指标频度分析结果,借鉴专家们的相关研究成果,立足淮河生态经济带安徽段土地利用实际情况,并通过理论分析、专家咨询、团队参考等阶段,最终确定 34 项评价指标。鉴于土地生态系统的多层次和复杂性,将评价指标体系由上到下分为目标层、准则层、因素层和指标层。其中,目标层为土地生态安全状况,准则层遵循 PSR 模型,由压力子系统、状态子系统和响应子系统构成,因素层包括自然因素、经济因素和社会因素,指标层则则为选定的 34 项评价指标(表 5-28)。

表 5-28　淮河生态经济带土地生态安全评价指标体系

目标层	准则层	因素层	指标层	单位	指标性质
土地生态系统安全	压力(P)	自然压力	X_1 人口自然增长率	‰	负
			X_2 人均日生活用水量	升/人·天	负
			X_3 全社会用电量	亿千瓦时	负
			X_4 单位耕地面积化肥施用量	kg/hm^2	负
			X_5 单位耕地面积农药施用量	kg/hm^2	负
			X_6 单位耕地面积地膜使用量	kg/hm^2	负
		经济压力	X_7 单位 GDP 能耗	吨标准煤/万元	负
			X_8 工业废水排放量	万吨	负
			X_9 工业烟尘排放量	万吨	负
			X_{10} 工业二氧化硫排放量	万吨	负
			X_{11} 一般工业固体废物产生量	万吨	负
		社会压力	X_{12} 城市人口密度	人/平方千米	负
			X_{13} 人均住房建筑面积	m^2	负
			X_{14} 城镇登记失业率	%	负
			X_{15} 城镇生活污水排放量	万立方米	负
	状态(S)	自然状态	X_{16} 人均水资源量	$m^3/$人	正
			X_{17} 人均公园绿地面积	$m^2/$人	正
			X_{18} 森林覆盖率	%	正
		经济状态	X_{19} 人均 GDP	万元/人	正
			X_{20} GDP 增长率	%	正
			X_{21} 第三产业比重	%	正
		社会状态	X_{22} 城镇化率	%	正
			X_{23} 人均耕地面积	$m^2/$人	正
			X_{24} 人均城市道路面积	m^2	正
			X_{25} 建成区面积	平方千米	正

续表

目标层	准则层	因素层	指标层	单位	指标性质
土地生态系统安全	响应（R）	自然响应	X₂₆ 建成区绿化覆盖率	%	正
			X₂₇ 水土协调度	—	正
			X₂₈ 节水灌溉面积	千公顷	正
			X₂₉ 耕地有效灌溉率	%	正
		经济响应	X₃₀ 一般工业固体废物综合利用率	%	正
			X₃₁ 节能环保支出占财政支出比重	%	正
		社会响应	X₃₂ 农业机械总动力	万千瓦	正
			X₃₃ 城市污水处理率	%	正
			X₃₄ 生活垃圾清运量	万吨	正

注：正指标指标值大，表示土地生态安全状况越好；负指标指标值越小，表示土地生态安全状况越好。

（三）构建云物元模型及划分评价标准

物元模型由事物名称 N、事物特征 c、特征对应的量值 v 组成，用一个有序三元组作为描述事物的基本元，记为 $R=(N,c,v)$。其中，v 表示各指标的界限值或测量值，是一个确定的数据值，而实际情况中，v 可能不确定或有一个相对稳定的范围，具有模糊性和随机性。因此，将云模型引入物元模型中，能够消除事物的双重不确定性，构造云物元模型，弥补物元模型的不足。具体操作步骤如下：

第一步，构造 n 维云物元矩阵。一个事物 N 用 n 个特征 $C_1,C_2,\cdots,C_n$ 及其相应的量值 $v_1,v_2,\cdots,v_n$ 来描述，则其 n 维物元矩阵为

$$\boldsymbol{R} = \begin{bmatrix} N & C_1 & v_1 \\ & C_2 & v_2 \\ & \vdots & \vdots \\ & C_n & v_n \end{bmatrix} \tag{5-27}$$

现在将特征对应的量值 v 用正态云 (E_x,E_n,E_e) 代替，得到 n 维云物元矩阵。

$$\boldsymbol{R}_{cloud} = \begin{bmatrix} N & C_1 & (E_{x1}, & E_{n1}, & H_{e1}) \\ & C_2 & (E_{x2}, & E_{n2}, & H_{e2}) \\ & \vdots & \vdots & \vdots & \vdots \\ & C_n & (E_{xn}, & E_{nn}, & H_{en}) \end{bmatrix} \tag{5-28}$$

第二步，确定标准云物元，类似于物元模型中的经典域。

$$\boldsymbol{R}_{0j} = \begin{bmatrix} M_j & C_1 & (E_{x1}, & E_{n1}, & H_{e1}) \\ & C_2 & (E_{x2}, & E_{n2}, & H_{e2}) \\ & \vdots & \vdots & \vdots & \vdots \\ & C_n & (E_{xn}, & E_{nn}, & H_{en}) \end{bmatrix} \tag{5-29}$$

式中，$\boldsymbol{R}_{0j}$表示评价等级$(j=1,2,\cdots,m)$；M_j为评价等级j下的标准对象；C_i为评价指标$(i=1,2,\cdots,n)$；(E_{xi},E_{ni},E_{ei})为$\boldsymbol{R}_{0j}$关于C_i的标准云模型。

第三步，确定待评价对象P的特征物元模型$\boldsymbol{R}_0$：

$$\boldsymbol{R}_0 = \begin{bmatrix} P & C_1 & v_1 \\ & C_2 & v_2 \\ & \vdots & \vdots \\ & C_n & v_n \end{bmatrix} \tag{5-30}$$

第四步，确定云物元关联函数及关联度。结合城市生态安全评价的特点，根据关联函数计算得出关联度。将确定的指标数值x看作一个云滴，然后产生一个期望值为E_n、标准差为H_e的正态随机数$E_{n'}$，最后计算数值x与该正态云物元之间的关联度k，算式如下：

$$k = \exp\left(-\frac{(x-E_X)^2}{2(E_n')^2}\right) \tag{5-31}$$

准则层关联度计算：

$$k_{mj}(P_m) = \sum_{i=1}^{n} \omega_{ij} k_j(v_i) \tag{5-32}$$

式中$k_{mj}(P_m)$为第i个准则层关于评价等级j的关联度；$k_j(v_i)$为第i个准则层中v_i指标关于评价等级j的关联度；ω_{ij}为相应的指标权重。

综合关联度计算：

$$k_m(P_m) = \sum_{i=1}^{n} \omega_i k_{mj}(P_m) \tag{5-33}$$

式(5-33)表示事物P关于等级j的关联度。评价等级的确定遵循最大隶属度原则，若$k_j = \max k_j(P)$，则待评价对象P的评价等级为j。

本例在对淮河生态经济带安徽段土地生态安全评价标准进行划分时，参考了国家环保总局颁布的《生态县、生态市、生态省建设指标(修订稿)》、国家平均水平、安徽省其他各城市平均水平以及相关研究中的非官方化指标等，最终确定将土地生态安全状况划分为4个等级：Ⅳ级(很不安全)、Ⅲ级(较不安全)、Ⅱ级(临界安全)、Ⅰ级(很安全)，具体的指标划分标准见表5-29。

表5-29　土地生态安全评价等级界限

指标	Ⅳ级	Ⅲ级	Ⅱ级	Ⅰ级
X_1	$(12.5,14.11]$	$(9.5,12.5]$	$(5.5,9.5]$	$(1.69,5.5]$
X_2	$(205.5,233.65]$	$(180.5,205.5]$	$(150.5,180.5]$	$(78.14,150.5]$
X_3	$(140.5,171.47]$	$(90.5,140.5]$	$(55.5,90.5]$	$(26.93,55.5]$
X_4	$(1000,1245.42]$	$(800,1000]$	$(600,800]$	$(330.854,600]$
X_5	$(40,54.2]$	$(30,40]$	$(20,30]$	$(7.485,20]$

续表

指标	IV级	III级	II级	I级
X_6	(15,20.843]	(10,15]	(5,10]	(1.485,5]
X_7	(1.2,1.51]	(0.8,1.2]	(0.4,0.8]	(0.355,0.4]
X_8	(950,10787.06]	(850,950]	(750,850]	(651.12,750]
X_9	(3.5,4.39]	(2.5,3.5]	(1.5,2.5]	(0.314,1.5]
X_{10}	(7,9.918]	(5,7]	(2,5]	(0.44,2]
X_{11}	(2500,3159]	(2000,2500]	(1000,2000]	(127.68,1000]
X_{12}	(3800,4356]	(3000,3800]	(2000,3000]	(1153,2000]
X_{13}	(65,72.26]	(55,65]	(40,55]	(24.13,40]
X_{14}	(3.5,4.3]	(2.5,3.5]	(2,2.5]	(1.53,2]
X_{15}	(12000,15370]	(8000,12000]	(5000,8000]	(2358,5000]
X_{16}	(168.01,1000]	(1000,1500]	(1500,2000]	(2000,2560.65]
X_{17}	(7.03,10]	(10,15]	(15,20]	(20,25.23]
X_{18}	(6.55,15]	(15,25]	(25,35]	(35,49.78]
X_{19}	(0.953,1.5]	(1.5,3]	(3,4]	(4,5.066]
X_{20}	(−7.24,5]	(5,10]	(10,20]	(20,24.14]
X_{21}	(24.7,30]	(30,35]	(35,40]	(40,47.6]
X_{22}	(29.1,35]	(35,45]	(45,55]	(55,67.9]
X_{23}	(461.76,700]	(700,1000]	(1000,1400]	(1400,1754.526]
X_{24}	(7.54,15]	(15,30]	(30,40]	(40,46.4]
X_{25}	(43,60]	(60,90]	(90,120]	(120,149]
X_{26}	(33.02,36]	(36,39]	(39,42]	(42,45.82]
X_{27}	(0.291,1]	(1,2]	(2,2.5]	(2.5,3.005]
X_{28}	(2.41,100]	(100,250]	(250,350]	(350,435.7]
X_{29}	(61.563,80]	(80,100]	(100,120]	(120,134.128]
X_{30}	(40.07,50]	(50,70]	(70,80]	(80,99.97]
X_{31}	(0.903,3]	(3,5]	(5,7]	(7,9.142]
X_{32}	(169.63,400]	(400,600]	(600,800]	(800,985.49]
X_{33}	(62.3,75]	(75,85]	(85,95]	(95,99.95]
X_{34}	(10.08,20]	(20,30]	(30,40]	(40,44]

（四）结果分析

1. 确定标准云及计算等级关联度

将淮河生态经济带安徽段8个城市土地生态安全评价指标的等级界限看作一个双约束空间$[C_{\min}, C_{\max}]$，考虑到约束空间界限值的不确定性，对其进行适度扩展，利用区间与正态云模型的转换关系计算出E_x和E_n：

$$E_x = \frac{C_{\max} + C_{\min}}{2} \tag{5-34}$$

$$E_n = \frac{C_{\max} - C_{\min}}{6} \tag{5-35}$$

$$H_e = s \tag{5-36}$$

式（5-36）中s为常数，能够结合相应指标模糊性和随机性进行调整，通过计算可得出土地生态安全评价指标的标准云模型(E_{xi}, E_{ni}, E_{ei})，考虑篇幅有限，此处不再列出。分别计算出淮河生态经济带安徽段2010—2018年综合土地生态安全等级关联度和准则层土地生态安全等级关联度，按照最大隶属度原则，最终确定出相应的土地生态安全等级，等级评价结果如表5-30所示。

表 5-30   淮河生态经济带安徽段等级关联度计算结果

年份	准则层	等级关联度				等级
		Ⅰ级	Ⅱ级	Ⅲ级	Ⅳ级	
2010	压力	0.153	0.207	**0.564**	0.418	Ⅲ级
	状态	0.129	0.359	0.409	**0.437**	Ⅳ级
	响应	0.114	0.271	0.511	**0.612**	Ⅳ级
	综合	0.133	0.287	0.453	**0.539**	Ⅳ级
2011	压力	0.227	0.358	**0.497**	0.312	Ⅲ级
	状态	0.195	0.379	0.391	**0.404**	Ⅳ级
	响应	0.207	0.415	0.442	**0.525**	Ⅳ级
	综合	0.212	0.384	0.433	**0.423**	Ⅳ级
2012	压力	0.235	**0.503**	0.481	0.491	Ⅱ级
	状态	0.246	0.332	**0.462**	0.324	Ⅲ级
	响应	0.252	0.409	**0.547**	0.298	Ⅲ级
	综合	0.241	0.429	**0.501**	0.347	Ⅲ级

年份	准则层	等级关联度				等级
		Ⅰ级	Ⅱ级	Ⅲ级	Ⅳ级	
2013	压力	0.182	0.402	0.426	**0.544**	Ⅳ级
	状态	0.255	0.378	**0.418**	0.354	Ⅲ级
	响应	0.335	0.458	**0.507**	0.212	Ⅲ级
	综合	0.261	0.417	0.405	**0.459**	Ⅳ级
2014	压力	0.201	0.348	0.432	**0.443**	Ⅳ级
	状态	0.247	0.387	**0.402**	0.334	Ⅲ级
	响应	0.384	**0.534**	0.498	0.343	Ⅱ级
	综合	0.285	0.434	**0.445**	0.352	Ⅲ级
2015	压力	0.229	0.357	**0.408**	0.231	Ⅲ级
	状态	0.381	0.327	**0.399**	0.146	Ⅲ级
	响应	0.471	**0.554**	0.461	0.292	Ⅱ级
	综合	0.426	**0.491**	0.424	0.203	Ⅱ级
2016	压力	0.363	**0.377**	0.271	0.193	Ⅱ级
	状态	**0.418**	0.383	0.274	0.271	Ⅰ级
	响应	**0.492**	0.362	0.358	0.172	Ⅰ级
	综合	**0.426**	0.368	0.316	0.198	Ⅰ级
2017	压力	0.209	**0.381**	0.378	0.361	Ⅱ级
	状态	0.357	**0.374**	0.365	0.214	Ⅱ级
	响应	**0.582**	0.579	0.428	0.164	Ⅰ级
	综合	0.396	**0.486**	0.391	0.227	Ⅱ级
2018	压力	0.267	0.374	**0.412**	0.367	Ⅲ级
	状态	0.371	**0.388**	0.355	0.197	Ⅱ级
	响应	**0.563**	0.554	0.349	0.197	Ⅰ级
	综合	0.394	**0.479**	0.367	0.288	Ⅱ级

2. 土地生态安全时序演变分析

（1）准则层土地生态安全时序演变分析

根据淮河生态经济带安徽段等级关联度计算结果，绘制出研究区 2010—2018 年的准则层土地生态安全等级演变雷达图（图 5-23）和准则层土地生态安全等级关联度变化趋势图（图 5-24、图 5-25、图 5-26）。

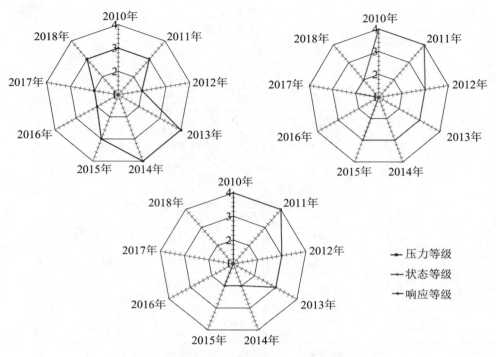

图 5-23　准则层土地生态安全等级演变雷达图

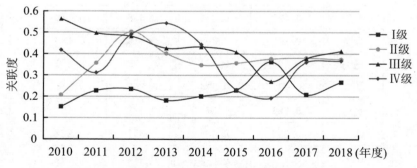

图 5-24　压力准则层土地生态安全等级关联度变化趋势

　　从压力准则层的土地生态安全状况演变趋势来看(图 5-23 和图 5-24),2010—2018 年该准则层土地生态安全等级先升高再下降,又重复升高、下降,总体呈"M"型波动态势,共经历了Ⅳ级、Ⅲ级和Ⅱ级三个等级。2010 年、2011 年安徽段压力准则层土地生态安全均为Ⅲ级,但该时限内Ⅲ级的关联度呈现逐年下降态势,说明土地生态安全压力在下一年某时期可能脱离该等级,土地生态压力有所减轻;2012 年压力土地生态安全等级跃升为Ⅱ级,此时压力土地生态安全与Ⅱ级的关联度达到峰值;2013 年、2014 年压力土地生态安全等级由Ⅱ级下降到Ⅳ级,2015—2017 年压力土地生态安全等级出现好转,且 2016 年和 2017 年维持在Ⅱ级,2017—2018 年压力准则层对应Ⅱ级的关联度略微下降,2018 年压力土地生态安全等级回落到Ⅳ级。

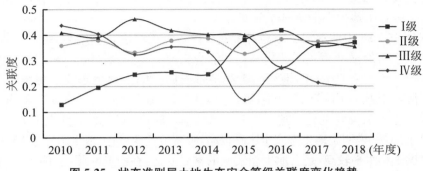

图 5-25　状态准则层土地生态安全等级关联度变化趋势

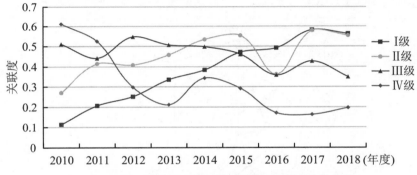

图 5-26　响应准则层土地生态安全等级关联度变化趋势

从状态准则层的土地生态安全状况演变趋势来看(图 5-23 和图 5-25),状态准则层的土地生态安全演变趋势可分为两个阶段:一是 2010—2016 年,该阶段土地生态安全等级处于缓慢上升期,从 2010 年的Ⅳ级上升到 2016 年的Ⅰ级。由图 5-25可以清晰地看出,该时期内状态准则层对应Ⅰ级的关联度趋势线呈上升态势,在 2016 年达到峰值。其余三个等级的关联度趋势线波动性较大,对比 2010 年与 2016 年,其关联度均有所下降,说明状态准则层的土地生态安全水平有向好的态势。二是 2016—2018 年,该阶段土地生态安全等级从Ⅰ级下降到Ⅱ级,Ⅱ级的关联度最大,Ⅳ级的关联度最低且呈下降趋势,说明该时期内土地生态安全状态良好。

从响应准则层的土地生态安全状况演变趋势来看(图 5-23 和图 5-26),响应准则层土地生态安全等级呈逐年上升态势,尤其在 2013 年以后,等级提高速度最快,在 2016—2018 年连续三年处于Ⅰ级水平。从图 5-26 可以看出,Ⅰ级关联度由2010 年的最低点上升到 2018 年的最高点,Ⅳ级关联度由研究初期的最大值下降为最小值,说明人们已经意识到土地生态安全的重要性,越来越重视土地生态安全问题,竭力保护土地生态安全,从自然、经济和社会三个层面均做出维护土地生态安全的响应活动,建成区绿化覆盖率、节能环保支出占财政支出比重、城市污水处理率等指标值的提高,都对响应准则层土地生态安全等级的上升起到推动作用。

（2）综合土地生态安全时序演变分析

根据表 5-26 中的淮河生态经济带安徽段等级关联度计算结果,绘制出综合土地生态安全等级演变雷达图（图 5-27）和综合土地生态安全等级关联度变化趋势图（图 5-28）。2010—2018 年,淮河生态经济带安徽段的土地生态安全等级经历“上升—下降—上升—下降”的演变态势,总体变化呈“M”型曲线。研究时限内,土地生态安全Ⅰ级的关联度先快速上升后略微下降,从 2010 年的最低点上升至 2018 年的排名第二,说明土地生态安全水平提高,脱离最低等级;土地生态安全Ⅱ级和Ⅲ级的关联度平均水平较高,是土地生态安全的常见状态,在研究时限内,两者等级关联度变化较为曲折,但数值波动不大,最终Ⅱ级关联度排名上升至第一,Ⅲ级关联度有所下降;土地生态安全Ⅳ级的关联度呈“W”型波动趋势,总体下降幅度最大。

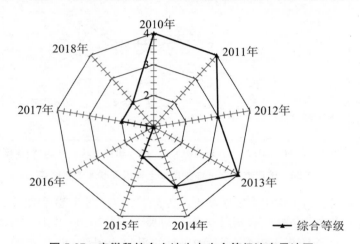

图 5-27　安徽段综合土地生态安全等级演变雷达图

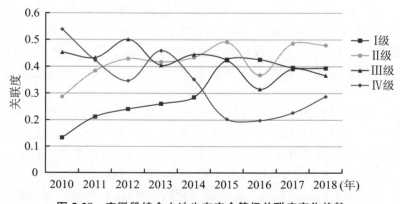

图 5-28　安徽段综合土地生态安全等级关联度变化趋势

2010 年是"十一五"规划的最后一年,京沪高铁安徽段(经过宿州、蚌埠、滁州三市)和阜阳汽贸物流园项目扎实推进,青阜铁路和皖北煤电线营孜煤矿项目如期建成,淮南煤化一体化项目启动建设,淮河生态经济带安徽段经济稳健运行,发展势头向好,但单位 GDP 能耗、工业污染物排放量、城市生活污水等给土地生态安全带来较多压力,人们一味追求经济的快速发展从而忽视土地生态环境问题,未对土地生态系统做出响应活动。此时,土地生态安全等级关联度大小依次为Ⅳ级、Ⅲ级、Ⅱ级和Ⅰ级,土地生态安全处于最低水平,安全等级为Ⅳ级。

2011—2015 年是"十二五"规划期间,淮河生态经济带安徽段全面贯彻党的十八大和十八届三中、四中、五中全会精神,这五年经济持续增长,经济发展重心从速度向质量转移,出台促进经济健康发展政策,严守耕地保护红线,实施千万亩森林增长工程,加快转变农业发展方式,开展粮食绿色增产模式攻关,各市加强对土壤、水、大气和重金属等的污染防治,土地生态环境质量持续改善。该阶段初期,由于土地生态系统负荷增加,人们对土地生态环境重视度不够,土地生态安全等级先上升又快速下降;中后期,土地生态安全问题频发,制约区域经济健康可持续发展,因此各市扎实推进生态保护,大幅提升绿色发展行动力,土地生态安全等级于 2015 年提高至Ⅱ级。

2016—2018 年是"十三五"规划的前三年,淮河生态经济带安徽段深入推进供给侧结构性改革,经济平稳健康发展,引江济淮工程全面展开,旨在改善淮河水生态环境,有利于协调淮河生态经济带安徽段水资源与土地资源,提高土地生产潜力。此外,淮河生态经济带安徽段全面打好污染防治攻坚战,加强环境执法,大力排查清理"散乱污"企业,有效整治自然保护区、开发区、风景名胜区涉生态环保问题。该阶段,土地生态安全等级已稳定在雷达图内圈,2016 年为Ⅰ级,2017 和 2018 年维持在Ⅱ级,土地生态环境复杂多变,短期内难以改善至最佳水平。从生态安全等级关联度来看,Ⅱ级和Ⅰ级的关联度已占上风,安全等级有持续向好的趋势。

3. 土地生态安全空间演变分析

选取 2010 年、2015 年、2018 年三个时间节点对淮河生态经济带安徽段 8 地市进行土地生态安全动态评价,评价结果如表 5-31、5-32、5-33 所示。

表 5-31　2010 年安徽段 8 地市等级关联度计算及等级评价结果

城市	准则层	等级关联度				等级
		Ⅰ级	Ⅱ级	Ⅲ级	Ⅳ级	
淮北	压力	0.183	0.208	0.348	**0.408**	Ⅳ级
	状态	0.127	0.224	0.309	**0.325**	Ⅳ级
	响应	0.274	0.305	0.346	**0.421**	Ⅳ级
	综合	0.211	0.263	0.329	**0.397**	Ⅳ级

续表

城市	准则层	等级关联度				等级
		Ⅰ级	Ⅱ级	Ⅲ级	Ⅳ级	
亳州	压力	0.188	0.254	**0.336**	0.313	Ⅲ级
	状态	0.291	0.377	0.407	**0.426**	Ⅳ级
	响应	0.237	0.115	**0.388**	0.265	Ⅲ级
	综合	0.206	0.283	**0.372**	0.323	Ⅲ级
宿州	压力	0.206	0.335	**0.466**	0.405	Ⅲ级
	状态	0.134	0.273	0.361	**0.471**	Ⅳ级
	响应	0.178	0.205	0.293	**0.394**	Ⅳ级
	综合	0.167	0.264	0.356	**0.416**	Ⅳ级
蚌埠	压力	0.203	0265	**0.379**	0.312	Ⅲ级
	状态	0.279	0.304	**0.348**	0.325	Ⅲ级
	响应	0.117	0.208	0.411	**0.425**	Ⅳ级
	综合	0.232	0.254	**0.389**	0.361	Ⅲ级
阜阳	压力	0.158	0.237	0.446	**0.452**	Ⅳ级
	状态	0.146	0.245	0.372	**0.455**	Ⅳ级
	响应	0.119	0.373	**0.415**	0.263	Ⅲ级
	综合	0.133	0.312	**0.423**	0.364	Ⅲ级
淮南	压力	0.258	0.396	0.423	**0.523**	Ⅳ级
	状态	0.208	0.276	0.335	**0.462**	Ⅳ级
	响应	0.061	0.194	0.364	**0.459**	Ⅳ级
	综合	0.166	0.214	0.362	**0.474**	Ⅳ级
滁州	压力	0.217	**0.378**	0.235	0.126	Ⅱ级
	状态	0.153	**0.391**	0.303	0.221	Ⅱ级
	响应	0.115	0.427	**0.456**	0.235	Ⅲ级
	综合	0.172	**0.385**	0.314	0.204	Ⅱ级
六安	压力	0.224	**0.351**	0.299	0.201	Ⅱ级
	状态	0.237	**0.387**	0.255	0.136	Ⅱ级
	响应	0.294	0.424	**0.435**	0.382	Ⅲ级
	综合	0.243	**0.373**	0.321	0.248	Ⅱ级

表 5-32 2015 年安徽段 8 地市等级关联度计算及等级评价结果

城市	准则层	等级关联度				等级
		Ⅰ级	Ⅱ级	Ⅲ级	Ⅳ级	
淮北	压力	0.254	0.262	0.331	**0.358**	Ⅳ级
	状态	0.203	0.311	0.379	**0.424**	Ⅳ级
	响应	0.235	**0.317**	0.302	0.271	Ⅱ级
	综合	0.224	0.293	**0.347**	0.338	Ⅲ级
亳州	压力	0.242	**0.374**	0.283	0.354	Ⅱ级
	状态	0.329	**0.381**	0.293	0.278	Ⅱ级
	响应	0.374	**0.407**	0.315	0.346	Ⅱ级
	综合	0.307	**0.382**	0.291	0.305	Ⅱ级
宿州	压力	0.352	0.367	**0.451**	0.339	Ⅲ级
	状态	0.287	**0.398**	0.243	0.304	Ⅱ级
	响应	0.328	0.337	**0.363**	0.274	Ⅲ级
	综合	0.311	**0.403**	0.382	0.294	Ⅱ级
蚌埠	压力	0.233	0.491	**0.593**	0.328	Ⅲ级
	状态	0.264	**0.328**	0.283	0.136	Ⅱ级
	响应	0.313	**0.483**	0.307	0.272	Ⅱ级
	综合	0.256	**0.476**	0.361	0.265	Ⅱ级
阜阳	压力	0.234	0.385	**0.489**	0.379	Ⅲ级
	状态	0.173	0.329	**0.362**	0.230	Ⅲ级
	响应	0.191	0.226	**0.337**	0.183	Ⅲ级
	综合	0.214	0.311	**0.371**	0.250	Ⅲ级
淮南	压力	0.183	0.269	**0.354**	0.164	Ⅲ级
	状态	0.364	0.411	0.132	**0.471**	Ⅳ级
	响应	0.133	**0.406**	0.316	0.247	Ⅱ级
	综合	0.268	0.342	**0.385**	0.310	Ⅲ级
滁州	压力	0.164	**0.294**	0.026	0.228	Ⅱ级
	状态	0.052	**0.286**	0.193	0.148	Ⅱ级
	响应	0.174	**0.195**	0.104	0.036	Ⅱ级
	综合	0.137	**0.233**	0.128	0.174	Ⅱ级

续表

城市	准则层	等级关联度				等级
		Ⅰ级	Ⅱ级	Ⅲ级	Ⅳ级	
六安	压力	0.236	**0.325**	0.283	0.185	Ⅱ级
	状态	**0.297**	0.203	0.196	0.218	Ⅰ级
	响应	0.224	**0.304**	0.273	0.135	Ⅱ级
	综合	**0.362**	0.293	0.236	0.172	Ⅰ级

表 5-33　2018 年安徽段八地市等级关联度计算及等级评价结果

城市	准则层	等级关联度				等级
		Ⅰ级	Ⅱ级	Ⅲ级	Ⅳ级	
淮北	压力	0.153	0.192	**0.382**	0.291	Ⅲ级
	状态	0.052	0.107	**0.297**	0.208	Ⅲ级
	响应	0.139	**0.281**	0.316	0.112	Ⅱ级
	综合	0.103	0.195	**0.304**	0.214	Ⅲ级
亳州	压力	0.237	0.294	**0.325**	0.163	Ⅲ级
	状态	0.134	**0.253**	0.197	0.212	Ⅱ级
	响应	0.346	**0.361**	0.274	0.158	Ⅱ级
	综合	0.249	**0.302**	0.295	0.171	Ⅱ级
宿州	压力	0.247	0.252	**0.484**	0.375	Ⅲ级
	状态	0.153	0.285	**0.375**	0.105	Ⅲ级
	响应	0.136	**0.293**	0.281	0.164	Ⅱ级
	综合	0.193	0.261	**0.396**	0.215	Ⅲ级
蚌埠	压力	0.186	**0.472**	0.328	0.163	Ⅱ级
	状态	0.264	**0.363**	0.285	0.303	Ⅱ级
	响应	**0.369**	0.247	0.121	0.162	Ⅰ级
	综合	0.284	**0.358**	0.247	0.244	Ⅱ级
阜阳	压力	0.173	0.188	**0.285**	0.185	Ⅲ级
	状态	0.174	0.284	**0.352**	0.152	Ⅲ级
	响应	0.106	**0.292**	0.231	0.129	Ⅱ级
	综合	0.114	0.223	**0.296**	0.155	Ⅲ级

城市	准则层	等级关联度				等级
		Ⅰ级	Ⅱ级	Ⅲ级	Ⅳ级	
淮南	压力	0.215	0.198	0.304	**0.393**	Ⅳ级
	状态	0.124	0.261	**0.285**	0.273	Ⅲ级
	响应	**0.272**	0.181	0.205	0.197	Ⅰ级
	综合	0.191	0.203	**0.356**	0.266	Ⅲ级
滁州	压力	0.173	**0.273**	0.291	0.184	Ⅱ级
	状态	0.319	**0.345**	0.137	0.093	Ⅱ级
	响应	**0.306**	0.258	0.146	0.123	Ⅰ级
	综合	**0.293**	0.277	0.210	0.136	Ⅰ级
六安	压力	0.074	0.167	**0.363**	0.205	Ⅲ级
	状态	0.177	**0.295**	0.141	0.136	Ⅱ级
	响应	**0.281**	0.243	0.115	0.172	Ⅰ级
	综合	0.211	**0.214**	0.206	0.157	Ⅱ级

（1）准则层土地生态安全空间演变分析

2010年，压力准则层土地生态安全等级最高达到Ⅱ级，有六安和滁州两市；其次为Ⅲ级，有亳州、蚌埠和宿州三市；最后为Ⅳ级，有阜阳、淮南和淮北三市。主要原因是阜阳的人口自然增长率、单位耕地面积农药施用量，淮南和淮北的工业烟尘排放量、工业二氧化硫排放量等指标值偏高，因而阜阳、淮南和淮北三市的土地生态压力大，安全等级最低。2015年较2010年，亳州的评价等级上升为Ⅱ级，阜阳和淮南上升为Ⅲ级，淮北、宿州、蚌埠、六安和滁州各市未发生变化。主要由于亳州和阜阳的单位耕地面积化肥施用量、单位耕地面积农药施用量和单位GDP能耗，淮南的工业烟尘排放量、工业二氧化硫排放量等指标值均出现不同程度的降低。2018年，淮北的评价等级上升为Ⅲ级，蚌埠上升为Ⅱ级，淮南下降为Ⅳ级，六安和亳州下降为Ⅲ级，宿州、滁州和阜阳三市未发生变化。主要因为淮北的城市人口密度、人均住房建筑面积，蚌埠的人口自然增长率、城市人口密度、城镇生活污水排放量等指标值有所降低。六安的人均日生活用水量和单位耕地面积地膜使用量，亳州的全社会用电量、城市人口密度和城镇生活污水排放量等指标值增加。

2010年，状态准则层土地生态安全等级最高达到Ⅱ级，有六安和滁州两市；其次为Ⅲ级，只有蚌埠市；最后为Ⅳ级，有阜阳、淮南、亳州、淮北和宿州五市。主要因为六安和滁州的人均公园绿地面积、森林覆盖率、人均耕地面积等状态指标值偏高。2015年，宿州、蚌埠和亳州的评价等级上升为Ⅱ级，阜阳上升为Ⅲ级，六安上升为Ⅰ级，淮北、淮南和滁州三市未发生变化。主要由于各市的经济状态指标值均大幅增加,此外宿州的城镇化率、蚌埠的建成区面积、亳州和阜阳的人均水资源量等指标值有所改善。2018 年,淮北和淮南的评价等级上升为Ⅲ级,六安下降为Ⅱ级,宿州下降为Ⅲ级,亳州、蚌埠、滁州和阜阳未发生变化。主要因为六安和宿州的人均 GDP、城镇化率指标值偏低,淮南和淮北的人均公园绿地面积指标值增加。

2010 年,响应准则层土地生态安全等级最高达到Ⅲ级,有六安、阜阳、亳州和滁州四市;其次为Ⅳ级,有宿州、淮北、蚌埠和淮南四市。可以看出,2010 年淮河生态经济带安徽段对土地生态安全的响应程度较差,响应层安全等级普遍偏低。2015 年,宿州的评价等级上升为Ⅲ级,六安、亳州、淮北、淮南、蚌埠和滁州上升为Ⅱ级,阜阳市未发生变化。主要因为在生态文明建设的背景下,各市对土地生态安全问题引起重视,城市污水处理率、生活垃圾清运量、建成区绿化覆盖率、耕地有效灌溉率等指标状况得到改善。2018 年,阜阳和宿州的评价等级上升为Ⅱ级,六安、淮南、蚌埠和滁州上升为Ⅰ级,亳州和淮北未发生变化。此时,淮河生态经济带安徽段的响应层土地生态安全等级明显提高,响应层土地生态安全状况较优。

(2)综合土地生态安全空间演变分析

2010 年,淮河生态经济带安徽段综合土地生态安全等级最高达到Ⅱ级,有六安和滁州两市;其次为Ⅲ级,有阜阳、亳州和蚌埠三市;最后为Ⅳ级,有宿州、淮北和淮南三市。这主要因为,2010 年六安市"十一五"规划取得圆满收官,实现生产总值增长 13.7%,耕地保护得到加强,连续 14 年实现耕地占补平衡,扎实开展生态市建设,治理水土流失面积达 153 平方公里,造林面积达 10.6 万亩,土地生态环境质量稳中趋优;2010 年滁州市建成区绿化面积 4531 公顷,比上年增加 1260 公顷,全年环境污染治理投资 1.60 亿元,比上年增加 19.6%,工业二氧化硫排放量 1.72 万吨,比上年下降 1.9%,城镇生活污水处理率 84.6%,比上年提高 0.9 个百分点,城市集中饮用水源水质达标率 100%,年单位生产总值耗能比上年下降 4.01%,其土地生态安全等级偏高得益于全市生态环境保护的积极推进;阜阳是人口大市,经济发展缓慢,淮南和淮北为重要能源城市,工业污染物排放量大,空气质量差,这三市的土地生态安全等级最低。

2015 年,淮南和淮北的评价等级上升为Ⅲ级,亳州、蚌埠和宿州上升为Ⅱ级,六安上升为Ⅰ级,阜阳和滁州未发生变化。主要由于淮南有序推进西部城区环境整治和国家森林城市建设,扎实开展"千万亩森林增长工程"和"三线三边"绿化提升行动,成片造林面积总计 1.95 万亩;淮北实施城市增绿提升工程和森林增长工程,新增城镇绿地 193 万平方米,完成造林绿化 3.1 万亩,森林覆盖率达到 20.7%;亳州补充耕地 1043.2 公顷,基本农田保护面积 52.8 万公顷;蚌埠在"十二五"期间,深入实施千万亩森林增长工程、绿满珠城行动,成片造林面积达 47.5 万亩,是"十一五"的近 6 倍,新增、改造绿地 924 万平方米;宿州连续十七年实现耕地占补平衡,新造林 12 万亩;六安积极实施绿色发展战略,节约集约用地水平不断提升,实施森林增长工程 113 万亩。土地生态文明建设的切实加强,对土地生态安全等级有明显促进作用。

2018 年,宿州的评价等级下降为Ⅲ级,滁州上升为Ⅰ级,六安下降为Ⅱ级,阜阳、淮南、亳州、蚌埠和淮北未发生变化。宿州泗水镇航运公司码头露天堆放约1000 吨建筑垃圾,遭生态环境部点名,固体废物堆置,其中的有害组分容易污染土壤,对土地生态安全威胁极大;六安虽然土地生态安全等级出现下降,但土地生态安全状况仍维持在较高水平,六安的主要经济来源为原有农业储量资源,其他产业发展尚未完善,经济发展较为缓慢,难以稳定土地生态安全等级。

根据土地生态安全等级空间演变趋势,淮河生态经济带安徽段 8 地市的生态安全状况可分为两种类型:六安、滁州、亳州和蚌埠为稳中趋优型,阜阳、淮南、宿州和淮北为曲折缓进型。从空间分布来看,淮河生态经济带安徽段南端城市的土地生态安全水平明显优于北端城市。

4. 土地生态安全阻力分析

在区域土地生态安全评价过程中,不仅要对区域土地生态安全状况进行评估,更需要寻找影响土地生态安全的阻力因子,以便有针对性地对区域土地生态环保政策进行制定与调整。因此,本例将阻力诊断模型引入区域土地生态安全评价,进一步对区域土地生态安全进行病理诊断。计算公式如下:

$$F_j = W_r \cdot W_j \tag{5-37}$$

$$I_{ij} = 1 - v_{ij} \tag{5-38}$$

$$y_{ij} = (F_j \cdot I_{ij} / \sum_{j=1}^{n} F_j \cdot I_{ij}) \times 100\% \tag{5-39}$$

$$Y_r = \sum y_{ij} \tag{5-40}$$

式中,F_j 为因子贡献度,表示单项指标对总目标的影响程度;I_{ij} 为指标偏离度,表示单项指标评估值与 100% 之差;y_{ij} 和 Y_r 分别为单项指标和各准则层指标对评价对象的阻力值,是阻力诊断的目标和结果;v_{ij} 为各指标的标准化值,W_j 表示单项指标权重,W_r 表示该指标所属的准则层权重。根据 y_{ij} 和 Y_r 的大小排序可以分别确定区域土地生态安全指标层和准则层阻力因子主次关系及阻力值强弱程度。

根据公式(5-40),计算得出 2018 年淮河生态经济带安徽段各地市土地生态安全指标的阻力值,鉴于指标层因子较多,仅筛选前 5 个阻力值最大的指标(累计阻力值超过 40%),即影响淮河生态经济带安徽段土地生态安全的主要生态阻力因子,结果如表 5-34 所示。

2018 年,淮北市的土地生态安全阻力因子分别为节能环保支出占财政支出比重、建成区绿化覆盖率、城市人口密度、单位耕地面积农药施用量、人均公园绿地面积;亳州市的土地生态安全阻力因子分别为城市人口密度、城镇生活污水排放量、工业废水排放量、工业烟尘排放量、GDP 增长率;宿州市的土地生态安全阻力因子分别为一般工业固体废物产生量、单位耕地面积地膜使用量、森林覆盖率、单位耕地面积化肥施用量、城镇化率;蚌埠市的土地生态安全阻力因子分别为城镇化率、人均水资源量、单位 GDP 能耗、人均住房建筑面积、水土协调度;阜阳市的土地生态安全阻力因子分别为人口自然增长率、单位耕地面积化肥施用量、GDP 增长率、城镇登记失业率、耕地有效灌溉率;淮南市的土地生态安全阻力因子分别为人均城市道路面积、工业废水排放量、城镇生活污水排放量、人均公园绿地面积、建成区绿化覆盖率;滁州市的土地生态安全阻力因子分别为人均日生活用水量、人均住房建筑面积、第三产业比重、工业烟尘排放量、水土协调度;六安市的土地生态安全阻力因子分别为 GDP 增长率、人均城市道路面积、人均 GDP、工业废水排放量、耕地有效灌溉率。

表 5-34　2018 年安徽段 8 地市土地生态安全主要阻力因子及阻力值(%)

城市	阻力因子(阻力值)				
	1	2	3	4	5
淮北	X_{31}(15.28)	X_{26}(9.91)	X_{12}(9.44)	X_5(8.77)	X_{17}(8.43)
亳州	X_{12}(10.30)	X_{15}(9.55)	X_8(8.82)	X_9(7.21)	X_{20}(6.80)
宿州	X_{11}(13.73)	X_6(12.56)	X_{18}(12.35)	X_4(9.12)	X_{22}(8.15)
蚌埠	X_{22}(12.52)	X_{16}(10.04)	X_7(9.53)	X_{13}(7.28)	X_{27}(7.03)
阜阳	X_1(13.21)	X_4(10.25)	X_{20}(9.49)	X_{14}(9.38)	X_{29}(8.63)
淮南	X_{24}(14.72)	X_8(14.14)	X_{15}(9.83)	X_{17}(9.02)	X_{26}(8.64)
滁州	X_2(13.93)	X_{13}(9.72)	X_{21}(9.48)	X_9(9.16)	X_{27}(8.75)
六安	X_{20}(12.65)	X_{24}(9.98)	X_{19}(9.91)	X_8(9.57)	X_{29}(8.08)

从主要阻力因子的阻力值大小来看,2018 年安徽段 8 地市土地生态安全阻力值超过 10% 的主要阻力因子有:① 淮北为节能环保支出占财政支出比重(15.28%),增加节能环保投资对于改善土地生态安全有重要作用。② 亳州为城市人口密度(10.30%),城市人口密度增加导致土地资源需求量激增,土地生态系统负荷变大。③ 宿州为一般工业固体废物产生量(13.73%)、单位耕地面积地膜使用量(12.56%)、森林覆盖率(12.35%),原因是一般工业固体废物利用率低,导致工业固体废物产生量大,威胁土地生态安全;十三五以来,随着生态农业的推广和土地保护计划的实施,耕地地膜使用压力正在缓解,但压力依旧很大;由于山地的不合理开发,森林被过度砍伐,导致森林覆盖率偏低。④ 蚌埠为城镇化率(12.52%)、人均水资源量(10.04%),城镇化进程过高或过低都会影响土地生态系统的平衡,人口规模增大和淡水资源储量减少,是人均水资源量不足的主要原因,

水体污染、工业用水循环技术落后和地下水过度开采等问题都会阻碍土地生态安全水平的提升。⑤ 阜阳人口自然增长率（13.21%）、单位耕地面积化肥施用量（10.25%），2018 年阜阳市常住人口数量庞大，在全省排名第一，严重增加土地生态系统的负担，生态农业执行不彻底，耕地化肥施用量对土壤安全构成威胁。⑥ 淮南为人均城市道路面积（14.72%）、工业废水排放量（14.14%），淮南是重要能源城市，煤矿的大量开采导致地面塌陷严重，多处路段坍塌，人均城市道路面积减少，引发土地生态安全问题。⑦ 滁州为人均日生活用水量（13.93%），居民用水问题与土地生态系统息息相关。⑧ 六安为 GDP 增长率（12.65%），经济是解决土地生态安全问题的重要支撑，六安市以种植业、畜牧业为主，经济基础薄弱，经济发展缓慢，从而 GDP 增长率成为土地生态安全的首要阻力因子。

从主要生态阻力因子所属准则层来看，淮北的第一位、第二位阻力因子来自响应层，第三位、第四位阻力因子来自压力层，第五位阻力因子来自状态层；亳州的前四位阻力因子均来自压力层，第五位阻力因子来自状态层；宿州市的第一、二、四位阻力因子来自压力层，第三、五位阻力因子来自状态层；蚌埠的第一、二位阻力因子来自状态层，第三、四位阻力因子来自压力层，第五位阻力因子来自响应层；阜阳的第一、二、四位阻力因子来自压力层，第三位阻力因子来自状态层，第五位阻力因子来自响应层；淮南的第一、四位阻力因子来自状态层，第二、三位阻力因子来自压力层，第五位阻力因子来自响应层；滁州的第一、二、四位阻力因子来自压力层，第三位阻力因子来自状态层，第五位阻力因子来自响应层；六安的第一、二、三位阻力因子来自状态层，第四位阻力因子来自压力层，第五位阻力因子来自响应层。综上所述，8 地市的阻力因子大多来自压力准则层，说明压力层指标是限制土地生态安全等级提升的关键影响因素。其中，亳州、宿州、阜阳、滁州 4 市超过半数的主要阻力因子来自压力层，因而这四市需要增强土地生态系统的抗压能力，重点关注压力层指标的发展动态，实时调控其安全水平。六安的主要阻力因子较多来自状态层，唯一压力指标 GDP 增长率为首要阻力因子，符合六安 GDP 排名近年来处于安徽省GDP 排名中下游，经济水平欠佳的实际情况，六安作为合肥经济圈副中心城市和大别山区域中心城市，具有独特的战略地位，经济发展潜力巨大，因而六安应该抓住机遇，快速带动经济发展，其土地生态安全状态指标也必定会跌出主要阻力因子序列。淮北、蚌埠和淮南三市的主要阻力因子较为平均地分布在压力、状态和响应准则层，其中淮北的响应层指标较多阻碍土地生态安全等级提高，原因是淮北的城市建成区绿化覆盖面积较小，节能环保支出投入不足。

第六节　其他模型在生态安全评价和预警中的应用

一、云模型

(一) 研究区概况及数据来源

安徽省地貌类型丰富,包括平原、丘陵、台地(岗地)、山地等多种类型,可将其分成淮河平原区、江淮台地丘陵区、皖南丘陵山地区、皖西丘陵山地区和沿江平原区等五个地貌区。全省水资源总量约 680 亿立方千米,其中淮河水系 6.69 万平方千米,长江水系 6.6 万平方千米,钱塘江水系 0.65 万平方千米。全省已发现的矿种为 161 种(含亚矿种),查明资源储量的矿种 125 种(含亚矿种),其中能源矿种 6 种,金属矿种 23 种,非金属矿种 94 种,水气矿种 2 种。

据安徽省 2018 年国民经济与社会发展统计公报显示,全省空气质量优良率为 71%,PM2.5 年均浓度为 49 微克/立方米,平均酸雨频率为 7.4%,降水 pH 年均值为 5.83,铜陵和黄山市为酸雨城市;集中式生活饮用水水源地水量达标率为 97.2%;已建成国家级自然保护区 8 个,省级自然保护区 30 个,当年人工造林面积 55.7 千公顷,单位生产总值能耗下降 5.4%。从图 5-29 中可以看出,2005 年以来,安徽省万元 GDP 能耗呈持续下降的态势,由 1.216 吨标准煤/万元(2005 年)下降到 0.47 吨标准煤/万元(2018 年),年均下降 0.057 吨标准煤/万元。但 2005 年以来,安徽省空气质量优良率基本呈持续下降的态势,尤其在 2012 年以后下降速度明显增加,从 96.71%(2012 年)下降到 66.7%(2017 年),年均降幅为 15.61%,表明 2005 年以来安徽省空气质量逐年下降,且下降幅度较大,2018 年稍微有所改善,但整体空气状况仍很恶劣。

综上可以看出,2005 年以来安徽省经济发展迅速,城镇化进程也逐渐加快,都处于较高的发展水平,但经济增长和城镇化发展带来的一系列环境问题却不容小觑,空气质量逐年下降,且在 2012 年以后以较高的速度持续恶化,虽在 2018 年略有好转,但空气质量仍处于较恶劣水平。为了实现区域社会经济的可持续发展,安徽省要时刻坚持五大发展行动计划尤其是绿色发展行动计划,积极开展污染防治攻坚战,全面分析包含人类在内的整个生态系统状况,努力解决好社会经济发展与环境保护的关系。

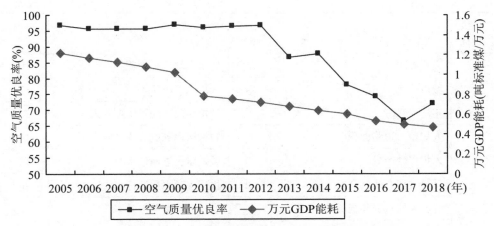

图 5-29　安徽省历年空气质量优良率及万元 GDP 能耗变动趋势图
（数据来源：安徽省统计局网站）

（二）构建改进 CRITIC 和云模型耦合模型

1. 构建指标体系

在 CNKI 中文期刊数据库中，键入"关键词＝生态安全评价＆PSR"，共检索出 112 篇文献，按下载量排序，选取前 30 篇为样本进行分析，分别统计每个评价指标在相关参考文献中的出现频率，得出生态安全评价指标在样本文献中出现频数统计表，合并相似指标，剔除区域性个性指标，最终筛选出包含 47 个指标的初步指标集（压力指标 16 个，状态指标 18 个，响应指标 13 个），具体如表 5-35 所示。

表 5-35　区域生态安全综合评价初步指标集

一级指标	二级指标	出现频次	二级指标	出现频次
压力	人口密度	26	人均城镇生活污水排放量	15
	人口自然增长率	25	化肥施用强度	13
	万元 GDP 能耗	24	工业分布密度	12
	城镇登记失业率	19	万元 GDP 二氧化硫排放量	13
	工业烟尘排放强度	19	农用塑料薄膜使用强度	10
	人均日生活用水量	18	经济密度	9
	人均耕地面积	17	人均林地面积	7
	全社会用电强度	17	水土流失比例	5

续表

一级指标	二级指标	出现频次	二级指标	出现频次
状态	人均 GDP	29	城镇人均住房面积	19
	城市化率	27	人均水资源量	17
	年均降水量	24	城镇居民人均可支配收入	13
	人均城市道路面积	22	农村居民家庭人均纯收入	11
	人均粮食产量	21	城镇居民恩格尔系数	10
	每万人拥有公共交通车辆	21	饮用水源水质达标率	8
	每万人拥有公共厕所数	21	农村卫生厕所普及率	6
	每万人拥有职业（助理）医师数	19	自然保护区覆盖率	4
	人均公园绿地面积	19	水土协调度	5
响应	空气质量优良率	26	工业废气排放达标率	16
	建成区绿化覆盖率	24	工业废水排放达标率	14
	生活垃圾无害化处理率	24	废水治理设备数	13
	工业固体废物处置利用率	21	每万人拥有高等学历人数	13
	城市污水处理率	21	人均造林面积	12
	第三产业产值比重	19	R&D 经费占 GDP 比重	12
	环保投资占 GDP 比重	17	教育投资占 GDP 比重	10

基于构建的初步指标集,结合专家意见和数据的可获得性,最终筛选确定区域生态安全评价指标 39 个,其中包括压力指标 13 个,状态指标 14 个,响应指标 12 个,具体如图 5-30 所示。

在指标体系构建原则的约束下,根据指标筛选结果,结合 PSR 框架模型和层次结构思想,从资源环境和社会经济两个方面,构建了一个包含 4 个层次、3 个准则、39 个具体指标的区域生态安全综合评价指标体系(表 5-36、表 5-37、表 5-38)。根据指标因子对区域生态安全状况的影响,将所选取的指标分为正、逆向指标,并分别用"＋""－"来表示。正向指标的值越大,表示区域生态安全状况越健康;反之,逆向指标的值越大,则表示区域生态安全状况越恶劣。

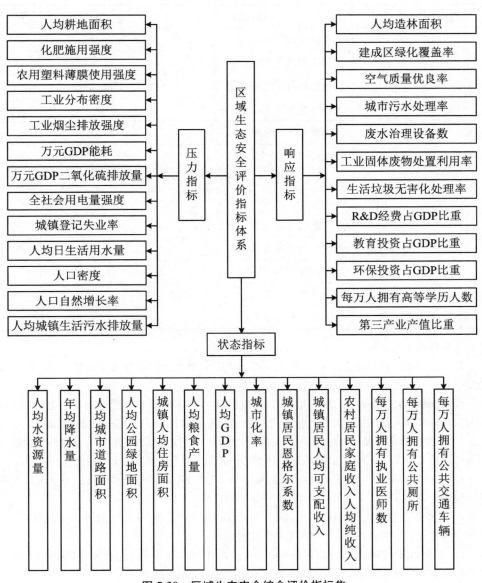

图 5-30　区域生态安全综合评价指标集

（1）压力指标如表 3-36 所示。

表 5-36　生态安全压力指标

准则层	要素层	指标层	单位	性质
生态安全压力 A_1	资源环境 B_1	人均耕地面积 U_{11}	亩/人	＋
		化肥施用强度 U_{12}	吨/km^2	－
		农用塑料薄膜使用强度 U_{13}	吨/km^2	－
		工业分布密度 U_{14}	万元/km^2	－
		工业烟尘排放强度 U_{15}	吨/万元	－
		万元 GDP 能耗 U_{16}	吨标准煤/万元	－
		万元 GDP 二氧化硫排放量 U_{17}	吨/万元	－
	社会经济 B_2	全社会用电强度 U_{18}	千瓦时/万元	－
		人均城镇生活污水排放量 U_{19}	吨/人	－
		人均日生活用水量 U_{110}	L/人	－
		人口密度 U_{111}	人/km^2	－
		人口自然增长率 U_{112}	‰	－
		城镇登记失业率 U_{113}	％	－

各指标因子的说明：

U_{11} 人均耕地面积：耕地总面积/人口总数，人均耕地面积与资源环境压力状况呈正向变动趋势。

U_{12} 化肥施用强度：农用化肥施用量/耕地面积，即单位耕地面积化肥施用量。化肥施用强度与资源环境压力状况呈逆向变动趋势，化肥施用强度值越大，资源环境压力状况越差。

U_{13} 农用塑料薄膜使用强度：农用塑料薄膜使用量/耕地总面积，农用塑料薄膜使用强度与资源环境压力状况呈逆向变动趋势，塑料薄膜已经成为影响土地健康的重要威胁。

U_{14} 工业分布密度：工业总产值/行政区域面积，工业分布密度与资源环境压力状况呈逆向变动趋势。工业分布密度越大，区域资源环境压力状况越差。

U_{15} 工业烟尘排放强度：指该区域内每年每万元国内生产总值所排放的工业烟尘的量[69]，工业烟尘排放强度与资源环境压力状况呈逆向变动趋势。

U_{16} 万元 GDP 能耗：指该区域内每年每万元国内生产总值所消耗的能源，主要反映经济发展对能源资源的依赖程度。万元 GDP 能耗越高，资源环境压力越大。

U_{17} 万元 GDP 二氧化硫排放量：指该区域内每年每万元国内生产总值所排放的二氧化硫的量，表示经济增长对空气污染的牺牲程度。万元 GDP 二氧化硫排放量与资源环境压力状况呈逆向变动趋势。

U_{18} 全社会用电强度：全社会用电量/国内生产总值，全社会用电强度与社会经济压力状况呈逆向变动趋势。

U_{19} 人均城镇生活污水排放量：城镇生活污水排放量/人口总数，人均城镇生活污水排放量与社会经济压力状况呈逆向变动趋势,人均生活污水排放量越大,社会经济压力状况越差。

U_{110}人均日生活用水量:人均日生活用水量与社会经济压力状况呈逆向变动趋势,人均日生活用水量越大,社会经济压力状况越差。

U_{111}人口密度:人口总数/土地总面积,人口密度与社会经济压力状况呈逆向变动趋势,人口密度越大,社会经济压力状况越差。

U_{112}人口自然增长率:(年出生人数-年死亡人数)/年平均人数$\times100\%$=人口出生率-人口死亡率,表征人口增长速度。人口自然增长率与社会经济压力状况呈逆向变动趋势,人口自然增长率越高,社会经济压力状况越差。

U_{113}城镇登记失业率:城镇人口中登记的失业人口数量/总劳动力,该指标是逆向指标,数值越大,则社会中无业、闲散人员越多,社会压力越大。

(2) 状态指标如表 3-37 所示。

表 5-37　生态安全状态指标

准则层	要素层	指标层	单位	性质
生态安全压力 A_2	资源环境 B_3	人均水资源量 U_{21}	m^3/人	+
		年均降水量 U_{22}	亿 m^3	+
		人均城市道路面积 U_{23}	m^2	-
		人均公园绿地面积 U_{24}	m^2/人	+
		城镇人均住房面积 U_{25}	m^2/人	+
		人均粮食产量 U_{26}	公斤/人	+
	社会经济 B_4	人均GDPU_{27}	元	+
		城市化率 U_{28}	%	+
		城镇居民恩格尔系数 U_{29}	%	-
		城镇居民人均可支配收入 U_{210}	元	+
		农村居民家庭人均纯收入 U_{211}	元	+
		每万人拥有执业(助理)医师数 U_{212}	人/万人	+
		每万人拥有公共厕所 U_{213}	座/万人	+
		每万人拥有公共交通车辆 U_{214}	辆/万人	+

各指标因子的说明:

U_{21}人均水资源量:指一个确定的地区或流域内,某一时期内平均每人所占有的水资源量。人均水资源量与资源环境状态呈正向变动趋势,人均水资源量越大,资源环境状态越好。

U_{22}年均降水量:一般情况下,该指标值越大,区域降雨量越充足,资源环境状态越好。

U_{23}人均城市道路面积:城市道路面积/城市人口总数。该指标值越大,说明研究区域城市建设占据的土地面积越大,所以生态保护用地受到的威胁相应地也就越大。

U_{24}人均公园绿地面积:公园绿地面积/城市人口总数,主要反映城市的绿化状况。人均绿地面积与资源环境状态呈正向变动趋势。

U_{25}城镇人均住房面积:城镇居住面积/城镇居民人口数,能够反映城镇居民的居住水平,是反映社会发展水平和文明程度的重要标志。

U_{26} 人均粮食产量:主要反映区域土地生态安全状态,与资源环境状态呈正向变动趋势,人均粮食产量越高,资源环境状态越好。

U_{27} 人均 GDP:与社会经济状态呈正向变动趋势。区域人均 GDP 越高,社会经济状态越好。

U_{28} 城市化率:主要反映人口聚集度,与社会经济状态呈正向变动趋势。城市化率越低,社会经济状态就越差。

U_{29} 城镇居民恩格尔系数:主要反映人们的生活水平,城镇恩格尔系数与社会经济状态呈逆向变动趋势,城镇居民恩格尔系数越低,社会经济状态越好。

U_{210} 城镇居民人均可支配收入:指区域城镇居民收入的平均水平,城镇居民人均可支配收入与社会经济状态呈正向变动趋势[68]。

U_{211} 农村居民家庭人均纯收入:指农民每年的人均纯收入,农民收入与土地产出水平正相关,该指标值越高,表明土地产出能力越强。

U_{212} 每万人拥有执业(助理)医师数:与社会经济状态呈正向变动趋势。

U_{213} 每万人拥有公共厕所:与社会经济状态呈正向变动趋势。

U_{214} 每万人拥有公共交通车辆:与社会经济状态呈正向变动趋势。

(3)响应指标如表 3-38 所示。

表 5-38   生态安全响应指标

准则层	要素层	指标层	单位	性质
生态安全压力 A_3	资源环境 B_5	人均造林面积 U_{31}	公顷/人	+
		建成区绿化覆盖率 U_{32}	%	+
		空气质量优良率 U_{33}	%	+
		城市污水处理率 U_{34}	%	+
		废水治理设备数 U_{35}	套	+
		工业固体废物处置利用率 U_{36}	%	+
	社会经济 B_6	生活垃圾无害化处理率 U_{37}	%	+
		R&D 经费占 GDP 比重 U_{38}	%	+
		教育投资占 GDP 比重 U_{39}	%	+
		环保投资占 GDP 比重 U_{310}	%	+
		每万人拥有高等学历人数 U_{311}	万人/人	+
		第三产业产值比重 U_{312}	%	+

各指标因子的说明:

U_{31} 人均造林面积:造林总面积/人口总数,指人类通过种植林木使得森林面积的增加,反映了森林生态系统的发展与壮大。人均造林面积与资源环境响应呈正向变动趋势。

U_{32} 建成区绿化覆盖率:指一定区域内,各种绿化面积/城市总用地面积。建成区绿化覆盖率与资源环境响应呈正向变动趋势。建成区绿化覆盖率越大,区域生态建设越好,能够提升区域生态安全状况。

U_{33} 空气质量优良率:指一定区域内,空气质量大于二级的天数/全年天数。空气质量优良率与资源环境响应呈正向变动趋势。

U_{34}城市污水处理率：与资源环境响应呈正向变动趋势。

U_{35}废水治理设备数：指废水治理投入，废水治理设备数与资源环境响应呈正向变动趋势。

U_{36}工业固体废物综合利用率：与资源环境响应呈正向变动趋势，工业固体废物综合利用率越高，工业固体废弃物对区域生态造成的影响就越小，资源环境响应就越好。

U_{37}生活垃圾无害化处理率：生活垃圾无害化处理量/生活垃圾产生量，与资源环境响应呈正向变动趋势。

U_{38}R&D经费占GDP比重：与社会经济响应呈正向变动趋势。一般情况下，R&D经费投入越高，科研水平越高，区域生态安全状况越好。

U_{39}教育投资占GDP比重：表示人们在教育层面做出的投资。一般情况下，该指标数值越高，人民群众的整体素质水平就越高，人们对于生态保护的意识就越强。

U_{310}环保投资占GDP比重：国家或地区为了改善环境所做的资金投入。该指标数值越大，说明该国家或地区对环境保护所做的努力越大，它是生态安全的重要保障。

U_{311}每万人拥有高等学历人数：表示社会智力影响能力，与社会经济响应呈正方向变动趋势。

U_{312}第三产业产值比重：指GDP中第三产业（不生产物质产品的行业）的占比状况，主要反映区域经济结构。该指标值越大，说明经济发展对自然资源的依赖性越小，因而对生态的破坏也就越小。

2. 改进CRITIC法

在区域生态安全评价过程中，不同评价因子对评价结果的影响程度存在差异性，因此，首先需要确定各评价因子对评价结果的影响程度（权重）。常用的赋权方法包括主观赋权和客观赋权两大类，不同的赋权方法具有不同的特点，要根据不同的实际情况使用不同的赋权方法。常见的主观赋权法主要有层次分析法（AHP）、德尔菲法、模糊综合评价法等，这类赋权法的优势在于具有较强的现实意义，但主观性太强，很难避免由于决策者存在的模糊问题及指标的随机性对计算过程造成的误差；客观赋权法主要有熵值法、主成分分析法、CRITIC法等，主要基于原始数据通过一定的数学方法来计算权重，能够很好地避免决策者的主观性问题。考虑到区域生态安全评价指标数据的特点，这里采用客观赋权的方法进行数据处理分析（图5-31）。

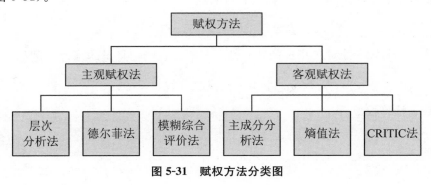

图5-31　赋权方法分类图

CRITIC 法是由 Diakoulaki 提出的一种客观权重赋值法。该方法是对 MCDM（多属性决策）的两个基本概念对比强度与评估标准的冲突特征的量化。指标的对比强度通过标准差的大小来度量，表示各评价对象在同一指标下的取值差异，标准差的值越大，评价对象间的差异越大，从而该指标反映的信息量越大，则该指标所占权重越大；指标评估标准的冲突特征也称为指标的冲突性，用相关系数来衡量其大小和方向，即指标间的相关系数越大，指标间的相关性就越强，冲突性就越低，说明两个指标反应的信息量有很大重复，则指标所占权重越小。

CRITIC 法是相关性权数和信息权数的结合，具有显著的优越性。但由于标准差反映的是指标变动的绝对程度，使得直接运用标准差反映指标的对比强度存在一定的缺陷，并且不同指标间的数量级、量纲存在差异，所以本书采用变异系数这一相对变动对 CRITIC 法进行改进。改进 CRITIC 法确定权重的具体步骤如下：

设共有待评价对象 m 个 $S = \{S_1, S_2, \cdots, S_m\}$，选取 n 个评价指标 $Y = \{Y_1, Y_2, \cdots, Y_n\}$，构建原始数据矩阵 $\boldsymbol{X}(t) = (x_{ij}(t))_{m \times n}, t = t_1, t_2, \cdots, t_N$。

（1）将矩阵 $\boldsymbol{X}$ 中各指标值使用 Z-score 方法如式（5-41）进行变换，得到标准化矩阵 $\boldsymbol{X}^*$：

$$x_j^* = \frac{x_j(t_i) - \bar{x}_j}{s_j}, \quad i = 1, 2, \cdots, n; j = 1, 2, \cdots, m \tag{5-41}$$

式中 $\bar{x}_j = \frac{1}{n} \sum_{i=1}^{n} x_j(t_i), s_j = \sqrt{\frac{1}{n} \sum_{i=1}^{n} (x_j(t_i) - \bar{x}_j)^2}$，$x_j(t_i)$ 为被评价对象的第 j 个指标在第 t_i 时刻的指标值，$\bar{x}_j$ 为第 j 个指标的平均值，s_j 为第 j 个指标的标准差。

（2）计算指标的变异系数：

$$v_j = \frac{s_j}{x_j}, \quad j = 1, 2, \cdots, m \tag{5-42}$$

式中 j 为第 j 个指标的变异系数。

（3）利用公式（5-41）计算得到的标准化矩阵 $\boldsymbol{X}^*$ 求解相关系数，得到相关系数矩阵 $\boldsymbol{B} = (p_{kl})_{m \times n}(k = 1, 2, \cdots, m; l = 1, 2, \cdots, m)$，并计算每列中的 $(1 - p_{kn})$ 的和，可得到度量指标间信息独立性程度的行向量为

$$\sum_{k=1}^{m} (1 - p_{k1}), \sum_{k=1}^{m} (1 - p_{k2}), \cdots, \sum_{k=1}^{m} (1 - p_{kn})$$

（4）计算第 j 个评价指标的独立性及其所包含的信息量的综合度量 h_j：

$$h_j = v_j \sum_{k=1}^{m} (1 - p_{kn}), \quad j = 1, 2, \cdots, m \tag{5-43}$$

（5）计算权重 w_j：

$$w_j = \frac{h_j}{\sum_{j=1}^{m} h_j}, \quad j = 1, 2, \cdots, m \tag{5-44}$$

3. 云模型

模糊性和随机性是最典型的不确定性问题,李德毅院士提出用云模型来表示定性概念与定量描述间的不确定性转换,进一步研究客观对象的模糊性和随机性及其两者之间的关联。

(1) 云的定义。通常用 U 表示一个定量论域,a 代表一个具体的数值,A 表示 U 的一个定性的概念,且 $a \in U$,如果 a 是 A 的一次随机实现,则 $y = \mu_A(a)$ 表示 a 对 A 的确定度,其中 $\mu_A(a) \in [0,1]$,则称 a 在 U 上的分布为云模型,简称云。

$$\mu : U \rightarrow [0,1] \tag{5-45}$$

云由许多云滴组成,每一个云滴就是其中的一个数据,它把语言值与定量值结合起来,构成两者之间的映射,作为知识表示的基础。

(2) 云的数字特征。云用期望 Ex,熵 En 和超熵 He 这三个数字特征来整体表示一个概念,如图5-32。其中,期望 Ex 是 U 中最能够代表 A 的云滴,熵 En 表示 U 的空间分布范围,反映了 A 的不确定性,超熵 He 是熵的离散程度的度量,表示 A 在 U 中每次随即实现后所有点的不确定度的凝聚性,即为熵的熵。

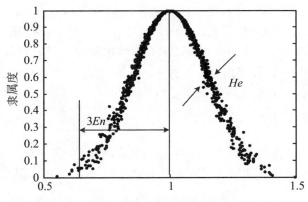

图 5-32　云模型的三个数字特征(Ex, En, He)

(3) 隶属云发生器。隶属云发生器(Membership Clouds Generator,MCG)包括正向云发生器和逆向云发生器,其一维云发生器如图 5-33 所示。

正向云发生器主要是利用已知的云的三个数字特征产生云滴,并确定云分布规律点的坐标 (a, y);逆向云发生器则是利用已知隶属云中云滴的分布位置,反过来求得云的三个数字特征。

区域生态安全评价中的定性与定量之间的转换通过正态云发生器实现,正态云模型是正向云模型的一种,经实验论证具有普遍适应性。本书主要是基于正态云模型实现区域生态安全评价,其基本定义如下:

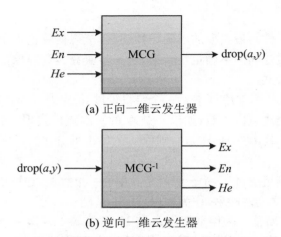

(a) 正向一维云发生器

(b) 逆向一维云发生器

图 5-33　正向一维云发生器和逆向一维云发生器

设 U 是数值论域，A 是 U 上的定性概念，$a \in U$ 且 a 是定性概念 A 的一次随机实现，若 a 满足：$a \sim N(Ex, En'^2)$，其中 $En' \sim (En, He^2)$，且 a 对 A 的确定度满足 $\mu_i = \exp((a-Ex)/2(En'_i)^2)$，则 a 在论域 U 上的分布称为正态云。

（4）正向云发生器算法实现。正向云发生器是一种从定性概念到定量表示的映射，主要将云的三个数字特征 $\{Ex, En, He\}$ 转化成为对应的精确数值 (a, y)。当论域 U 为一维时，具体算法如下：

输入：N 个云滴的三个数字特征 Ex, En, He。

输出：N 个云滴的定量值 a 和确定度 y。

算法：

步骤一，把 Ex 作为期望值，He 作为标准差，然后生成一个正态随机数 En'；

步骤二，把 Ex 作为期望值，En' 作为标准差生成一个正态随机数 a，a 即为一个云滴；

步骤三，计算 $\mu_i = \exp((a-Ex)/2(En'_i)^2)$，$y$ 是 a 属于定性概念 A 的确定度；

步骤四，重复步骤一至步骤三，直到产生 N 个云滴为止。

4. 改进 CRITIC 法和云模型的耦合过程

改进 CRITIC 法是一种客观求权重的方法，能够消除相关性较强的指标间信息重叠对评价结果的影响，同时，云模型能够削弱评价过程中的模糊性和随机性问题的影响。将改进 CRITIC 法和云模型耦合，称为改进 CRITIC-云模型耦合方法，可以利用两者的优势，应用到不确定系统的评价中。改进 CRITIC-云模型耦合方法的评价过程如下：

（1）构建区域生态安全评价的指标集 $U = \{u_1, u_2, u_3, \cdots, u_n\}$，评语集 $V = \{v_1, v_2, v_3, v_4, \cdots, v_n\}$；

（2）根据指标的性质可以将指标划分为正向、逆向两类指标。采用改进 CRITIC 法求权重，得到各指标的权重集为 $W = (w_1, w_2, w_3, \cdots, w_n)$；

（3）建立模糊关系矩阵 $\boldsymbol{R}$，表示每个指标在评语集上的映射。其中，$\boldsymbol{R}$ 中元素 r_{ij} 表示隶属度，U 为评价对象指标集，u_i 为 U 中第 i 个元素，V 为评语集。假设指标 $i(i = 1, 2, 3, \cdots, n)$ 在某一等级 $j(j = 1, 2, 3, 4, 5)$ 的上下边界值为 x_{ij}^1 与 x_{ij}^2，则指标 i 在等级 j 的定性概念可用云模型表示为

$$Ex_{ij} = (x_{ij}^1 + x_{ij}^2)/2 \tag{5-46}$$

$$En_{ij} = (x_{ij}^1 - x_{ij}^2)/6 \tag{5-47}$$

$$He_{ij} = k \tag{5-48}$$

式中，k 为常数，根据经验取 0.01。

（4）建立隶属度矩阵 $\boldsymbol{U}$，对于每个待评价对象，根据各指标的实测值，利用正向云发生器，由公式 $\mu_i = \exp((a - Ex)/2(En'_i)^2)$ 确定出其指标 i 在等级 j 的云确定度 μ_{ij}，构成隶属度矩阵 $\boldsymbol{U} = (\mu_{ij})_{n \times m}$。

（5）通过将权重集 W 与隶属度矩阵 U 进行模糊转换，得到评语集 V 上的模糊子集 B：

$$B = W \cdot U = (b_1, b_2, \cdots, b_m) \tag{5-49}$$

式中，$b_j = \sum_{i=1}^{n} w_i \mu_{ij} (j = 1, 2, 3, \cdots, m)$，再结合模糊数学中的最大隶属度原则，选择隶属度最大的等级作为区域生态安全评价的综合评价结果。

5. 确定评价等级标准

评价标准是区域生态安全评价的重要内容，制定科学合理的评价标准直接关系到评价结果的可靠性，参照前人研究成果及国家规范标准，结合安徽省生态安全的特点，将评价等级划分为Ⅰ级（安全）、Ⅱ级（良好）、Ⅲ级（敏感）、Ⅳ级（风险）、Ⅴ级（危险）五个等级。其中，Ⅰ级表示区域生态安全基本未受到破坏，生态系统处于不受威胁的健康状态；Ⅱ级表示区域生态安全受到较小的干扰，生态系统功能处于良好的状态；Ⅲ级表示区域生态安全受到较少的破坏，生态系统尚可维持基本功能，但是继续受到干扰后易出现恶化的状态；Ⅳ级表示区域生态安全遭受较大的破坏，且遭到破坏后恢复健康存在一定的困难；Ⅴ级表示区域生态安全遭受很大破坏，受外界干扰后生态恢复与重建很困难，易演变成生态灾害。最终结合专家意见得到区域生态安全评价各指标的分级标准，如表 5-39 所示。

表 5-39 区域生态安全评价标准

指标	Ⅰ级	Ⅱ级	Ⅲ级	Ⅳ级	Ⅴ级
U_{11}	(1.3, 1.8)	(1.1, 1.3)	(0.9, 1.1)	(0.7, 0.9)	(0.2, 0.7)
U_{12}	(20, 40)	(40, 60)	(60, 70)	(70, 80)	(80, 100)

指标	Ⅰ级	Ⅱ级	Ⅲ级	Ⅳ级	Ⅴ级
U_{13}	(0,0.8)	(0.8,1.8)	(1.8,3)	(3,4)	(4,5)
U_{14}	(0,500)	(500,1500)	(2500,3500)	(2500,3500)	(3500,5000)
U_{15}	(0,3)	(3,10)	(10,20)	(20,30)	(30,40)
U_{16}	(0,0.2)	(0.2,0.5)	(0.5,1)	(1,2)	(2,3)
U_{17}	(0,0.001)	(0.001,0.003)	(0.003,0.006)	(0.006,0.009)	(0.009,0.015)
U_{18}	(0,0.02)	(0.02,0.05)	(0.05,0.0.08)	(0.08,0.12)	(0.12,0.15)
U_{19}	(0,2)	(2,5)	(5,8)	(8,10)	(10,12)
U_{110}	(100,120)	(120,150)	(150,180)	(180,200)	(200,240)
U_{111}	(100,550)	(550,1400)	(1400,1600)	(1600,2900)	(2900,4000)
U_{112}	(0,2)	(2,3)	(3,4)	(4,5)	(5,6)
U_{113}	(0,1.2)	(1.2,1.5)	(2.5,3)	(3,3.6)	(3.6,4.2)
U_{21}	(8000,15000)	(4000,8000)	(2004000)	(500,2000)	(100500)
U_{22}	(240,500)	(160,240)	(80,160)	(10,80)	(0,20)
U_{23}	(20,28)	(15,20)	(10,15)	(7,10)	(0,7)
U_{24}	(20,25)	(15,20)	(10,15)	(5,10)	(0,5)
U_{25}	(40,50)	(30,40)	(20,30)	(10,20)	(0,10)
U_{26}	(600,800)	(550,600)	(500,550)	(400,500)	(200,400)
U_{27}	(5,10)	(4,5)	(3,4)	(2,3)	(0,2)
U_{28}	(15,30)	(30,40)	(40,55)	(55,70)	(70,80)
U_{29}	(15,25)	(25,30)	(30,40)	(40,50)	(50,60)
U_{210}	(3,5)	(2.5,3)	(2,2.5)	(1,2)	(0.5,1)
U_{211}	(3,5)	(2,3)	(1.5,2)	(1,1.5)	(0.5,1)
U_{212}	(25,30)	(20,25)	(15,20)	(10,15)	(0,10)
U_{213}	(4,6)	(3,4)	(2.5,3)	(2,2.5)	(0,2)
U_{214}	(12,15)	(10,12)	(8,10)	(5,8)	(0,5)
U_{31}	(0.16,0.20)	(0.12,0.16)	(0.08,0.12)	(0.02,0.08)	(0,0.02)
U_{32}	(50,60)	(40,50)	(30,40)	(20,30)	(0,20)
U_{33}	(97,100)	(85,97)	(80,85)	(70,80)	(0,70)
U_{34}	(97,100)	(85,97)	(80,85)	(70,80)	(0,70)
U_{35}	(2800,3200)	(2000,2800)	(1600,2000)	(1000,1600)	(500,1000)

续表

指标	Ⅰ级	Ⅱ级	Ⅲ级	Ⅳ级	Ⅴ级
U_{36}	(97,100)	(85,97)	(80,85)	(70,80)	(0,70)
U_{37}	(97,100)	(85,97)	(80,85)	(70,80)	(0,70)
U_{38}	(2,2.5)	(1.5,2)	(1,1.5)	(0.5,1)	(0,0.5)
U_{39}	(2,2.5)	(1.5,2)	(1,1.5)	(0.5,1)	(0,0.5)
U_{310}	(2,2.5)	(1.5,2)	(1,1.5)	(0.5,1)	(0,0.5)
U_{311}	(1000,1200)	(650,1000)	(450,650)	(300,450)	(0,300)
U_{312}	(45,55)	(35,45)	(25,35)	(15,25)	(10,15)

（三）结果分析

区域生态系统具有复杂性和多变性，其状态随着时间的推移不断发生变化，科学分析安徽省生态安全评价的动态变化是本书的重要内容。本书选取 2005—2017 年为研究时间段，利用改进 CRITIC-云模型对安徽省生态安全进行动态评价，得出安徽省生态系统整体及压力、状态、响应的生态安全隶属度，结合模糊数学中的最大隶属度原则，选择最大隶属度对应的等级作为区域生态安全评价的综合评价结果。经整理得到 2005—2017 年安徽省生态安全等级，结果如表 5-40 所示。

表 5-40　安徽省生态安全等级

年份	系统	隶属度					等级
		Ⅰ级	Ⅱ级	Ⅲ级	Ⅳ级	Ⅴ级	
2005	压力	**0.1140**	0.0721	0.0221	0.0292	0.0812	Ⅰ级
	状态	0.0000	0.0489	0.0406	**0.2336**	0.1546	Ⅳ级
	响应	0.0001	0.0687	0.0148	**0.2549**	0.0682	Ⅳ级
	综合	0.1142	0.1896	0.0774	**0.5177**	0.3040	Ⅳ级
2006	压力	0.0203	**0.1614**	0.0070	0.0453	0.0109	Ⅱ级
	状态	0.0000	0.0136	0.0513	**0.2472**	0.1181	Ⅳ级
	响应	0.0000	0.0791	0.0487	0.0892	**0.1247**	Ⅴ级
	综合	0.0203	0.2541	0.1069	**0.3818**	0.2537	Ⅳ级
2007	压力	0.0001	0.1908	0.0053	**0.2696**	0.0098	Ⅳ级
	状态	0.0000	0.0026	0.0617	**0.1386**	0.0959	Ⅳ级
	响应	0.0000	0.0675	0.0951	**0.2213**	0.0582	Ⅳ级
	综合	0.0001	0.2609	0.1621	**0.6296**	0.1640	Ⅳ级

年份	系统	隶属度					等级
		Ⅰ级	Ⅱ级	Ⅲ级	Ⅳ级	Ⅴ级	
2008	压力	0.0000	**0.1732**	0.0194	0.1098	0.0345	Ⅱ级
	状态	0.0000	0.0007	0.0729	**0.1588**	0.0468	Ⅳ级
	响应	0.0000	0.0384	0.1817	**0.2167**	0.0319	Ⅳ级
	综合	0.0000	0.2123	0.2739	**0.4853**	0.1132	Ⅳ级
2009	压力	0.0000	**0.2220**	0.0788	0.0746	0.0345	Ⅱ级
	状态	0.0000	0.0031	0.0312	**0.2217**	0.0184	Ⅳ级
	响应	0.0009	0.0562	**0.1136**	0.0212	0.0142	Ⅲ级
	综合	0.0009	0.2813	0.2236	**0.3175**	0.0671	Ⅳ级
2010	压力	0.0000	0.0326	**0.3877**	0.0501	0.0020	Ⅲ级
	状态	0.0000	0.0169	0.0470	**0.1783**	0.0041	Ⅳ级
	响应	0.0000	0.0473	0.0389	**0.1868**	0.0048	Ⅳ级
	综合	0.0000	0.0969	**0.4736**	0.4152	0.0109	Ⅲ级
2011	压力	0.0000	0.0003	**0.3322**	0.0422	0.0099	Ⅲ级
	状态	0.0000	0.0549	0.0889	**0.2347**	0.0376	Ⅳ级
	响应	0.0000	**0.2430**	0.1270	0.0012	0.0000	Ⅱ级
	综合	0.0000	0.0549	0.0889	**0.2347**	0.0376	Ⅳ级
2012	压力	0.0000	0.0250	**0.2748**	0.0449	0.0035	Ⅲ级
	状态	0.0000	0.0443	0.1102	**0.2080**	0.1102	Ⅳ级
	响应	0.0002	0.2132	**0.2270**	0.0000	0.0000	Ⅲ级
	综合	0.0002	0.2825	**0.6121**	0.2529	0.1137	Ⅲ级
2013	压力	0.0000	0.0594	0.1017	**0.1439**	0.0009	Ⅳ级
	状态	0.0002	0.1066	**0.1989**	0.1697	0.0323	Ⅲ级
	响应	**0.1841**	0.0886	0.1754	0.0000	0.0000	Ⅰ级
	综合	0.1844	0.2546	**0.4760**	0.3136	0.0332	Ⅲ级
2014	压力	0.0002	0.1114	0.0667	**0.2810**	0.0000	Ⅳ级
	状态	0.0012	0.0770	**0.2285**	0.2058	0.0019	Ⅲ级
	响应	0.0236	**0.2169**	0.0746	0.0000	0.0000	Ⅱ级
	综合	0.0250	0.4053	0.3698	**0.4867**	0.0019	Ⅳ级

年份	系统	隶属度					等级
		Ⅰ级	Ⅱ级	Ⅲ级	Ⅳ级	Ⅴ级	
2015	压力	0.0001	0.1726	0.0613	**0.2687**	0.0000	Ⅳ级
	状态	0.0031	0.1768	**0.2775**	0.1375	0.0003	Ⅲ级
	响应	0.0156	**0.1303**	0.0909	0.0196	0.0001	Ⅱ级
	综合	0.0188	**0.4797**	0.4297	0.4257	0.0004	Ⅱ级
2016	压力	0.0049	0.0660	0.0031	**0.2680**	0.0000	Ⅳ级
	状态	0.0143	0.0449	**0.1327**	0.1914	0.0001	Ⅲ级
	响应	0.0118	**0.1641**	0.0140	0.0815	0.0003	Ⅱ级
	综合	0.0310	0.2749	0.1498	**0.5409**	0.0004	Ⅳ级
2017	压力	0.0919	0.0388	**0.1237**	0.0542	0.0000	Ⅲ级
	状态	0.0216	0.0195	0.0278	**0.0433**	0.0399	Ⅳ级
	响应	0.1082	**0.2593**	0.0044	0.0003	0.0022	Ⅱ级
	综合	0.2217	**0.3175**	0.1560	0.0978	0.0422	Ⅱ级

1. 各指标生态安全等级时序演变分析

压力指标是指自然灾害与人类经济社会活动,对自然、近自然生态系统的直接压力因子,即生态胁迫,反映人类自然干扰对生态系统造成的负荷。从图 5-34 中可以看出,2005—2017 年间,安徽省生态安全压力指数等级变化波动较大。2005—2007 年,生态安全压力指数等级快速上升,由Ⅰ级(2005 年)变成Ⅱ级(2006年),再变成Ⅳ级(2007 年),其中工业烟尘排放强度、万元 GDP 能耗、万元 GDP 二氧化硫排放量、全社会用电强度、城镇登记失业率等状况有所好转,但化肥施用强度、工业分布密度、人口自然增长率等状况逐年加剧,使得安徽省生态安全压力状况呈逐年下降态势。2008 年安徽省生态安全压力指数等级由Ⅳ级变成Ⅱ级,其中农用塑料薄膜使用强度、万元 GDP 能耗、人口密度、城镇登记失业率状况出现好转。2009 年安徽省生态安全压力指数等级仍为Ⅱ级水平,且在Ⅱ级的隶属度由2008 年的 0.1732 变成 0.2220,表明 2008—2009 年安徽省生态安全压力状况出现明显好转。2010 年生态安全压力指数等级变成Ⅲ级,且维持 3 年不变,其在Ⅲ级的隶属度分别为 0.3877、0.3322、0.2748,逐年降低,且Ⅳ级的隶属度逐年增加,说明 2010—2012 年安徽省生态安全压力状况逐年加剧,但变化速度相对较慢。2013年安徽省生态安全指数等级变成Ⅳ级,且维持 4 年不变,其在Ⅳ级的隶属度分别为0.1439、0.2810、0.2687、0.2680,先上升后下降,说明 2013—2016 年安徽省生态安全压力状况整体处于较低水平,且呈波动下降态势。2017 年安徽省生态安全压力指数等级由Ⅳ级变成Ⅲ级,农用塑料薄膜使用强度、工业分布密度、工业烟尘排放强度、人均城镇生活污水排放量等大幅降低,表明安徽省生态安全压力状况出现好转。

　　从图5-35(a)中可以看出,Ⅴ级的隶属度呈拖尾型,在2010年以后近似于0,Ⅳ级的隶属度近似呈M型,即上升(2005—2007年)—下降(2007—2012年)—上升(2012—2014年)—下降(2014年以后);Ⅲ级的隶属度在2005—2016年呈倒Ⅴ型,即上升(2005—2010年)—下降(2010—2016年),但2017年开始上升;Ⅱ级隶属度也近似呈M型,即上升(2005—2009年)—下降(2009—2011年)—上升(2011—2015年)—下降(2015—2017年);Ⅰ级的隶属度在2006—2016年近似于0,但2017年开始迅速上升。同时,当Ⅲ级隶属度位于最高点时,Ⅱ级隶属度迟滞一年位于最低点,当Ⅲ级位于最低点时,Ⅱ级提前一年位于最低点。2016年以后,Ⅳ级和Ⅱ级隶属度下降,Ⅰ级和Ⅲ级隶属度上升,但Ⅲ级上升的速度明显高于Ⅰ级,当Ⅲ级以原速度继续上升时,安徽省生态安全压力指数将继续处于敏感阶段。

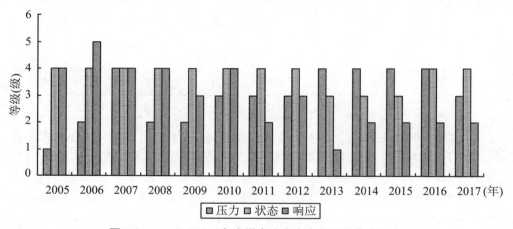

图5-34　2005—2017年安徽省生态安全状况分维度评价

　　状态指标指生态系统当前的状态,表征生态系统的健康状况,包括生态系统活力、组织力、恢复力及生态系统服务等指标。从图5-34中可以看出,2005—2017年安徽省生态安全状态指数等级呈“凹”字形波动,大致可以分为三个阶段。第一阶段:2005—2012年,安徽省生态安全状态指标等级一直处于Ⅳ级,其在Ⅳ级的隶属度分别为0.2336、0.2472、0.1386、0.1588、0.2217、0.1783、0.2347、0.2080,波动下降,且Ⅲ级的隶属度呈波动上升态势,表明安徽省生态安全状态指数处于较低水平,但有稳中向好的发展趋势。第二阶段:自2013年安徽省生态安全状态指标等级变成Ⅲ级后,2013—2015年安徽省生态安全状态指标等级一直处于Ⅲ级,其在Ⅲ级的隶属度分别为0.1989、0.2285、0.2775,逐渐上升。2013年以后,人均水资源量、年均降水量、城市化率、城镇居民人均可支配收入等大幅度提高,安徽省生态安全状态由风险等级变成敏感等级,且在Ⅲ级的隶属度逐渐增加,生态安全状态有所改善。第三阶段:2016 年以后,安徽省生态安全状态指数等级由Ⅲ级增加到Ⅳ级,其在Ⅳ级的隶属度分别为 0. 1914、0. 0433,大部分指标值都略有增加,但人均水资源量、人均粮食产量有所下降,使得安徽省生态安全状态由敏感等级转变成风险等级,生态安全状态下降。

从图 5-35(b)中可以看出,Ⅴ级的隶属度呈 W 型,即下降(2005—2010 年)—上升(2010—2012 年)—下降(2012—2014 年)—上升(2014—2017 年);Ⅳ级的隶属度呈波动下降;Ⅲ级和Ⅱ级都呈"Ⅴ"型,且变动趋势大体相同,先缓慢上升(2005—2015)后快速下降(2015—2017 年);Ⅰ级隶属度在 2015 年之前都近似于0,2015—2017 年缓慢上升。根据各等级隶属度的后期变动趋势,可以看出安徽省生态安全状态将处于风险或危险水平。

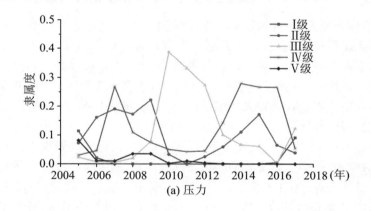

(a) 压力

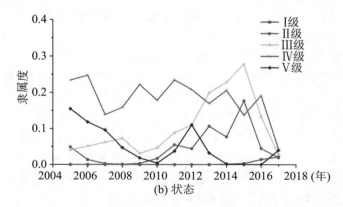

(b) 状态

图 5-35　2005—2017 年安徽省生态安全压力、状态、响应指数各等级云隶属度

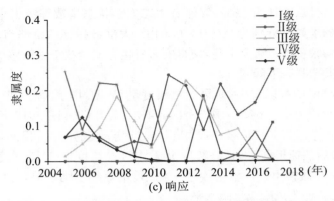

图 5-35　2005—2017 年安徽省生态安全压力、状态、响应指数各等级云隶属度(续)

响应指标表征人类-自然复合生态系统面临生态退化等问题所能采取的对策和措施,即生态可持续能力,是生态系统管理措施中的可量化部分。从图 5-34 中可以看出,安徽省生态安全响应指数等级波动趋好,大致可以分为两个阶段。第一阶段:2005—2010 年,生态安全状态响应指数等级在 Ⅳ 级上下波动,2006 年由 Ⅳ 级变成 Ⅴ 级,其中人均造林面积大幅度下降,空气质量优良率、环保投资比重也都有不同程度的下降,导致生态安全响应状态有所下降。2009 年由 Ⅳ 级变成 Ⅲ 级,其中,人均造林面积、建成区绿化覆盖率、废水治理设备、科研经费投入比重等都出现不同幅度的增加,使得生态安全响应状态有所提升,从风险等级变成敏感等级。第二阶段:2011—2017 年,生态安全响应指数等级在 Ⅱ 级上下波动,2012 年由 Ⅱ 级变成 Ⅲ 级,2013 年由 Ⅲ 级变成 Ⅰ 级,2014 年后维持在 Ⅱ 级保持不变,且其隶属度分别为 0.4867、0.4797、0.1641、0.2593,稳中有动,表明安徽省生态安全响应状态总体呈稳中向好的发展趋势。

从图 5-35(c)中可以看出,Ⅴ 级的隶属度呈拖尾型,在 2010 年以后近似于 0;Ⅳ 级的隶属度波动幅度较大,在 2011 年以后一直维持在 0.1 以内;Ⅲ 级的隶属度呈 M 型,即上升(2005—2008 年)—下降(2008—2010 年)—上升(2010—2012 年)—下降(2012—2017 年);Ⅱ 级的隶属度呈波动上升态势,下降(2005—2010 年)—上升(2010—2011 年)—下降(2011—2013 年)—上升(2013—2014 年)—下降(2014—2015 年)—上升(2015—2017 年);Ⅰ 级的隶属度在 2012 年之前近似于 0,2012 年以后有所波动,总体呈增长的趋势,但由于基数较小,若按原趋势继续变动,安徽省生态安全响应状态将继续维持在良好水平。

2. 安徽省生态安全时序演变分析

由图 5-36 可以看出,2005—2017 年安徽省生态安全等级波动趋好,说明安徽省生态安全状况在逐渐改善。其中 2005—2010 年("十一五"期间),安徽省生态安全指数等级由 Ⅳ 级变成 Ⅲ 级,且 2005—2009 年间安徽省生态安全指数等级一直处于 Ⅳ 级水平,其隶属度分别为 0.5177、0.3818、0.6296、0.4853、0.3175,虽然生态安全状况略有上升,但仍处于较差水平。主要由于"十一五"期间安徽省积极推进"861"行动计划,加快皖北振兴等,使得经济总量有所增加,但三次产业结构比重由 2005 年的 17.9:41.6:40.5 变成 2010 年的 13.99:52.08:33.93,第二产业比重大幅增加,且占比达到一半以上,较高的工业化程度带来了较高的环境成本,且城镇化水平滞后、区域发展不平衡、基础设施不健全等使得安徽省生态安全状况处于较低水平。

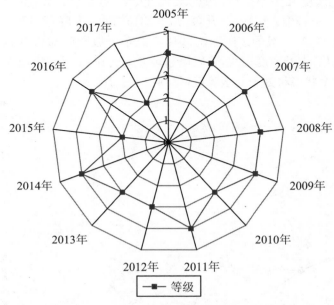

图 5-36　2005—2017 年安徽省生态安全等级

2011—2015 年,安徽省生态安全指数等级波动趋好,由Ⅳ级变成Ⅱ级,其中 2011—2013 年维持在Ⅳ级不变,2014 年变成Ⅴ级之后变成Ⅱ级。主要由于"十二五"期间安徽省全面融入长江经济带建设和长三角一体化发展,成立皖江示范区、建设合芜蚌试验区等,经济持续稳定健康发展,同时基础设施等建设也不断加强,但承接产业转移发展经济的同时,吸纳了部分资源、环境消耗型产业,且部分企业污染防治设施配套不到位、不齐全,带来污染排放不达标等问题,加剧了区域环境压力,同时产业增加吸引大量劳动力涌入,加大了省内人地矛盾,使得安徽省生态安全状况一直处于风险甚至危险水平。同时,安徽省大力推进"调转促"(调结构转方式促升级)行动计划,积极开展污染防治工作,秉持绿色发展理念,生态安全状况逐渐缓解。

2016—2017 年,安徽省生态安全指数等级由Ⅳ级变成Ⅱ级。进入"十三五"以后,安徽省深入推进供给侧改革,不断优化产业结构,深入实施创新驱动发展战略,大力发展战略性新兴产业、现代服务业等,调整经济增长模式,缓解区域环境压力,使得安徽省生态安全状况逐渐改善,从风险水平变成良好水平。从安徽省生态安全隶属于各等级的情况(图 5-37)可以看出,Ⅴ级的隶属度近似于 W 型,即下降

(2005—2010年)—上升(2010—2012年)—下降(2012—2015年)—上升(2015—2017),后期的上升幅度较为缓慢;Ⅳ级的隶属度近似呈 M 型,上升(2006—2007年)—波动下降(2007—2011年)—波动上升(2011—2016年)—下降(2016—2017年),后期的下降幅度较大;Ⅲ级的隶属度近似呈 M 型,波动上升(2005—2010年)—下降(2010—2011年)—上升(2011—2012年)—波动下降(2012—2017年),2016年以后隶属度几乎不变;Ⅱ级的隶属度呈波动上升态势,上升(2005—2009年)—下降(2009—2011年)—上升(2011—2015年)—下降(2015—2016年)—上升(2016—2017年);Ⅰ级的隶属度在2012年之前近似于0,2012年以后波动上升,且在2016年以后上升速度较快,若以原趋势继续上升,Ⅰ级的隶属度将超过Ⅱ级,安徽省生态安全状态将处于安全等级,得到很大提升。

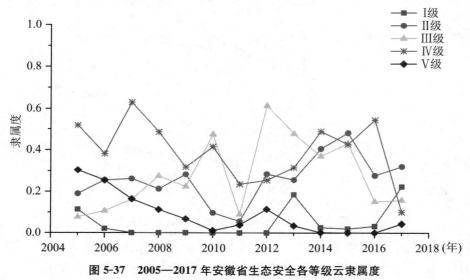

图 5-37　2005—2017 年安徽省生态安全各等级云隶属度

二、综合指数法

(一) 研究区概况及数据来源

淮北市位于安徽省北部,东经 116°24′~117°03′、北纬 33°16′~34°10′,它位于山东、江苏、安徽、河南四省交界处。地形东北高西南低,海拔在 15~40 米之间,大部分是以平原为主;气候温和,季风明显,雨水适中。2017 年总人口 216.9 万人,面积 2741 km²,生产总值(GDP)达 929 亿元,比 2016 年增长 16.3%。淮北是国家重要的能源城市,矿产资源蕴藏量十分丰富,目前已发现 56 种矿产,在经济与社会发展中有着重要作用。与同类煤矿资源型城市比较,研究区域每年新增塌陷地约533 hm²,截至 2017 年因采煤塌陷土地高达 35.3 万亩,塌陷区房屋倒塌、道路断裂、生态环境遭到严重破坏。山体滑坡塌陷导致了土地面积不断减少,土地生态环境亟待改善。

数据主要来自 2008—2017 年《淮北市统计年鉴》、2008—2017 年《淮北市国民经济和社会发展统计公报》、2008—2017 年《安徽省统计年鉴》、2008—2017 年《中国煤炭工业年鉴》和 2008—2017 年《中国城市统计年鉴》等资料。

(二) 构建评价指标体系及模型

1. 评价指标体系的建立

PSR 模型即压力-状态-响应模型,它的基本思想是人们进行活动时对生态环境造成压力,反过来改变了环境的状态,人们再根据这些变化做出反应行为。结合淮北市土地利用现况和经济发展水平,筛选 20 个指标构建评价指标体系,如表 5-41 所示。

表 5-41　淮北市土地生态安全指标体系

目标层	准则层	指标层	指标类型
土地生态安全评价	C₁ 压力	D₁ 人口自然增长率(‰)	负
		D₂ 城镇化水平(%)	正
		D₃ 人均耕地面积(hm²/人)	正
		D₄ 第一产业比重(%)	正
		D₅ 单位面积耕地农药使用量(t/hm²)	负
		D₆ 单位面积耕地化肥使用量(t/hm²)	负
	C₂ 状态	D₇ 耕地面积比重(%)	负
		D₈ 居民用地及工矿用地(khm²)	负
		D₉ 第二产业比重(%)	负
		D₁₀ 人均粮食产量(kg)	正
		D₁₁ 森林覆盖率(%)	正
		D₁₂ 建成区绿地覆盖率(%)	正
		D₁₃ 当年造林面积(hm²)	正
	C₃ 响应	D₁₄ 人均 GDP(元)	正
		D₁₅ 第三产业比重(%)	正
		D₁₆ 农业机械总动力(万 kw)	正
		D₁₇ 旅游收入(亿元)	正
		D₁₈ 城市污水处理率(%)	正
		D₁₉ 环保投资比重(%)	正
		D₂₀ 一般工业固体废物综合利用(%)	正

2. 评价综合指数及等级划分

单项指标不能完全反映淮北市土地生态安全现状,现将各个指标进行综合。

公式为

$$p = \sum_{i=1}^{n} (c_{ij} \cdot w_j) \quad (5\text{-}50)$$

式中，p 为土地生态安全系数；c_{ij} 为各个指标的标准化值；w_j 为指标权重。

参考众多土地生态安全评价标准，结合淮北市的自然社会情况，划分符合淮北市土地生态安全评价等级表，如表 5-42 所示。

表 5-42　土地生态安全分级标准

评价值	等级
$0 < p \leqslant 0.3$	恶劣级
$0.3 \leqslant p < 0.5$	敏感级
$0.5 \leqslant p < 0.6$	临界安全
$0.6 \leqslant p < 0.8$	比较安全
$0.8 \leqslant p < 1$	非常安全

3. 障碍度模型构建

为综合分析并提高土地生态安全水平，需要评估单独指标和分类指标的障碍程度，寻找主要障碍因子。障碍度模型公式为

$$x_{ij} = 1 - x_{ij}' \quad (5\text{-}51)$$

式（5-51）中：x_{ij} 指标偏离度为单独指标和土地生态安全理想值之间的差为

$$y_i = x_{ij} \cdot v_j / \sum_{i=1}^{n} (x_{ij} \cdot v_j) \cdot 100\% \quad (5\text{-}52)$$

式（5-52）中：y_i 表示单独指标对土地生态安全的影响；v_j 为因子贡献率，表示单因子对总目标的权重（$w_i \cdot w_{ij}$）。

$$Y_i = \sum y_i \quad (5\text{-}53)$$

式（5-53）中：Y_i 表示第 i 年分类指标对土地生态安全的影响。

（三）结果与分析

运用综合指数法及障碍度模型评价 2008—2017 年淮北市土地生态安全，计算结果如表 5-43、表 5-44 所示。

1. 土地生态安全综合分析

2008—2017 年淮北市土地生态安全综合指数呈下降再上升的趋势（表 5-43），2008—2012 年生态安全综合指数从 0.40874 下降到 0.23386，安全等级从敏感级下降到恶劣级。2012—2015 年生态安全综合指数从 0.23386 上升到 0.44758，安全等级从恶劣级上升到敏感级。2015—2016 年生态安全综合指数从 0.44758 上升到 0.55908，安全等级从敏感级上升到临界安全。2016—2017 年生态安全综合

指数从 0.55908 上升到 0.61401,安全等级从临界安全上升到比较安全。这在对以煤炭资源型城市淮南区域开展土地生态安全评价中也得到了相同的结论,两者土地生态安全指数都呈波动上升的态势,由此可知,淮北市过去对土地生态环境造成很大的破坏,但最近几年在经济快速发展的同时,淮北市的经济社会也进入了提质提效、转型崛起的新阶段,注重对土地生态环境的保护。人类活动持续影响和破坏土地生态环境,但就目前来说,淮北市的土地生态还是处于比较安全的状态。

表 5-43　2008—2017 年淮北市土地生态安全评价结果

年份	压力指数	状态指数	响应指数	综合指数	安全等级
2008	0.10041	0.24879	0.05954	0.40874	敏感级
2009	0.11272	0.08709	0.06296	0.26277	恶劣级
2010	0.09355	0.07472	0.05418	0.22245	恶劣级
2011	0.04942	0.06683	0.06805	0.18429	恶劣级
2012	0.04697	0.0641	0.12279	0.23386	恶劣级
2013	0.15911	0.15013	0.12119	0.43043	敏感级
2014	0.16319	0.14983	0.10501	0.41804	敏感级
2015	0.11552	0.1454	0.18666	0.44758	敏感级
2016	0.11823	0.1493	0.29155	0.55908	临界安全
2017	0.13961	0.197	0.2774	0.61401	比较安全

2. 土地生态安全子系统分析

(1)压力安全分析。从压力系统角度分析,2008—2017 年淮北市土地生态安全压力指数总体上呈下降再上升的趋势。2008—2012 年压力指数从 0.10041 下降到 0.04697,2012—2017 年压力指数从 0.04697 上升到 0.13961。其中 2008—2012 年单位面积耕地的化肥使用量由 0.650 t/hm^2 上升到 0.745 t/hm^2,增加了土地的负荷,一定程度上在施加土地压力。2013 年单位面积耕地的化肥使用量下降到 0.452 t/hm^2,化肥使用量的不断减少,有效地改善了土壤土质。土地压力缓解主要得益于 2013 年淮北市政府紧紧围绕"精致淮北"建设总部署,把稳增长放在首位,牢牢把握发展机遇,注重发展方式,所以转型效果十分显著。同时城镇化水平也在每年不断上升,从 2008 年的 54.8% 上升到 2017 年的 63.6%,大大加快了淮北市城市化的速度。从整体上看,土地生态压力指数呈增长趋势,淮北市土地生态环境趋于良性发展。

(2)状态安全分析。从状态系统角度分析,淮北市土地状态安全指数 2008—2012 年 0.24897 下降到 0.06401,2012—2017 年 0.06410 上升到 0.19700。总的来说,淮北市土地状态安全正在往好的方向转变。2008—2012 期间淮北市过度依赖煤矿开采,以煤矿用地的工业用地不断扩张,到 2012 年第二产业由 59.9％增加到 66.1％,工矿用地增加了 20.5％,严重降低了土地生态状态安全指数。淮北市政府意识到对土地生态环境造成破坏,重新规划用地,进行生态恢复,扎实开展"转型发展攻坚年"活动。2012—2017 年森林覆盖率 17.15％上升到 25.7％;当年造林面积 1021 hm² 上升到 4133 hm²,增加了 3 倍;同时到 2017 年建成区绿地覆盖率高达 44.37％,以上措施大大改善了淮北市土地生态环境。

(3) 响应安全分析。从响应系统角度分析,2008—2017 年淮北市土地生态响应指数从 0.05954 上升到 0.27740,平均每年增长 18.65％。结果显示,淮北市在追求经济发展同时,在土地生态环境这一方面采取积极有效的措施,不断实践中国碳谷·绿金淮北战略和坚守"一二三四五"总体发展路线,不断加速转型,经济社会发展有了转型升级全新的面貌。经济迅速发展,2008—2017 年人均 GDP 从 17029 元上升到 41885 元;注重发展旅游业,2008—2017 年旅游收入 12.5 亿元上升到 95.8 亿元,年均增长率 25.3％;不断优化升级产业结构,2017 年第三产业占 34.2％;加大环保投资,2017 年污水处理率达 98.06％,环保投资占 GDP 0.549％,一般工业固体废物综合利用率 92.76％,以上表明淮北市土地生态环境各方面均在不断地改善。

3. 障碍因子诊断

(1) 主要障碍因子。根据土地生态安全障碍因子诊断计算方法,对 2008 年和 2017 年淮北市土地生态安全障碍度进行计算(表 5-44)。2008 年系统状态和系统响应两方面阻碍淮北市土地生态安全水平上升,主要包括森林覆盖率、当年造林面积、环保投资比重、旅游收入、人均 GDP、污水处理率、人均耕地面积等;2017 年系统状态和系统压力两方面阻碍土地生态安全水平上升,主要包括居民用地及工矿用地、环保投资比重、耕地面积比重、第一产业比重、人口自然增长率、单位面积耕地农药使用量、单位面积耕地化肥使用量等。从单独指标障碍度变化趋势来看,2008—2017 年居民用地及工矿用地、耕地面积比重上升幅度较大;而森林覆盖面积、当年造林面积、旅游收入、人均 GDP、城市污水处理率下降幅度较大,这类障碍因子在不断减少对土地生态安全的影响。通过计算诊断出的主要障碍因子在研究安徽省区域土地利用绩效评价结论中也有体现[15],结果表明,淮北市政府虽然重新规划城市用地,但效果并不明显,仍然存在盲目扩大占地规模、建设不合理和重复建设等,造成土地资源浪费。但是与此同时人们自我环保意识不断增强,积极参与到土地生态环境的改造,在植树造林、污水处理以及工业固体废物重新利用等方面投入了更多的资金。

表 5-44　2008 和 2017 年淮北市土地生态安全障碍因子排序

位序	2008		2017	
	障碍因子	障碍度(%)	障碍因子	障碍度(%)
1	D11	12.6857	D8	15.7844
2	D13	10.748	D19	8.132
3	D19	9.8335	D7	8.0467
4	D17	9.5444	D4	4.1521
5	D14	8.3723	D1	3.7201
6	D18	8.1714	D5	3.7112
7	D3	6.3696	D6	3.669

（2）分类指标障碍度。在单独指标障碍度计算基础上，进一步计算 2008—2017 年淮北市土地生态安全分类指标障碍度（图 5-38）。总体来说，系统压力安全和系统状态安全障碍度不断增加，而系统响应安全障碍度不断减少。从分类指标障碍度数值来考察，2008 年系统响应安全障碍度排第一，其次是系统状态、压力安全；2008—2015 年系统状态安全位于第一，其次是系统响应、压力安全；2015—2017 年系统状态安全仍为第一，而系统压力安全超过系统响应安全位于第二位。由此可知，淮北市土地生态安全受系统压力安全和系统状态安全障碍作用较大，要着重从这两个方面手，同时也要兼顾系统响应安全。

图 5-38　2008—2017 年各分类指标障碍度

三、惩罚型变权模型

（一）研究区概况及数据来源

区域生态安全预警是生态安全研究的重要内容，为了有效改善区域生态安全状况，及时发现生态系统不安全因素并给出警示。基于 PSR 理论框架构建生态安全预警指标体系;采用惩罚型变权模型对预警指标静态权重进行处理,得到预警指标的动态权重;运用综合评价模型计算生态安全指数,进而确定生态安全的警度等级;对合肥市2005—2017年的生态安全状况进行预警。

　　研究所采用的全部数据均真实、可靠,基础数据大部分来源于《合肥市统计年鉴(2006—2018年)》,部分数据由于在统计年鉴上没有给出,笔者通过查阅《合肥市统计公报》和《合肥市环境保护局》等相关统计资料加以补充。

(二)构建预警指标体系及模型

1. 构建预警指标体系

　　联合国经济合作开发署建立的PSR(压力-状态-响应)理论框架可以用来表征人类活动与城市生态系统耦合作用的因果关系,其中:压力指标表示人类活动对生态系统造成的负荷;状态指标表示目前自然、经济、社会系统所具有的支持能力;响应指标表示人类对于环境问题所作出的反馈活动。以PSR理论框架为基础,根据相关指导思想和构建原则,筛选出合肥市生态安全预警评价指标体系,具体指标见表5-45。

表 5-45　生态安全预警指标体系

目标层	准则层	指标层/单位	指标性质
生态安全预警	生态系统压力 P	人均日生活用水量 B_1(升)	—
		全社会用电量 B_2(亿千瓦时)	—
		单位 GDP 能耗 B_3(吨标准煤/万元)	—
		工业烟尘排放量 B_4(万吨)	—
		二氧化硫排放量 B_5(万吨)	—
		城镇生活污水排放量 B_6(亿吨)	—
		人口密度 B_7(人/平方公里)	—
	生态系统状态 S	城镇登记失业率 B_8(%)	—
		人均道路面积 B_9(平方米/人)	+
		人均水资源量 B_{10}(立方米/人)	+
		人均公园绿地面积 B_{11}(平方米)	+
		区域环境噪声平均值 B_{12}(分贝(A))	—
		二氧化硫日平均值 B_{13}(毫克/立方米)	—
		人均 GDP B_{14}(万元)	+

续表

目标层	准则层	指标层/单位	指标性质
生态安全预警	生态系统响应 R	城市化率 B_{15}（%）	+
		工业固体废物综合利用率 B_{16}（%）	+
		城市污水处理厂集中处理率 B_{17}（%）	+
		建成区绿化覆盖率 B_{18}（%）	+
		节能环保支出占财政支出比重 B_{19}（%）	+
		科技支出占财政支出比重 B_{20}（%）	+
		每万人普通高等院校在校学生数 B_{21}（人/万人）	+

2. 惩罚型变权模型

（1）指标标准化处理。为消除各评价指标的量纲影响，借助功效系数法对各评价指标数据进行标准化处理。评价指标体系中的指标类型分为正向指标（越大越优型）和负向指标（越小越优型），其标准化处理方式分别如式（5-54）和式（5-55）所示：

$$V_j = \begin{cases} 1 - \dfrac{M_j}{v_j} \times 0.15, & v_j \geqslant M_j \\[2mm] \dfrac{v_j}{M_j} \times 0.85, & 0 < v_j < M_j \end{cases} \tag{5-54}$$

$$V_j = \begin{cases} 1 - \dfrac{v_j}{M_j} \times 0.15, & 0 < v_j \leqslant M_j \\[2mm] \dfrac{M_j}{v_j} \times 0.85, & v_j > M_j \end{cases} \tag{5-55}$$

式中：v_j 为指标原始数据，M_j 为否定水平即预警指标数值处于有警和无警状态的临界线，V_j 为标准化后的指标值。

（2）构建惩罚型状态变权向量。惩罚型变权就是对研究期限内实际值低于一定标准的预警指标进行惩罚，进而调整权重。具体操作如下：

$$S_j(V) = \begin{cases} e^{-\alpha(V_j - \beta)} \\ 1 \end{cases} \tag{5-56}$$

式中：α 表示惩罚因子，通过参考相关文献研究，将 α 值取为 0.81547；β 表示预警指标经标准化处理后的否定水平即标准化指标数值有无警情的临界线，通过借鉴前人对可持续发展预警的研究，将 β 设为 0.85。

（3）确定静态权重。为避免主观赋权法的主观随意性，选取熵权法来确定指标的静态权重。

（4）计算惩罚型变权权重。变权权重向量 $W(V)$ 由静态权重向量 W 和惩罚型状态变权向量 $S(V)$ 的归一化 Hadamard 乘积来表示，具体计算公式如下：

$$W(V) = \frac{\omega_j S_j(V)}{\sum_{j=1}^{n} \omega_j S_j(V)} \tag{5-57}$$

3. 预警综合评价模型及警度划分

由各评价指标的标准化值和惩罚型变权权重，构建生态安全预警综合评价模型：

$$F = \sum_{j=1}^{n} W_j(V) V_j \tag{5-58}$$

式（5-58）中，F 为生态安全指数；$W_j(V)$ 为各指标的惩罚型变权权重；V_j 为各指标的标准化数值。

通过学习前人对生态安全预警的相关研究，将生态安全警度分为 5 个等级，具体警度指数区间的划分见表 5-46。

表 5-46　生态安全警度划分标准

等级	警度指数区间	警度
Ⅰ	$0.85 \leqslant F < 1.00$	无警
Ⅱ	$0.65 \leqslant F < 0.85$	轻警
Ⅲ	$0.45 \leqslant F < 0.65$	中警
Ⅳ	$0.25 \leqslant F < 0.45$	重警
Ⅴ	$0 \leqslant F < 0.25$	巨警

（三）结果分析

1. 生态安全警情综合演变趋势

利用惩罚型变权模型和生态安全预警综合评价模型计算出合肥市 2005—2017 年的生态安全指数并确定警度等级，结果见表 5-47。从综合生态安全警度演变趋势图（图 5-39）看出，合肥市的生态安全警度等级在 2005—2015 年处于Ⅲ级（中警），2016 年下降到Ⅱ级（轻警），2017 年又上升为Ⅲ级（中警）；整个研究期内，合肥市的生态安全警度等级除 2016 年的Ⅱ级（轻警）外，其余年份均处于Ⅲ级（中警），综合生态安全指数从 0.492 增加到 0.649。合肥市生态安全指数的提高表明合肥市深入贯彻、落实习近平总书记关于生态文明建设的新思想新要求，构建生态安全屏障，打造生态宜居城市等举措取得一定成效。但其生态安全状况仍存在警情，警度等级较高。因此，需要进一步对合肥市生态系统下的子系统生态安全进行预警研究，从生态系统压力、状态、响应三个维度的生态安全演变趋势分析合肥市生态安全状况。

表 5-47　合肥市生态安全指数及警度

年份	生态系统压力		生态系统状态		生态系统响应		综合生态安全预警	
	指数	等级	指数	等级	指数	等级	指数	等级
2005	0.562	Ⅲ	0.439	Ⅳ	0.475	Ⅲ	0.492	Ⅲ
2006	0.578	Ⅲ	0.439	Ⅳ	0.506	Ⅲ	0.510	Ⅲ
2007	0.585	Ⅲ	0.473	Ⅲ	0.523	Ⅲ	0.531	Ⅲ
2008	0.581	Ⅲ	0.487	Ⅲ	0.516	Ⅲ	0.530	Ⅲ
2009	0.582	Ⅲ	0.517	Ⅲ	0.539	Ⅲ	0.547	Ⅲ
2010	0.584	Ⅲ	0.592	Ⅲ	0.594	Ⅲ	0.593	Ⅲ
2011	0.411	Ⅳ	0.549	Ⅲ	0.563	Ⅲ	0.502	Ⅲ
2012	0.415	Ⅳ	0.555	Ⅲ	0.615	Ⅲ	0.523	Ⅲ
2013	0.410	Ⅳ	0.561	Ⅲ	0.665	Ⅱ	0.533	Ⅲ
2014	0.380	Ⅳ	0.620	Ⅲ	0.609	Ⅲ	0.523	Ⅲ
2015	0.385	Ⅳ	0.644	Ⅲ	0.626	Ⅲ	0.536	Ⅲ
2016	0.609	Ⅲ	0.687	Ⅱ	0.737	Ⅱ	0.675	Ⅱ
2017	0.583	Ⅲ	0.622	Ⅲ	0.761	Ⅱ	0.649	Ⅲ

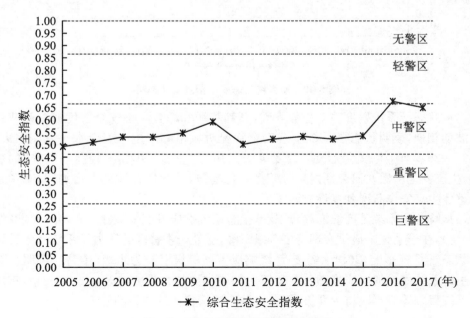

图 5-39　综合生态安全警度演变趋势

2. 生态安全子系统警情演变趋势

从压力子系统警度演变趋势来看(图 5-40),2005—2010 年,生态系统压力警度等级一直处于Ⅲ级(中警),其生态安全指数基本稳定;2010—2014 年生态系统压力警度等级从Ⅲ级(中警)上升到Ⅳ级(重警),其生态安全指数逐年下降,由 2010 年的0.584下降到 2014 年的 0.380,此时期合肥市的生态环境负荷较大;2014—2017 年,生态系统压力警度等级下降为Ⅲ级(中警),生态安全指数先上升后略有下降。研究期内,2010 年以后压力子系统的生态安全指数最低,说明近几年合肥市生态系统面临的压力巨大,生活污水、工业三废等污染排放物严重影响生态安全水平,亟须引起城市环境保护部门的重视。

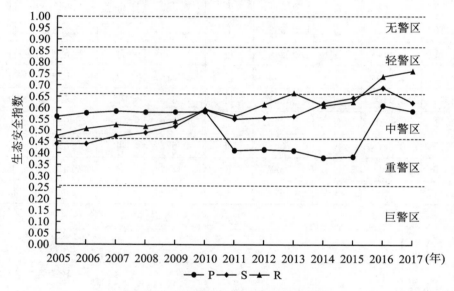

图 5-40　子系统生态安全警度演变趋势

从状态子系统警度演变趋势来看,其趋势线和综合生态安全警度演变趋势线的波动相似,表明状态子系统生态安全状况对城市综合生态安全水平影响很大。2005—2017 年,生态系统状态警度等级经历了"重警—中警—轻警—中警"的变化,生态安全指数在研究期内呈"M"型变化趋势,其数值在波动中增加,状态子系统整体生态安全状况朝良性方向发展。

从响应子系统警度演变趋势来看,生态系统响应警度等级在 2013 年达到Ⅱ级(轻警),在子系统中最早实现警度等级下降,受处于重警区的压力子系统及中警区的状态子系统影响,2014 年生态系统响应警度等级上升为Ⅲ级(中警),说明社会对生态系统做出的响应需随着生态压力的增加而加大力度。2016—2017 年,响应子系统警度等级再次将为Ⅱ级(轻警),并有警情将持续减轻的趋势。

四、相对承载力模型

(一) 研究区概况

安徽省地处中国东部腹地,是长江三角洲经济区的重要能源基地,是连接东西地区的纽带,也是承接沿海发达地区产业转移的地区。安徽省矿产资源丰富多样,其中煤炭、铁、铜、黄铁矿、明矾、石灰石储量均居全国前十。2017 年,全省能源总产量为 9144 万吨标准煤。全年原煤产量 11724 万吨,铁矿石产量 3726 万吨,铜产量 16.6 万吨。安徽省现有 16 城市,其中 10 个是矿业城市。这些矿业城市的简要情况列于表 5-48 中。

表 5-48　安徽省十个矿业城市

城市	主要矿产资源	方位	种类
亳州	煤	北部	成熟型
淮北	煤	北部	衰退型
淮南	煤	中部	成熟型
宿州	煤	北部	成熟型
阜阳	煤	北部	成长型
马鞍山	铁	东部	再生型
铜陵	铜	南部	衰退型
宣城	方解石	南部	成熟型
池州	锰、方解石	南部	成熟型
滁州	凹凸棒黏土、岩盐	东部	成熟型

(二) 构建评价指标体系及模型

1. 构建评价指标体系

随着经济社会发展,对各种资源的需求不断增加。水、森林和矿物等自然资源被视为评价指标列入评价系统。除自然资源外,由于经济、社会和环境资源在社会经济发展方面的作用日益重要,它们也被纳入评价体系之中。结合研究区特点和相关文献,建立相对资源承载力(RRCC)评价体系,确定相关指标。

(1) 自然资源指标。水资源:水资源是人类生产生活不可缺少的资源,对可持续发展至关重要。本书选择水资源总量作为水资源的指标。

土地资源:耕地资源在农业和国民经济中具有不可替代的作用。中国是世界上人口最多的国家,土地资源是我国的基本自然资源。一些文献选择耕地面积作为土地资源的指标。但是由于中国幅员辽阔,气候条件在不同的地区是不尽相同的,这导致了不同的农作条件,因此耕地面积不能很好地反映土地产量。由于受不同耕作条件和复种指数的影响,本书将农作物播种总面积作为指标。

能源资源:安徽省矿产资源丰富多样。截至 2015 年底,已发现矿产 158 种(含亚种)。能源是该区域发展的重要资源。因此,选择能源总产量作为能源资源的指标,对自然资源的相对承载力进行评价。

(2) 经济资源指标。经济产出资源:GDP 作为衡量国家或地区经济状况的理想指标,常被纳入评价体系。它可以反映一个国家或地区的经济水平和市场规模。

社会消费品资源:社会消费品资源的评价指标是社会消费品零售总额。该指标是反映国内消费需求最直接的指标,通常用来研究当地零售市场的变化,反映经济繁荣程度。

(3) 社会资源指标。人力资源:人是社会经济活动的核心,其行为会影响资源、环境、经济和社会系统。人类通过提高科学技术水平和生产力来提高资源承载能力。人力资源的质量最终会影响相对资源承载力。因此,人力资源被纳入社会资源维度,其表征指标是受过高等教育的人数。

科技资源:科技作为社会进步的动力,可以促进资源利用,保护现有资源,开发新资源。为了表征科技水平,本例选择研究与发展支出费用(R&D)作为评价指标。

医疗资源:医疗资源涉及公共卫生和社会保障,充足的医疗资源有利于提高居民的生活水平,提高社会承载能力。医疗机构的数量可以代表社会医疗资源的总量,所以这个指标经常被用来评估社会发展水平。

(4) 环境资源指标。绿地资源:绿地资源以城市绿地面积为指标。城市绿地是指城市中用于园林绿化的面积。人们认为城市绿地面积越大,城市环境就越好。

环保资源:城市环境是可持续发展的必要条件,它为生产和生活提供了空间,而且具有容纳和净化废弃物的能力。城市环境的这些功能可以被称为承载能力。然而,一个城市的环境承载能力是有限的。为了保持承载力,从多方面保护环境是十分必要的。环境污染治理总投资是反映一个地区环境保护总体水平的指标。在一定程度上,它可以代表环境的潜在承载能力。

2. 相对资源承载力模型

基于安徽省 10 个矿业城市的发展模式和社会经济发展特点,本文选取 10 个矿业城市分别作为参考区域;并利用选取的评价指标构建相对资源承载力评价体系(见表5-49)。自然资源、经济资源、社会资源和环境资源的相对资源承载力首先通过计算得到;然后计算出相关的综合资源承载力(RSRCC)。

表 5-49　安徽十个矿业城市相对资源承载力的评价指标体系

总目标	一级指标	二级指标
相对资源承载力	自然资源	水资源
		土地资源
		能源资源
	经济资源	经济产出资源
		社会消费品资源
	社会资源	人力资源
		科技资源
		医疗资源
	环境资源	绿地资源
		环保资源

计算过程如下：

$$C_i = I_i \times Q_i \tag{5-59}$$

式(5-59)中,C_i 为第 i 个资源的相对资源承载力；I_i 是第 i 个资源承载指数；Q_i 是研究区第 i 个资源的总量。

$$I_i = \frac{P_o}{Q_{io}} \tag{5-60}$$

式(5-60)中,P_o 为参考区域的人口；Q_{io} 表示参考区域的第 i 个资源的总量。

$$C'_n = C_1 W_1 + C_2 W_2 + C_3 W_3 \tag{5-61}$$

式(5-61)中,C'_n 为自然资源的相对资源承载力；C_1、C_2、C_3 为水资源、土地资源、能源资源的相对资源承载力；W_i 是每个相对资源承载力的权重,$W_1 + W_2 + W_3 = 1$。

$$C'_{eco} = C_4 W_4 + C_5 W_5 \tag{5-62}$$

式(5-62)中,C'_{eco} 为经济资源的相对资源承载力；C_4、C_5 是经济产出资源和社会消费品资源的相对资源承载力。W_i 是每个相对资源承载力的权重,$W_4 + W_5 = 1$。

$$C'_{so} = C_6 W_6 + C_7 W_7 + C_8 W_8 \tag{5-63}$$

式(5-63)中,C'_{so} 为社会资源的相对资源承载力；C_6、C_7、C_8 是人力资源、科技资源、医疗资源的相对资源承载力。W_i 是每个相对资源承载力的权重,$W_6 + W_7 + W_8 = 1$。

$$C'_{en} = C_9 W_9 + C_{10} W_{10} \tag{5-64}$$

式(5-64)中,C'_{en} 为环境资源的相对资源承载力；C_9、C_{10} 是绿色土地资源和环境保护资本资源的相对资源承载力。W_i 是每个相对资源承载力的权重,$W_9 + W_{10} = 1$。

$$C'_s = C'_n W_{11} + C'_{eco} W_{12} + C'_{so} W_{13} + C'_{en} W_{14} \tag{5-65}$$

式(5-65)中,C'_s 为相对综合资源承载力,W_i 为每个相对资源承载力的权重,$W_{11} +$

$W_{12}+W_{13}+W_{14}=1$。

在相关研究的早期阶段,方程中的权重是主观确定的,这使计算方法较不科学。由于每个方程中往往仅有几个指标,所以不适合采用 AHP、PCA、熵法等方法计算权重。因此,本研究选择线性优化方法,并使用 LINGO11.0 软件客观计算权重的最优解。

以自然资源相对承载力为例,改进后的模型如下:

$$\max C_n = C_1 W_1 + C_2 W_2 + C_3 W_3 \tag{5-66}$$

$$\min C_n = C_1 W_1 + C_2 W_2 + C_3 W_3 \tag{5-67}$$

其中 max 和 min 为自然资源相对承载力的最大值和最小值。同时,式(5-66)和(5-67)的约束条件为

$$a \leqslant | W_x - W_y | \leqslant b$$

$$c < W_x, W_y < 1(x, y = 1, 2, 3 \& x \neq y)$$

$$\sum_{x=1}^{3} W_x = 1, \sum_{y=1}^{3} W_y = 1$$

其中字母 a 和 b 是 W_1、W_2 和 W_3 的差值的最小值和最大值;c 是每个权重的最小值。在 LINGO11.0 的帮助下,对满足上述约束条件的最大值和最小值进行计算。则最终值由式(5-68)可得出:

$$C_n = \sqrt{\max C_n \times \min C_n} \tag{5-68}$$

其他三个维度的相对承载力和相对综合承载力的值可用相似方法求得。接下来,由式(5-69)得到相对资源承载力超载人数:

$$P' = P - C_s \tag{5-69}$$

式中,P' 为超载人数;P 是实际人数,C_s 是相对综合资源承载力。根据 P' 的值,将承载状态分为三个等级:超载($P'>0$)、富余($P'<0$)、临界($P'=0$)。

$$R = P'/P \tag{5-70}$$

式(5-70)中,R 为超载率。

3. GM(1,1)模型

为了了解未来几年的相对综合资源承载力发展趋势,本例考虑使用数学模型来预测 2018 年至 2023 年的人口数量和相对综合资源承载力。目前预测常用的数学模型有回归预测模型、BP 神经网络模型、ARIMA 模型、灰色模型。模型的选择很大程度上取决于样本数据和每个模型的特点。回归预测模型简单,使用时需要大量具有良好分布规律的样本数据。BP 神经网络模型的结构设计比较困难,由于采用了非线性梯度优化算法,该类模型往往存在局部极小化问题,不能达到全局最优。ARIMA 模型要求大量稳定的时间序列数据。当样本小、数据不足、系统不确定时,灰色模型非常适用,它们针对的是包含已知信息和未知信息的不确定系统。灰色模型对样本的数量和规律分布没有要求。由于本例的样本较小,且系统不确定,因此选择灰色模型作为预测方法。

灰色模型发展迅速,在过去的几十年里被成功应用在许多领域,如区域环境承载能力分析,人口预测,疾病发展趋势研究,风力发电量估算,煤与瓦斯突出预测,机械故障早期预警等。在灰色模型中,由于 GM(1,1)模型具有精度高、简单、不需要典型概率分布的优点,因此常被使用。其基本原理如下:

设原始数列为 $x^{(0)} = \{x^{(0)}(1), x^{(0)}(2), x^{(0)}(3), \cdots, x^{(0)}(n)\}$,$x^{(1)}(k) = \sum_{i=1}^{k} x^{(0)}(i)(k=1,2,\cdots,n)$,则新数列为 $x^{(1)} = \{x^{(1)}(1), x^{(1)}(2), x^{(1)}(3), \cdots, x^{(1)}(n)\}$。

因此,GM(1,1)的微分方程为

$$\mathrm{d}x^{(1)}/\mathrm{d}t + ax^{(1)} = b \tag{5-71}$$

其中,a 为发展系数,b 为灰色作用量,t 为时间序号。求解式(5-71)后,得到 GM(1,1)模型的标准形式:

$$\hat{x}^{(0)}(t+1) = (1-\mathrm{e})\left[x^{(0)}(1) - \frac{b}{a}\right]\mathrm{e}^{-ak} \tag{5-72}$$

建立 GM(1,1)模型后,需要对其拟合精度进行检验。只有拟合精度较好的模型才能用于预测。检验方法有 3 种:相关检验、残差检验和后验误差检验。后验误差检验通常用于检验 GM(1,1)模型的准确性。其检验过程如下:

首先计算原始序列的均方差(S_0)。

$$\bar{x} = \frac{1}{n}\sum_{i=1}^{n} x^{(0)}(i), \quad s_0^2 = \sum_{i=1}^{n}\left[x^{(0)}(i) - \bar{x}\right]^2, \quad s_0 = \sqrt{\frac{s_0^2}{n-1}} \tag{5-72}$$

其次,计算残差序列的均方差(S_1)。

$$\bar{\varepsilon} = \frac{1}{n}\sum_{i=1}^{n} \varepsilon^{(0)}(i), \quad s_1^2 = \sum_{i=1}^{n}\left[\varepsilon^{(0)}(i) - \bar{\varepsilon}\right]^2, \quad s_1 = \sqrt{\frac{s_1^2}{n-1}} \tag{5-73}$$

在式(5-73)中,$\varepsilon^{(0)}(i) = x^{(0)}(i) - \hat{x}^{(0)}(i)$。最后,可得出 s_1 和 s_0 的比值(c),以及小误差概率(p)。

$$c = \frac{s_1}{s_0} \tag{5-74}$$

$$p = \{|\varepsilon^{(0)}(i) - \bar{\varepsilon}| < 0.6745s_0\} \tag{5-75}$$

GM(1,1)模型的拟合精度如表 5-50 所示,拟合精度根据 c 值和 p 值分为 4 级。

表 5-50　GM(1,1)模型的拟合精度等级

拟合精度等级	小误差概率(p)	s_1 和 s_0 的比值(c)
极佳	$p \geqslant 0.95$	$c \leqslant 0.35$
良好	$0.95 > p \geqslant 0.80$	$0.35 < c \leqslant 0.50$
合格	$0.80 > p \geqslant 0.70$	$0.50 < c \leqslant 0.65$
不合格	$0.70 > p$	$0.65 < c$

（三）结果分析

1. 相对资源承载力分析

（1）相对综合资源承载力分析。如图 5-41 所示，以全国为参照，这十个矿业城市的相对综合资源承载力在 2007 年到 2017 年期间远小于实际人口数量。据统计，截至 2017 年，十个矿业城市的人口密度为每平方千米 553.6 人，几乎是全国人口密度的 5 倍。庞大的人口数量对这些矿业城市的资源和可持续发展构成了压力。近年来，虽然相对综合资源承载力有所增加，但承载状态始终处于超载状态（表 5-51）。2011 年，实际人口与相对综合资源承载力之间的差距达到峰值，为 1932 万人。总体超载情况呈下降趋势，其原因是实际人口增长率低于相对综合资源承载力增长率：研究期间，实际人口从 4033 万增加到 4280 万，而相对综合资源承载力从 2188 万增加到 2545 万。

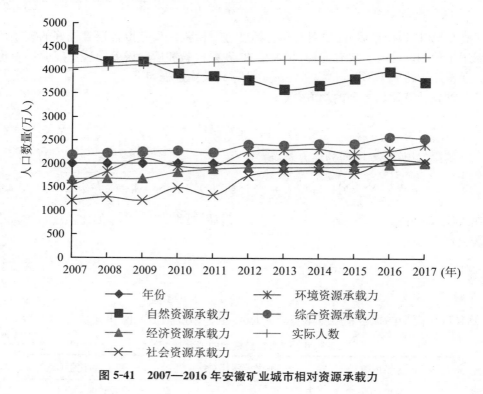

图 5-41　2007—2016 年安徽矿业城市相对资源承载力

表 5-51　2007—2017 年安徽矿业城市相对综合资源承载力(万人)

年份	C_{nat}	C_{eco}	C_{so}	C_{en}	C_s	P	P'	R	承载状态
2007	4428	1665	1222	1532	2188	4033	1845	46	超载
2008	4181	1679	1289	1834	2225	4075	1850	45	超载
2009	4177	1680	1227	2111	2258	4115	1857	45	超载
2010	3917	1818	1487	1947	2283	4144	1861	45	超载
2011	3863	1887	1340	1942	2245	4177	1932	46	超载
2012	3776	1982	1742	2264	2412	4197	1785	43	超载
2013	3582	1922	1834	2300	2398	4216	1818	43	超载
2014	3662	1929	1858	2319	2430	4216	1786	42	超载
2015	3803	1937	1798	2211	2430	4217	1787	42	超载
2016	3956	1976	2081	2281	2573	4265	1692	40	超载
2017	3734	2009	2042	2414	2545	4280	1735	41	超载
平均	3916	1862	1629	2105	2362	4176	1813	43	超载

(2) 自然资源相对承载力分析。自然资源相对承载力最高,其均值为 3916 万人,比 2007—2009 年的人口数量还要高;但总体呈下降趋势,从 4428 万人下降到 3734 万人。如图 5-42 所示,各指标的平均相对承载力不均衡。其中,能源对人口承载力的影响最大,平均相对承载力为 2137 万人。自然资源承载能力高,说明这些矿业城市的发展主要依靠自然资源,尤其是能源资源。同时,自然资源相对承载力的规模不断缩小,意味着自然资源承载能力下降,以自然资源为主的发展模式不可持续。

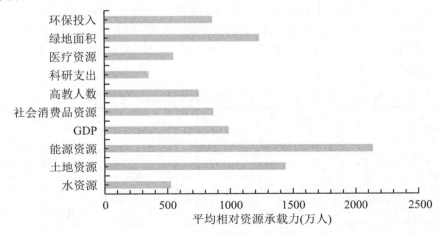

图 5-42　各评价指标平均相对资源承载力

（3）环境资源相对承载力分析。从 2008 年开始，环境资源的相对承载力超过了经济和社会资源的相对承载力。环境资源相对承载力从 1532 万人提高到 2414 万人，成为人口承载能力不断增强的重要力量。从环境资源系统的两个评价指标来看，绿地资源平均相对承载力为 1235 万人，环境保护相对承载力为 861 万人。相关数据显示，在研究期间，城市绿地面积和环境保护投资分别增长了 56％和 93％。由于国家实行减产和保护环境的政策，这些矿业城市关闭了低生产能力的矿业企业，加强了环境治理，从而改善了当地的环境，增加了环境资源的相对承载力。

（4）经济和社会资源相对承载力分析。经济社会资源的相对承载力最低。尽管其承载能力从 2007 年到 2017 年呈上升趋势，但承载状况仍然为严重超载。经济社会资源的承载状况表明，这些矿业城市的经济社会发展水平与人口规模不匹配。

经济资源和社会资源的相对承载力变化趋势不同。从图 5-41 可看出，2007—2012 年，经济资源相对承载力明显高于社会资源相对承载力；但在 2013 年之后，这一差距开始缩小。从 2016 年起，社会资源相对承载力超过经济资源相对承载力。社会资源相对承载力从 1222 万人提高到 2042 万人（67.1％），经济资源相对承载力从 1665 万人提高到 2009 万人（20.67％）。这些数据表明，社会资源承载力有了很大提高，未来几年可能保持上升趋势。人力资源对社会资源承载能力的贡献最大，说明人力资源在可持续发展中的重要性。与社会资源相比，经济资源的相对承载力增长缓慢。这种趋势的原因是，这些城市的经济发展主要依赖采矿业；矿产资源的减产和单一的产业模式，使这些城市难以实现实质性的经济增长。

2. 相对资源承载力时空分布特征

考虑到中国不同地区发展水平的差异，选取十个矿业城市作为参考区域，将 2007 年和 2017 年作为研究年份。把相对综合资源承载力的评价等级分为五个等级：严重超载（$P > \max C_s$），超载（$\max C_s > P > C_s$）；临界（$P = C_s$）；富余（$\min c < P < C_s$）；十分富余（$P < \min c$）。从表 5-52 和图 5-43 可以看出，这十个矿业城市的相对综合资源承载力是有所不同的。

表 5-52　2007—2017 年安徽各矿业城市相对综合承载力（万人）

城市	2007				2017			
	C_s	P	承载状态	P'	C_s	P	承载状态	P'
阜阳	566	974	严重超载	408	583	1070	严重超载	487
亳州	344	579	严重超载	235	370	651	严重超载	281
宿州	412	617	严重超载	205	396	655	严重超载	259

续表

城市	2007				2017			
	C_s	P	承载状态	P'	C_s	P	承载状态	P'
马鞍山	412	226	十分富余	−186	492	229	十分富余	−263
宣城	410	275	十分富余	−135	421	280	十分富余	−141
铜陵	312	170	十分富余	−142	312	171	十分富余	−141
淮南	501	376	十分富余	−125	498	390	十分富余	−108
淮北	405	214	十分富余	−191	318	217	十分富余	−101
池州	194	158	十分富余	−36	255	162	十分富余	−93
滁州	388	444	严重超载	56	543	454	十分富余	−89

(1) 相对资源承载力严重超载的城市。阜阳、亳州、宿州地区承载状态为严重超载,超载人数分别增加 19%,19%,26%。这些城市位于安徽省北部,具有较高的自然资源和经济资源承载力。其中,阜阳市 2017 年的超载人数最多,达到 487 万人,但阜阳市的相对综合承载力是 10 个城市中最高的,如图 5-43 所示。阜阳市自然资源和经济资源的相对承载力比其他矿业城市要高得多,但尚不能支撑阜阳的人口数量。与阜阳类似,亳州和宿州的人口规模也很大,高于区域相对资源承载力。2017 年。两市人口分别超载 281 万人和 260 万人。由于该地区地势平坦,气候温和,煤炭资源丰富,粮食和煤炭产量很高,经济发展势头强劲。这些条件导致自然资源和经济资源的承载能力很高,但仍不足以承载其人口数量。这些城市由于人口数量庞大、增长速度快,对资源的需求也不断增加。然而,这些城市主要依赖的自然资源却大大减少。据统计,这些地区的水资源总量和能源生产总量分别下降了 85.3% 和 57.4%。同时,其他资源的承载力增速较慢。因此,相对综合承载力不能满足不断增长的人口需求。总体而言,这些城市的发展以自然资源和经济资源为主,社会资源和环境资源的开发利用不足。

图 5-43　2007 年及 2017 年安徽省矿业城市超载人数变化情况

　　(2) 相对资源承载力十分富余的城市。马鞍山、宣城、铜陵、淮南、淮北、池州6市的承载力均处于十分富余状态。其中,马鞍山富余人口最多,富余规模扩大了41.39%。在十大矿业城市中,马鞍山的经济、社会、特别是环境资源承载力位居前列。经济资源承载力为517万人,比2017年实际人口高出288万人。马鞍山是典型的以铁矿石资源为发展基础的资源型城市。然而,该市成功转变了发展模式,减少了对自然资源的依赖。马鞍山经济社会建设取得重大进展。因此,随时间推移,马鞍山市的相对综合资源承载力显著提升。在研究期间,该市的GDP是十个矿业城市中最高的。马鞍山的装备制造业、新能源汽车产业、节能环保产业、航运产业蓬勃发展。同时,该市促进了对外贸易和第三产业的发展。这些都给该地区带来了快速的经济增长。2017年,社会资源承载力为574万人,比2007年增加172万人。2017年,马鞍山研发支出,即科技资源支出43.2亿元。这一数值远高于18.1亿元的平均值。同时,马鞍山市的环境资源承载能力一直位居前列。一方面,该市的城市绿地面积较大;另一方面,马鞍山在环境保护方面投入了大量资金,致力于遏制环境污染,保护水源地,扩大绿化带和森林面积。因此,马鞍山市的环境状况良好,有利于城市的可持续发展。

　　池州和宣城两市的主要矿产资源是方解石。池州和宣城位于安徽省南部,地形以山地和丘陵为主。这种地形限制了农业和工业的发展,但促进了旅游业的发展。2017年池州第三产业占GDP的比重为48%,环境资源承载力从118万人提高到213万人(80.35%)。同时,池州人口最少,人口增长率较低。宣城自然资源和社会资源的相对承载力增加了20%以上,但其贡献率低于经济资源和环境资源。其中,宣城环境资源相对承载力下降16.83%。

　　虽然铜陵、淮南、淮北三市在近年一直处于十分富余状态,但三个城市的富余规模都有所下降。2017年铜陵相对资源承载力与2007年持平。随着人口增加0.01万,富余人口减少0.77%。这座城市有着悠久的铜矿开采和冶金历史,铜矿产业一直主导着这座城市的经济。经过半个多世纪的大规模开采,铜陵的铜资源逐渐枯竭,该市面临着财政危机。这阻碍了城市基础设施建设和社会事业的发展。淮南、淮北地区的自然资源相对资源承载力较高,自然资源是淮南、淮北地区发展的主要动力。作为中国最重要的两个煤炭基地,淮南和淮北是安徽省煤炭产量最大的城市。2007—2017年,淮南自然资源相对承载力由571万人提高到749万人,其中能源资源贡献最大。与此同时,社会资源和环境资源的相对资源承载力大幅下降,相对综合资源承载力仅上升3.7%。与淮南不同,淮北是一个资源枯竭型城市,其自然资源的相对承载力不断减少。随着煤炭资源的枯竭,淮北单一产业结构的弊端日益明显,其相对综合资源承载力从405万人降至318万人。

（3）相对资源承载力有所变化的城市。研究期间,滁州市的承载状态由严重超载状态向十分富余状态转变。从图5-43可以看出,滁州市 2007 年和 2017 年的超载人口分别为 56 万和－89 万。由于滁州靠近长江三角洲经济圈——中国最发达的经济中心,近年来滁州的经济发展迅速。除传统的非金属矿业外,形成了先进装备、智能家电、硅基材料、新能源等支柱产业。这座城市吸引了高科技企业和人才,并在技术开发和环境治理方面进行了大量投资。社会资源和环境资源相对承载力大幅增长,相对综合资源承载力增长 39.9%。

3. 相对综合资源承载力预测

为了解研究区域未来几年的资源承载力情况,采用 GM(1,1)模型对 2018—2023 年的人口规模和相对综合资源承载力进行预测。如表 5-53 和图 5-44 所示,该模型拟合情况良好,可以用于预测。

表 5-53　GM(1,1)模型的计算公式及 *P* 值和 *C* 值

项目	计算公式	*P* 值	*C* 值
人口	$\hat{x}^{(0)}(t+1)=40.7789*e^{0.005t}$	1	0.1952
相对综合资源承载力	$\hat{x}^{(0)}(t+1)=21.7383*e^{0.0162t}$	1	0.2907

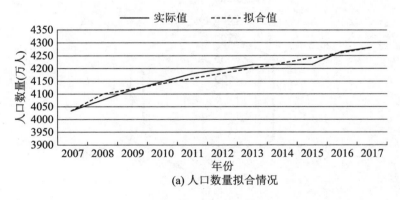

(a) 人口数量拟合情况

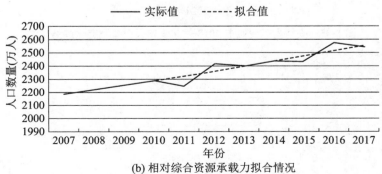

(b) 相对综合资源承载力拟合情况

图 5-44　安徽省矿业城市 2007—2017 年人口与资源承载力的拟合情况

利用 GM(1,1)函数方程分别预测了 2018—2023 年 10 个矿业城市的人口数量和相对综合资源承载力,如表 5-54 所示。未来 6 年,人口将持续增长,增长率为 2.49%。与此同时,相对综合资源承载力从 2599 万人提高到 2819 万人,增长率为 8.46%,高于人口增长比例。如图 5-45 所示,人口超载数量将会减少,研究区域的发展模式将变得更加合理。

表 5-54　安徽矿业城市相对综合承载力预测值(2018—2023 年)(万人)

年份	P	C_s	P'	R
2018	4304	2599	1705	0.40
2019	4326	2642	1684	0.39
2020	4347	2685	1.62	0.38
2021	4368	2729	1639	0.38
2022	4390	2774	1616	0.37
2023	4411	2819	1592	0.36

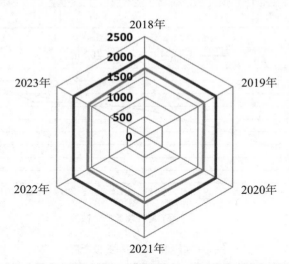

图 5-45　安徽省矿业城市 2018—2023 年人口超载变化趋势预测

第六章　结论及对策建议

第一节　主要研究成果

一、主要研究结论

以淮河生态经济带为研究对象,基于生态安全的复杂性和系统性,以 25 个地级市为研究单元,剖析 2008 年至 2017 年该区域生态环境发展状况,按照生态文明建设和可持续发展的要求,以生态环境影响要素及其具体表征和内在的作用机制为突破口,主要从生态环境和社会经济方面选择评价指标,对指标进行优选及分析、量化指标层级结构,进而构建切实有效的区域生态安全评价指标体系。采用熵值法辨析、计算各指标权重,根据权重值明晰指标对区域生态安全的影响程度。运用 TOPSIS 模型评价淮河生态经济带生态安全水平时空演变情况,并结合等维新息 DGM(1,1)模型和 ARIMA 模型对区域生态安全水平发展趋势作预警研判,再采用情景分析法进行子系统和关键因子的模拟调控分析,优化调控决策。最后运用正态云模型、耦合模型、集对分析、物元分析、相对承载力模型等多种方法对淮河生态经济带及子区域的生态安全、生态脆弱性及资源承载力等展开评价或预警研究。对掌握淮河生态经济带现存生态环境问题,实现资源节约、环境友好社会目标,提高区域生态环境建设水平,制定统筹区域发展、改善生态环境状况的政策提供决策依据。

(一) 基于 TOPSIS 淮河生态经济带生态安全水平评价

1. 淮河生态经济带生态安全水平总体评价

2008—2017 年,淮河生态经济带城市总体生态安全贴近度呈现波动上升趋势,2008 年总体生态安全贴近度为 0.387,处于"重警"级别,生态安全水平属于"较不安全"状态,而 2017 年,总体生态安全贴近度已达到 0.615,处于"轻警"级别,生态安全水平也提升至"较安全"状态,上升幅度为 37.07%。其中,仅有 2016 年和

2017年两年达到"轻警"级别,而总体生态安全贴近度仍在0.65以内,且2017年生态安全贴近度有所下降,说明当前该区域总体生态安全状况在"较安全"状态的低临界线上徘徊,有回落至"基本安全"状态的风险,需谨慎预防。

2. 淮河生态经济带生态安全等级分布

2008年淮河生态经济带城市生态安全等级呈"东南部较高,其余偏低"的格局,仅有4个城市处于"中警"级别,其他城市均处于"重警"级别;2017年东南部区域生态安全优势进一步扩大,有6个城市达到"中警"级别,此外北部地区也有2市提升至"中警"级别,西部地区生态警情等级仍较低。2017年淮河生态经济带城市生态安全等级较2008年提升效果并不明显,10年间"中警"城市仅由4个增至8个,大部分城市生态安全状况仍不容乐观。

3. 淮河生态经济带生态环境警情级别空间分布

2008—2017年淮河生态经济带江苏段和安徽段生态安全状况较优,山东段次之。

(1)淮河生态经济带安徽段内城市多位于安徽省北部地区,社会发展水平相对滞后,大部分为矿业城市,如淮南、亳州、宿州、淮北和滁州。密集的矿业开采带来大量工业污染,使其生态环境面临极大威胁。2008年,除蚌埠和滁州达到"中警"级别,其余城市都处于"重警"级别。蚌埠环保支出占财政支出比重达到15.1%,为25市最高,表明当地政府对环境保护和治理的重视,使其生态安全水平较高;滁州虽是矿业城市,由于其单位GDP能耗相对较低,警情为"中警"级别,但其贴近度为0.407,仅达到临界线边缘。2017年,安徽段各市生态警情与2008年相差甚微,仅淮北生态安全等级提高至"中警"水平。作为传统煤炭城市,淮北土地塌陷、空气污染等生态问题较为严重。当地政府转变发展模式,提高煤炭资源利用效能,合理利用煤炭生产中产生的煤泥等废料,不仅降低了工业废气排放,还获得了经济效益。

(2)淮河生态经济带江苏段内城市位于江苏省北部和中部,该区域是淮河生态经济带上经济最发达的地区。江苏段内泰州、扬州、连云港和盐城四市在2008年均处于"重警"级别,因地处长三角经济区,大批企业和人才聚集于此,经济发展迅速、环境荷载较大,致使生态安全水平较低;徐州作为典型的矿业城市,高能耗、高污染的能源产业破坏了生态系统平衡,生态环境较为脆弱,虽然人均GDP为淮河生态经济带25市中最高,其生态警情仍处于"重警"级别;宿迁和淮安两市都是优质农副产品产区,农业发展水平较高,耕地面积较广,生态环境压力相对较小,预警程度较低,处于"中警"级别。2017年,连云港生态安全水平有所提升,达到"中警"级别,这主要得益于该地大力发展第三产业,2017年第三产业比重与第二产业持平,缓解了生态安全压力。

(3)淮河生态经济带山东段内城市位于山东省南部,处于低山丘陵地带,林果业十分发达。2008年各市生态警情均为"重警"。由于枣庄、济宁、临沂和菏泽四市均属于鲁南经济带,经济蓬勃发展的同时也面临发展空间不足、资源紧张等问题,生态承载力较低,生态环境较不安全。2017 年,枣庄和济宁生态安全等级上升,提高到"中警"级别,这主要归因于当地加大生态环境建设力度,人均公园绿地面积与建成区绿化覆盖率高于其他城市同期水平,且环保支出占财政支出比重逐年上涨,有效改善生态环境质量。

(4) 淮河生态经济带河南段内城市位于该省东南部,地形复杂,山脉、盆地、平原、丘陵皆有。2008—2017 年河南段各市生态警情均为"重警",虽然各市生态安全贴近度均有不同程度的上升,但增长幅度较低,未能提高其生态安全预警级别。河南是人口大省,由于人口基数大,河南段内城市人口密度约为淮河生态经济带其他区域城市的两倍,生态环境荷载较大。其次,境内各市制造业发达,导致其工业废水排放量远超其他段城市,生态污染情况严重,生态安全度较低。

(二) 淮河生态经济带生态环境未来预警结果

1. 等维新息递补灰色模型 DGM(1,1)预测结果

2017—2018 年,研究区域生态安全警情恶化。整体而言,淮河生态经济带 25 市生态安全警情仍处于重警和中警状态。其中,警情为中警的城市由 8 个减少到 6 个,而处于重警的城市从 17 个增加至 19 个。淮安、济宁的警情等级均由中警转变为重警,其余城市警情等级保持不变。从 2018 年预警数据看,河南段 6 城市的生态安全警情皆为重警,比例达 100%;安徽段重警级别城市 5 个,占 63%,中警级别城市 3 个,占 37%;江苏段重警级别城市 5 个,占 71%,中警级别城市 2 个,占 29%;山东段重警级别城市 3 个,占 75%,中警级别城市 1 个,占 25%。由此得出,2018 年四区域生态安全警情排序为:安徽段>江苏段>山东段>河南段。到 2022 年,淮河生态经济带整体生态安全警情无明显改善。警情为重警的城市增加至 20 个,中警城市由 2017 年的 8 个减少至 4 个,但出现 1 个轻警城市。具体来看,淮安、济宁、淮北三市的警情恶化,由中警变为重警;枣庄警情级别由中警提升至轻警。河南段 6 城市的生态安全警情仍为重警,比例达 100%;安徽段重警级别城市 6 个,占 75%,中警级别城市 2 个,占 25%,较 2018 年警情恶化;江苏段警情与 2018 年相同,重警级别城市 5 个,占 71%,中警级别城市 2 个,占 29%;山东段警情有所好转,出现 1 个轻警城市,但重警级别城市仍有 3 个,占 75%。2022 年四区域生态安全警情排序为:江苏段>山东段>安徽段>河南段。

2. ARIMA 模型预测结果

2017—2018 年,研究区域生态安全警情明显改善。虽然淮河生态经济带 25 市生态安全警情仍处于重警和中警状态,但警情为重警的城市由 17 个减少到 13 个,而处于中警的城市从 8 个增加至 12 个。这四个警情级别提升的城市是扬州、六安、漯河、平顶山。从各段生态安全不同警情等级城市占比看,河南段中警城市 2 个,占 33%,重警城市 4 个,占 67%;安徽段中警城市 4 个,重警 4 个,各占 50%;

江苏段中警城市 4 个,占 57%,重警城市 3 个,占 43%;山东段中警城市和重警城市各 2 个,均占 50%。2018 年四区域生态安全警情排序为:江苏段＞安徽段＝山东段＞河南段。到 2022 年,重警级别城市持续减少至 10 个,增加轻警城市 3 个,中警城市仍为 10 个。对比 2017 年,警情级别由重警变为中警的有:盐城、徐州、扬州、菏泽、六安、漯河、平顶山;由中警变为轻警的有连云港和枣庄。河南段中警城市 2 个,占 33%,重警城市 4 个,占 67%;安徽段轻警城市 1 个,中警城市 3 个,重警城市 4 个,分别占 12%,38%,50%;江苏段轻警城市 1 个,中警城市 5 个,占 57%,重警城市 1 个,分别占 14%,70%,14%;山东段轻警城市 1 个,中警城市 1 个,重警城市各 2 个,分别占 25%,25%,50%。2022 年四个区域生态安全警情排序为:江苏段＞山东段＞安徽段＞河南段。

3. DGM-ARIMA 模型组合预测结果

2018 年淮河生态经济带城市生态安全状况与 2017 年基本符合,江苏段的扬州市和河南段的平顶山市警情级别由"重警"提升至"中警",其余城市级别不变;到 2022 年,淮河生态经济带 25 个地级市生态安全状况明显改善,呈"中东部较高、西部较低"的生态警情分布态势,江苏段和山东段生态安全状况较优,安徽段次之,河南段最劣。其中,除泰州市、临沂市外,江苏段和山东段其余城市均处于"中警"以上级别,生态安全状况较为稳定;安徽段 8 市生态安全水平参差不齐,淮北和蚌埠 2市警情级别上升至"轻警",六安和滁州市处于"中警"级别,阜阳、亳州、淮南和宿州 4 市仍处于"重警"级别,生态环境现状不容乐观;河南段仅有平顶山和漯河 2 市达到"中警"水平,其余城市属于"重警"级别,生态安全形势较为严峻。

（三）淮河生态经济带淮北市生态安全调控研究结论

1. 生态安全子系统调控模拟分析

在 4 种警情调控模拟方案中,均可使淮北市的生态安全从 2022 年全部达到无警状态。从单项子系统调控结果中可以看出:在压力、状态、响应单项调控中,压力和状态子系统的敏感度较高,2018 年进入轻警状态;而响应子系统滞后到 2019 年进入轻警状态。因此,判定在子系统调控时,三大子系统调控时压力和状态子系统具有同等重要的作用。但是,响应子系统相比之下敏感度较低,总系统进入轻警状态较晚。因此,为保证淮北市生态安全系统早日进入轻警状态,应当在三大系统分别调控时,重点加大对响应子系统指标的调控力度。

2. 生态安全关键因子调控模拟分析

在 4 种关键因子调控模拟方案中,关键因子调控模拟与子系统调控模拟表现出调控结果的一致性。从子系统关键因子调控结果中可以看出:在压力、状态、响应三大系统关键因子调控中,状态子系统的敏感度较高,2018 年进入轻警状态;压力和响应子系统的敏感率较低,滞后在 2019 年生态安全进入轻警状态;而在总系统全部关键因子调控中,从 2018 年以后,淮北市生态安全进入轻警状态,到 2021 年,达到无警状态。因此,为了保证淮北市生态安全系统早日进入无警状态,应当加大对压力和响应子系统关键因子调控力度。

二、研究特色

(一) 综合系统性研究思路的拓展

随着研究方法和技术手段发展进步,无论图形数据和属性数据都突出了综合性,数据来源都更加稳定、可靠和容易获取,其中包括:地质、地形、土壤、水文、气候等构成生态环境潜在脆弱性的主要分析数据;植被覆盖变化、土壤侵蚀变化、土地利用变化、社会经济变化等构成生态环境胁迫脆弱性的主要分析数据。这为生态脆弱性综合研究提供了很好的数据支撑。在生态环境脆弱性评价目标方面,以人地关系为切入点,逐渐从单纯的生态环境脆弱性评价走向生态环境与经济社会耦合脆弱性综合评价,向"土地利用-社会经济-生态效应"综合研究发展,帮助我们更好地认知生态环境背景下的人地耦合的时空特征,为资源生态和社会经济可持续发展提供重要的决策信息和管控依据。

(二) 时空动态性数据处理的适用

早期的生态脆弱性评价静态分析的比较多。随着"3S"技术的发展及其广泛应用,特别是其数据获取、模型构建、数据分析、空间分析、平台展示等功能,为生态环境脆弱性动态评价提供了强劲的技术支撑。"大数据"背景下,充分发挥"3S"技术优势,与传统的研究方法手段相融合,实现统计信息和空间信息的及时处理,构建区域尺度上兼备评价、预测与预警功能的生态环境脆弱性评价模型,将是生态环境脆弱性评价的重要发展方向之一。在"3S"技术支持下,以全球气候变化为背景的宏观研究也得到了迅速发展,通过将遥感影像数据与长期定点观测数据相融合,从时间和空间上更好地分析生态群落的演变、社会经济的发展对生态环境脆弱性的作用机理和发展机制,实现更科学、客观的时空动态评价。

(三) 学科融合性研究方法的综合

在大数据背景下,生态脆弱性评价的方法不断现代化,学科交叉研究得到了快速发展。最新的研究显示,数据的获取更多综合了遥感数据、野外调查、样地调查、地理国情普查等来源,数据分析方法也综合了自然地理、土地生态、区域经济、社会政策、统计学等相关学科方法,通过计算机强大的运算功能及 3S 技术软件平台技术,将人工智能中的核心机器学习方法运用到生态环境脆弱性评价中来,打破传统的数理模型方法计算,更深程度地挖掘影响生态环境脆弱性的数据信息,这种交叉综合性研究方法运用到区域大尺度上优势更加突出。同时,因为研究基础数据的多源融合、相互补充,为区域生态环境长期的演变特征分析提供了新的数据平台,为提高训练样本及今后的预测精度提供了条件和保障。

(四)实践应用性研究结果的实用

生态脆弱性评价的目标是为资源可持续利用和社会经济可持续发展提供信息支撑和决策依据,所以用评价结果来指导土地利用和生态管控,是研究的最终落脚点。结合评价结果加强分区研究是区域生态环境脆弱性研究未来发展的重点方向。依靠生态环境脆弱性评价结果对研究区域合理分区,针对不同的分区结果采纳不同的整治对策,可为优化国土空间开发格局、构建国土全域保护格局及生态功能区综合整治提供重要信息。根据研究目标不同可选择不同的分区依据:一是依照潜在脆弱性评价进行区分;二是依照胁迫脆弱性评价进行区分;三是依照现实脆弱性评价进行区分;四是依照绝对变化率进行区分;五是依照相对变化率进行区分。分别表示生态环境脆弱性的自然区划、胁迫区划、现实区划、绝对变化程度区划、相对变化程度区划。总体上,依据评价结果实现对区域资源生态和社会经济进行综合治理和有效管控,助力生态优先、可持续发展,是生态脆弱性评价最终价值实现的重要途径。

第二节　区域生态环境质量提升对策建议

(一)推进区域生态环境质量治理保护机制

区域生态环境保护和高质量发展重在保护,要在治理。通过生态优先、绿色发展导向发展策略强化"保护、治理、管理",切实推进综合治理、系统治理、源头治理,打造区域生态环境保护的绿色长廊。

一是强化全面保护。实行最严格的水资源管理和环境保护制度,编制实施区域水资源、生态保护、污染防治等专项规划,将重要生态功能区、生态脆弱区域等划入生态保护红线,永久保护区域性的原始自然风貌和独特物种资源,全力维护流域生态系统完整。持续创新四轮驱动的"治理模式",统筹推进生态环境治理,启动实施生态安全屏障和生态廊道等工程。构建生态工业产业链、生态光伏产业链、生态旅游产业链、生态修复产业链等,加大运用产业化手段保护生态。

二是强化系统治理。把区域生态环境保护统筹起来,实施生态环境共防共治。加强区域生活污染和农业污染、工业污染防治,特别抓好核心项目的污染治理。抓好生态修复,推进生态调水和生态补水,重点解决区域水资源承载力问题。加强区域综合治理,加强核心项目综合治理,做好规模化治理工作,加强系统建设。

三是强化高效管理。开展区域生态环境大普查,系统梳理和掌握各类生态隐患和环境风险,做好资源环境承载能力评价。坚持以水定城、以水定地、以水定人、以水定产,把水资源作为最大的刚性约束,合理规划人口、城市和产业布局,坚决抑制不合理用水需求。大力发展节水产业和技术,系统性解决农业节水、工业集约用水。建立健全运作规范、协调统一的管理体制,持续开展水资源保护、水污染防治监督检查专项行动,建设全区域全天候监测管控体系。

(二) 完善区域生态环境综合治理体系

区域生态环境问题往往制约地区经济社会可持续发展。因此,需要进一步加大综合治理力度。

一是坚决打赢蓝天保卫战。切实贯彻区域大气污染防治相关条例,对行业严格执行大气污染物特别排放限值,推进煤改气或可再生能源替代化石能源等,严控重点园区、重点行业污染排放。对矿山排土场、排矸场以及主要道路和运输煤炭、砂土、石灰等车辆等加大管理力度,实施矿区环境集中连片治理。

二是推进产业发展生态化。以产业链布局创新链,用先进技术改造提升传统优势产业,推动工业产品向精细化、高端化、终端化方向转变,促进传统产业换代升级。把新兴产业作为转型的突破口,优先引进一批新能源、新装备、新材料等战略性新兴产业,实现新兴产业发展提速、比重提升,成为经济转型发展的新引擎。以推进信息技术和工业经济深度融合为主线,依托现代信息技术、网络平台,助推产业实现生产方式、经济模式、产业结构的改造升级。

三是强化区域联防联控联治。统一组织部署,联合开展生态环境综合治理。区域生态保护应根据该地区环境质量状况和污染特征,组织编制区域性生态保护红线、环境质量底线、资源利用上线、生态环境准入清单等,统筹考虑区域环境承载力、排污总量、社会经济发展现状、科学确定区域环境质量改善目标、明确协同控制目标。推动建立一体化的生态环境监测网络,提高区域环境质量监测能力,并实现区域监测信息共享。建立统一的环境执法联动监管体系,开展随机抽查、交叉互查等形式的联合执法,协调解决跨界生态环境纠纷。主动融入区域发展战略,抓住生态保护和高质量发展的重大机遇,不断拓宽发展路径,积极推动与周边地区和国家基础设施互联互通、产业上下游协作,形成差异化、协同化发展格局。

(三) 探寻区域生态环境修复和治理模式

实施区域生态环境治理的联合立法和协同执法,建立统筹的生态系统保护修复和污染防治区域联动模式。换言之,区域生态保护须从治理效益最大化出发,行使联防联控权力,履行联防联控义务,承担生态破坏和环境污染行为产生的各种连带责任。

一是逐步构建区域生态环境应急预警体系。实行节约用水和节能减排,增强大气和水污染的专业化治理合力。打破地方利益格局,加强生态保护红线统筹,提高区域生态系统保护和环境污染治理成效。完善跨域交接断面水质目标管理,制定跨域河流综合整治和生态修复规划,共享污染源监控信息,实现管网互联互通,联合开展河道综合整治。建立统一的区域空气质量监测体系,将重点污染城市全部纳入区域大气监控网络。

二是强化区域生态环境治理机构建设。成立跨区域生态环境治理专项委员会。这个机构一方面负责区域生态环境建设规划的制定和完善,组织跨区域生态环境工程的建设,协调重大生态环境建设项目审批和落地选址等;另一方面协调不同地方利益,并监督区域内地方政府生态环境治理的效果。该委员会的成员应由省、市政府的代表组成,在代表数量分配上应该保证各个省市地区的公平。区域内各地方原有的环保部门要进一步明确其职责,避免原有部门与跨地区生态环境治理专项委员会的管理出现冲突。不同地区环保部门通过跨地区生态环境治理专项委员会实现联动,实现监测信息共享和监管协同,共同解决跨域生态破坏和环境污染纠纷。

三是鼓励公众参与区域生态环境治理。加强公众对区域生态环境共建共享的认知并形成有效的监督力量,相关部门应该及时公布各项生态环境共建共享标准和指标,强化公众参与的公开性和透明度。通过鼓励公众参与,促进居民生活方式的转型。充分发挥大众传媒、环境保护非政府组织等社会公众机构的作用,保障公众的知情权,共同监督生态工程建设和环境保护项目实施,提高区域生态环境治理效率,形成区域性政府、市场和社会共同参与的生态环境治理的良好局面。

(四)构建区域生态补偿机制

按照"谁受益、谁付费"的原则,正确界定补偿主体和受偿主体。制定合理的补偿标准,采取资金补偿、实物补偿、能力补偿、政策补偿等方式,建立多维长效的区域生态补偿机制,实现区域生态环境治理的成本共担与收益共享。

一是充分考虑政策、制度和区位等因素,实施生态补偿创新模式,实行从纵向财政转移支付到横向转移支付和异地开发,引导区域生态环境受益城市和地区,对生态环境保护和建设重点城市和地区在经济社会发展上给予必要的扶持,使生态服务受益区为生态服务产出区提供产业发展空间。

二是适时提高受益地区的水价和污水处理费的标准,用于补偿相关地区为保护水资源而受限制的传统行业发展权益损失和高耗水农业发展权益损失。同时,通过资源产权界定,建立跨区域水权交易市场,探索排污权交易,实行市场化水资源配置,对生态资源输出地区进行补偿,使区域生态补偿机制常态化。

三是设立区域生态环境合作发展基金。设立区域生态环境合作发展基金,制定基金使用与管理细则。在保持中央政府、省和地方政府投入的基础上,扩大资金来源,多渠道、多方法引入社会资本。区域生态环境合作发展基金必须用于生态环境治理项目,包括生态服务提供区的饮用水源保护、天然林保护、生态脆弱地带的植被恢复、退耕还林(草)、防沙治沙、因保护环境而关闭或外迁企业的补偿等。对企业提供环保节能激励税收政策,对科研单位实行环保科技优先奖励制度,制定生态环保产业补助政策。

(五) 强化区域生态环境保护法治体系

让区域的天更蓝、山更绿、水更清,经济社会更高质量发展,需要积极推进区域司法协作,自觉将环境资源审判工作打造成为绿色美丽的区域生态环境保护的强劲助推器。

一是加大生物多样性司法协作保护力度。由于环境破坏,区域重要生态服务功能受损,一些珍稀特有物种面临严重威胁。法院应充分发挥审判职能,共同探索生物多样性司法保护特殊规律,强化跨域生物多样性审判协作,以司法担当维护区域生物多样性生态环境。

二是强化生态补偿机制试点司法保障力度。当前,须强化区域生态补偿机制的复制与推广。区域司法机构应立足实践,联合开展司法服务保障生态补偿机制的前瞻性研究,遵循"受益者付费,保护者获益"原则,以司法手段合理实现生态补偿机制的利益协调。

三是深度推进跨域生态环境司法协作。在跨域层面建立联席会议机制,以轮值方式定期召开环境资源审判工作联席会议,交流审判经验、商议突出问题、统一裁判尺度。依托智慧法院建设成果,积极打造环境资源案件信息共建共享平台,不断拓展司法协作范围,简化协作程序。积极探索建立区域统一的环境资源司法鉴定机构、鉴定人名册及专家库,为案件审理提供技术支持和智慧保障。

参 考 文 献

[1] 吴柏海,余琦殷,林浩然. 生态安全的基本概念和理论体系[J]. 林业经济,2016,38(7):19-26.

[2] 董晓峰,刘申,刘理臣,等. 基于熵值法的城市生态安全评价:以平顶山市为例[J]. 西北师范大学学报(自然科学版),2011,47(6):94-98.

[3] 张毅. 新世纪:面对我国的生态安全[J]. 中学地理教学参考,2001(6):60-61.

[4] 余谋昌. 论生态安全的概念及其主要特点[J]. 清华大学学报(哲学社会科学版),2004(2):29-35.

[5] 高长波,陈新庚,韦朝海,等. 区域生态安全:概念及评价理论基础[J]. 生态环境,2006(1):169-174.

[6] 左伟,周慧珍,王桥. 区域生态安全评价指标体系选取的概念框架研究[J]. 土壤,2003(1):2-7.

[7] 陈星,周成虎. 生态安全:国内外研究综述[J]. 地理科学进展,2005(6):8-20.

[8] 曲格平. 关注生态安全之二:影响中国生态安全的若干问题[J]. 环境保护,2002(7):3-6.

[9] 曲格平. 中国环境保护四十年回顾及思考(回顾篇)[J]. 环境保护,2013,41(10):10-17.

[10] 高吉喜. 可持续发展理论探讨:生态承载力理论、方法与应用[M]. 北京,中国环境科学出版社,2001:8-23.

[11] 向芸芸,蒙吉军. 生态承载力研究和应用进展[J]. 生态学杂志,2012,31(11):2958-2965.

[12] 邓波,洪绂曾,高洪文. 草原区域可持续发展研究的新方向:生态承载力[J]. 吉林农业大学学报,2003(5):507-512,516.

[13] Park R E,Burgess E W. Introduction to the Science of Sociology[M]. Chicago:Chicago University of Chicago Press,1921.

[14] Hadwen I A S, Palmer L J. Reindeer in Alaska[M]. Washington,DC:US Dept of Agriculture,1922.

[15] Errington P L. Vulnerability of Bob-White Populations to Predation. Ecology,1934,15

(2):110-127.

[16] Odum E P. Fundamentals of ecology[M]. Philadelphia:WB Saunders Company,1953.

[17] Bicknell K B,Ball R J,Cullen R,et al. New methodology for the ecological footprint with an application to the New Zealand economy[J]. Ecological Economics,1998,27 (2):149-160.

[18] 朱泽生,孙玲. 东台市滩涂生态系统服务价值研究[J]. 应用生态学报,2006(5): 878-882.

[19] Yue D X,Xu X F,Li Z Z,et al. Spatiotemporal analysis of ecological footprint and bio-logical capacity of Gansu,China 1991-2015:down from the environmental cliff[J]. Ecological Economics,2006,58(2):393-406.

[20] 高鹭,张宏业. 生态承载力的国内外研究进展[J]. 中国人口·资源与环境,2007(2): 19-26.

[21] 《中国土地资源生产能力及人口承载量研究》课题组. 中国土地资源生产能力及人口承载量研究[M]. 北京:中国人民大学出版社,1991

[22] 王家骥,姚小红,李京荣,等. 黑河流域生态承载力估测[J]. 环境科学研究,2000(2): 44-48.

[23] 高吉喜. 可持续发展理论探讨:生态承载力理论、方法与应用[M]. 北京:中国环境科学出版社,2001:8-23.

[24] 高吉喜. 区域可持续发展的生态承载力研究[D]. 北京:中国科学院地理科学与资源研究所,1999.

[25] 朱玉林,李明杰,顾荣华. 基于压力-状态-响应模型的长株潭城市群生态承载力安全预警研究[J]. 长江流域资源与环境,2017,26(12):2057-2064.

[26] 王宁,刘平. 新疆额尔齐斯河流域生态承载力研究[J]. 干旱地区农业研究,2005(5): 207-211.

[27] 徐晓锋,岳东霞,汤红官,等. 基于 GIS 的甘肃省生态承载力时空动态分析[J]. 兰州大学学报,2006(5):62-67.

[28] 付强,李伟业,冯艳. 基于改进型 PCNN 与模糊算法的湿地生态承载力评价[J]. 水土保持研究,2008(4):56-59+63.

[29] 刘洪丽,吴军年,徐兴东. 基于集对分析的矿区生态承载力定量评价[J]. 干旱区研究, 2008(4):568-573.

[30] 伴晓淼,温洪艳,宋保华,等. 基于生态足迹的石家庄市生态承载力评价[J]. 资源开发与市场,2010,26(12):1074-1077,1100.

[31] 熊建新,陈端吕,谢雪梅. 基于状态空间法的洞庭湖区生态承载力综合评价研究[J]. 经济地理,2012,32(11):138-142.

[32] 刘东,封志明,杨艳昭. 基于生态足迹的中国生态承载力供需平衡分析[J]. 自然资源

学报,2012,27(4):614-624.

[33] 苏海民,何爱霞,汪兆国,等.基于生物免疫学的安徽省城市生态系统承载力研究[J].地域研究与开发,2017,36(6):131-135,159.

[34] 张琴琴,瓦哈甫·哈力克,麦尔哈巴·麦提尼亚孜,等.基于 SD 模型的吐鲁番市生态-生产-生活承载力分析[J].干旱区资源与环境,2017,31(4):54-60.

[35] 纪学朋,白永平,杜海波,等.甘肃省生态承载力空间定量评价及耦合协调性[J].生态学报,2017,37(17):5861-5870.

[36] 朱嘉伟,谢晓彤,李心慧.生态环境承载力评价研究:以河南省为例[J].生态学报,2017,37(21):7039-7047.

[37] 李国志.浙江省生态足迹时空差异及因素分解研究[J].华东师范大学学报(自然科学版),2018(4):147-158.

[38] 胡向红,蔚秀莲,陈如霞,等.基于二阶段锡尔系数的黔南州旅游生态环境承载力研究[J].生态经济,2018,34(12):129-135.

[39] 岳东霞,杨超,江宝骅,等.基于 CA-Markov 模型的石羊河流域生态承载力时空格局预测[J].生态学报,2019,39(6):1993-2003.

[40] 崔昊天,贺桂珍,吕永龙,等.海岸带城市生态承载力综合评价:以连云港市为例[J].生态学报,2020,40(8):2567-2576.

[41] 赵桂慎,王一超,唐晓伟,等.基于能值生态足迹法的集约化农田生态系统可持续性评价[J].农业工程学报,2014,30(18):159-167.

[42] 杜元伟,周雯,秦曼,等.基于网络分析法的海洋生态承载力评价及贡献因素研究[J].海洋环境科学,2018,37(6):899-906.

[43] 樊新刚,仲俊涛,杨美玲,等.区域可持续发展能力的能值与耦合分析模型构建[J].地理学报,2019,74(10):2062-2077.

[44] 张雅娴,樊江文,王穗子,等.三江源区生态承载力与生态安全评价及限制因素分析[J].兽类学报,2019,39(4):360-372.

[45] 顾家明,胡卫卫,田素妍.基于 DPSIR-TOPSIS 模型的江苏省生态承载力评价及障碍因素诊断[J].水土保持通报,2019,39(2):246-252.

[46] 蒋汝成,顾世祥.熵权法-正态云模型在云南省水生态承载力评价中的应用[J].水资源与水工程学报,2018,29(3):118-123.

[47] 李娟,黄民生,陈世发,等.基于能值理论的福州市生态足迹分析[J].中国农学通报,2009,25(10):215-219.

[48] 尹科,王如松,姚亮,等.生态足迹核算方法及其应用研究进展[J].生态环境学报,2012,21(3):584-589.

[49] 杜悦悦,彭建,高阳,等.基于三维生态足迹的京津冀城市群自然资本可持续利用分析

[J].地理科学进展,2016,35(10):1186-1196.

[50] Wackernagel M,Rees W E. Our ecological footprint:reducing human impact on the earth[M].Gabriela Island,BC:New SocietyPublishers,1996.

[51] Rees W E,Wackernagel M. Monetary analysis:turning a blind eye on sustainability [J].Ecological Economic,1988,29:47-52.

[52] Hardi P,Barg S,Hodge T,et al. Measuring sustainable development:review of current practice [J].Occasional peper,1997,17:1-2,49-51.

[53] Manfred L. A Modified Ecological Footprint Method and its Application to Austrilia [J]. Ecological Economics, 2001, 2.

[54] 吴文彬.生态足迹研究文献综述[J].合作经济与科技,2014(1):11-15.

[55] Turner K, Lenzen M, Wiedmann T,et al. Examining the global environmental impact of regional consumption activities—Part 1:A technical note on combining input-output and ecological footprint analysis. Ecological Economics,2006,62(1):37-44.

[56] 吴文彬.生态足迹研究文献综述[J].合作经济与科技,2014(1):11-15.

[57] 赵勇,李树人,寇刘秀,等.生态足迹法在郑州市城市可持续发展中的应用[J].河南农业大学学报,2004(4):394-399.

[58] 周洁,王远,安艳玲,等.基于生态足迹法的铜陵市可持续发展竞争力评价[J].生态经济,2005(9):47-50.

[59] 斯蔼,汤洁,林年丰,等.生态足迹法在松嫩平原西部可持续发展研究中的应用[J].干旱区研究,2005(4):137-142.

[60] 紫檀,潘志华.内蒙古武川县生态足迹分析[J].中国农业大学学报,2005(1):64-68.

[61] 赵昕,任志远.宝鸡市2004年生态足迹分析[J].生态经济,2006(11):116-119.

[62] 魏黎灵,李岚彬,林月,等.基于生态足迹法的闽三角城市群生态安全评价[J].生态学报,2018,38(12):4317-4326.

[63] 占本厚,李莉,魏媛.江西省可持续发展状况的生态足迹分析[J].湖北农业科学,2013,52(18):4337-4341,4350.

[64] 段铸,程颖慧.基于生态足迹理论的京津冀横向生态补偿机制研究[J].工业技术经济,2016,35(5):112-118.

[65] 杨雪荻,白永平,等.甘肃省生态安全时空演变特征及影响因素解析[J/OL].生态学报,2020(14):1-9.

[66] Trevisan M, Padovani L, Capri E. Nonpoint-source agricultural hazard index:a case study of the province of cremona,italy[J]. Environmental Management,2000,26(5):577-584.

[67] Cherp A. Environmental assessment in countries in transition:Evolution in a chan-

ging context[J]. Journal of Environmental Management, 2001, 62:357-374.

[68]　Matthew A, Luck G, Darrel, et al. Grimm. The urban funnel model and the spatially heterogeneous ecological footprint[J]. Ecosystems, 2001, 4(8):782-796.

[69]　Qi H W. Modeling urban growth effects on surface runoff with the integration of remote sensing and GIS[J]. Environmental Management, 2001, 28(6):737-748.

[70]　Wang H Y. Assessment and prediction of overall environmental quality of Zhuzhou City, Hunan Province, China[J]. Journal of Environmental Management, 2002, 66(3):329-340.

[71]　Mortberg U M, Balfors B, Knol W C. Landscape ecological assessment: A tool for integrating biodiversity issues in strategic environmental assessment and planning [J]. Journal of Environmental Management, 2007, 82:457-470.

[72]　Li Z W, Zeng G M, Zhang H, et al. The integrated eco-environment assessment of the red soil hilly region based on GIS—A case study in Changsha City, China[J]. Ecological Modelling, 2007, 202(3):540-546.

[73]　Zhang H, Wang X R, Hob H H, et al. Eco-health evaluation for the Shanghai metropolitan area during the recent industrial transformation (1990-2003)[J]. Journal of Environmental Management, 2008, 88:1047-1055.

[74]　Vatn A. An institutional analysis of methods for environmental appraisal[J]. Ecological Economics, 2009, 68(8):2207-2215.

[75]　Richardson L, Loomis J. The total economic value of threatened, endangered and rare species: An updated meta-analysis[J]. Ecological Economics, 2010, 69:1062-1075.

[76]　Perevochtchikova M, Negrete I A R. Development of an indicator scheme for the environment impact assessment in the federal district, Mexico[J]. Journal of Environmental Protection, 2013, 4(3):226-237.

[77]　傅伯杰. AHP 法在区域生态环境预警中的应用[J]. 农业系统科学与综合研究, 1992(1):5,7,10.

[78]　阎伍玖, 沈炳章, 方元升, 等. 安徽省芜湖市区域农业生态环境质量的综合研究[J]. 自然资源, 1995(2):39-45.

[79]　高志强, 刘纪远, 庄大方. 中国土地资源生态环境质量状况分析[J]. 自然资源学报, 1999(1):3-5.

[80]　郝永红, 周海潮. 区域生态环境质量的灰色评价模型及其应用[J]. 环境工程, 2002(4):66-68,5-6.

[81]　汤洁, 朱云峰, 李昭阳, 等. 东北农牧交错带土地生态安全指标体系的建立与综合评价:以镇赉县为例[J]. 干旱区资源与环境, 2006(1):119-124.

[82] 李洪义,史舟,沙晋明,等.基于人工神经网络的生态环境质量遥感评价[J].应用生态学报,2006(8):1475-1480.

[83] 厉彦玲.基于灰色聚类分析方法的生态环境质量综合评价模型[J].测绘科学,2007(5):77,79,203.

[84] 马勇,李丽霞,任洁.神农架林区旅游经济-交通状况-生态环境协调发展研究[J].经济地理,2017,37(10):215-220,227.

[85] 黄光球,刘权宸,陆秋琴.基于状态 Petri 网的矿区生态环境脆弱度动态评价方法[J].安全与环境学报,2017,17(4):1583-1588.

[86] 刘轩,岳德鹏,马梦超.基于变异系数法的北京市山区小流域生态环境质量评价[J].西北林学院学报,2016,31(2):66-71,294.

[87] 魏伟,雷莉,周俊菊,等.基于 GIS 和 PSR 模型的石羊河流域生态安全评估[J].土壤通报,2015,46(4):789-795.

[88] 王奎峰,李娜,于学峰,等.基于 P-S-R 概念模型的生态环境承载力评价指标体系研究:以山东半岛为例[J].环境科学学报,2014,34(8):2133-2139.

[89] 韩鹏冉,严成,孙永秀,等.克拉玛依市中部城区外围生态敏感性评价[J].干旱区研究,2018,35(5):1217-1222.

[90] 童佩珊,施生旭.厦漳泉城市群生态环境与经济发展耦合协调评价:基于 PSR-GCQ 模型[J].林业经济,2018,40(4):90-95,104.

[91] 陈燕丽,杨语晨,杜栋.基于云模型的省域生态环境绩效评价研究[J].软科学,2018,32(1):100-103,108.

[92] 陈振武,许福美.基于 AHP 与 FUZZY 的矿山生态环境综合评价研究[J].科技通报,2017,33(12):262-269.

[93] 姚昆,周兵,李小菊,等.基于 AHP-PCA 熵权模型的大渡河流域中上游地区生态环境脆弱性评价[J].水土保持研究,2019,26(5):265-271.

[94] 史建军.城镇化进程中生态环境响应的时空分异及影响因素研究[J].干旱区资源与环境,2019,33(5):60-66.

[95] 陈国栋,王浩.基于 BIB-LCJ 模型的湿地公园生态环境质量评价[J].山东农业大学学报(自然科学版),2020,51(1):64-68.

[96] Bartell S M, Lefebvre G, Kaminski G, et al. An ecosystem model for assessing ecological risks in Québec rivers, lakes, and reservoirs[J]. 1999,124(1):0-67.

[97] Quigley T M, Haynes R W, Hann W J. Estimating ecological integrity in the interior Columbia River basin[J]. Forest Ecology and Management, 2001,153:161-178

[98] Cheng Y, Li L. Study on the ecological environment impact assessment of the port engineering based on the PSR Model[J]. Applied Mechanics & Materials, 2013,361-363,917-920.

[99] Hope B K , Peterson J A . A procedure for performing population-level ecological risk assessments[J]. Environmental Management, 2000, 25(3):281-289.

[100] King J. Beyond economic choice[M]. Edinburgh: University of Edinburgh, 1987

[101] Brown C W, Hood R R, Long W, et al. Ecological forecasting in Chesapeake Bay: Using a mechanistic-empirical modeling approach[J]. Journal of Marine Systems, 2013,125(9):113-125.

[102] RicciardI A, Avlijas S, Marty J. Forecasting the ecological impacts of the Hemimysis anomala invasion in North America: Lessons from other freshwater mysid introductions[J]. Journal of Great Lakes Research, 2012,38(2):7-13.

[103] Tegler B, Sharp M, Johnson M A. Ecological monitoring and assessment network's proposed core monitoring variables: an early-warning of environmental change[J]. Environmental Monitoring and Assessment, 2001(67) : 29-56.

[104] Parr T W, Sier A R J, Battarbee R W, et al. Detecting environmental change: science and society perspectives on long-term research and monitoring in the 21St century[J]. The Science of the Total Environment, 2003, 310: 1-8.

[105] Braat L, Lierop V. Economic-ecologicalmodleing: an introdution to methods and application[J]. Ecological Modeling, 1986, 31:33-44

[106] Sukopp H, Weiler S. Biotopemapping and nature conservation strategies in urban area of the Federal Republic of Germany[J]. Landscape and Urban Planning, 1988, (15):39-58

[107] Hare W, Stockwell C, Flachsland C, et al. The architecture of the global climate regime: a top-down perspective[J]. Climate Policy, 2010,10(6):600-614.

[108] Rapport D J, Gaudet C, Karr J R, et al. Evaluating landscape health: integrating societal goals and biophysical process[J]. Journal of Environmental Management, 1998,53(1):1-15.

[109] Turmel M S, Speratti A, Baudron, et al. Crop residue management and soil health: A systems analysis[J]. Agricultural Systems, 2015,134:6-16.

[110] Burthe S J, Henrys P A, Mackay E B, et al. Do early warning indicators consistently predict nonlinear change in long-term ecological data? [J]. Journal of Applied Ecology, 2016, 53(3):666-676.

[111] Lu S S, Qin F, Chen N, et al. Spatiotemporal differences in forest ecological security warning values in Beijing: Using an integrated evaluation index system and system dynamics model[J]. Ecological Indicators, 2019, 104:549-558.

[112] Mougharbel A, Ke X L, Guo H X, et al. Early warning simulation of urban ecological security in the Yangtze River Economic Belt: a case study of Chongqing, Wuhan, and Shanghai[J]. Journal of Environmental Planning and Management, 2020, 63(10):1811-1833.

[113] Dakos V, Carpenter S R, Brock W A, et al. Methods for detecting early warnings

of critical transitions in time series illustrated using simulated ecological data. [J].
PLoS ONE,2018,7(7):e41010.

[114] Guttal V,Jayaprakash C,Omar P. Tabbaa. Robustness of early warning signals of
regime shifts in time-delayed ecological models[J]. Theoretical Ecology,2013,6
(3):271-283.

[115] 傅伯杰. 区域生态环境预警的理论及其应用[J]. 应用生态学报,1993(4):436-439.

[116] 傅伯杰. 中国旱灾的地理分布特征与灾情分析[J]. 干旱区资源与环境,1991(4):1-8.

[117] 董伟,张向晖,苏德,等. 生态安全预警进展研究[J]. 环境科学与技术,2007(12):97-
99,123.

[118] 郭中伟. 建设国家生态安全预警系统与维护体系:面对严重的生态危机的对策[J].
科技导报,2001(1):54-56.

[119] 徐凌,尚金城. 基于景气预警分析方法的城市产业体系战略环境评价:以大连市为例
[J]. 中国科学院研究生院学报,2006(4):477-483.

[120] 符娟林,乔标. 基于模糊物元的城市化生态预警模型及应用[J]. 地球科学进展,2008
(9):990-995.

[121] 陶晓燕. 基于模糊物元理论的城市生态安全预警评价[J]. 资源开发与市场,2013,29
(8):814-817.

[122] 吕文利,刘玲,翟亚琪. 基于PSR模型的杭州市生态安全评价[J]. 安徽师范大学学报
(自然科学版),2013,36(5):489-492.

[123] 李文亚,宁纪群,张立新,等. 市域生态安全预警研究:以山东省泰安市为例[J]. 潍坊
工程职业学院学报,2015,28(6):56-60.

[124] 高宇,曹明明,邱海军,等. 榆林市生态安全预警研究[J]. 干旱区资源与环境,2015,
29(9):57-62.

[125] 柯小玲,郭海湘,龚晓光,等. 基于系统动力学的武汉市生态安全预警仿真研究[J].
管理评论,2020,32(4):262-273.

[126] 黎德川,廖铁军,刘洪,等. 乐山市土地生态安全预警研究[J]. 西南大学学报(自然科
学版),2009,31(3):141-147.

[127] 周健,刘占才. 基于GM(1,1)预测模型的兰州市生态安全预警与调控研究[J]. 干旱
区资源与环境,2011,25(1):15-19.

[128] 陈美婷,匡耀求,黄宁生. 基于RBF模型的广东省土地生态安全时空演变预警研究
[J]. 水土保持研究,2015,22(3):217-224.

[129] 张利,陈影,王树涛,等. 滨海快速城市化地区土地生态安全评价与预警:以曹妃甸新
区为例[J]. 应用生态学报,2015,26(8):2445-2454.

[130] 徐美,朱翔,刘春腊. 基于RBF的湖南省土地生态安全动态预警[J]. 地理学报,
2012,67(10):1411-1422.

[131] 韦宇婵,张丽琴. 河南省土地生态安全警情时空演变及障碍因子[J]. 水土保持研究,

2020,27(3):238-246.

[132] 张玉珍,李延风,段勇.闽江流域生态安全预警研究[J].福州大学学报(自然科学版),2012,40(1):132-137.

[133] 陈妮,鲁莎莎,关兴良.北京市森林生态安全预警时空差异及其驱动机制[J].生态学报,2018,38(20):7326-7335.

[134] 张芝艳,李冬梅,席武俊.永仁县耕地资源安全预警研究[J].农业科学,2019,9(11):1017-1025.

[135] 宋艳华,王令超.河南省耕地质量预警[J].湖北农业科学,2020,59(2):55-62.

[136] 魏宏伟.辽宁省水资源安全预警研究[J].地下水,2019,41(2):116-118,204.

[137] 尹豪,方子节.可持续发展预警的指标构建和预警方法[J].农业现代化研究,2000(6):332-336.

[138] 赵晓梅,盖美.基于熵权模糊物元的辽宁省生态环境承载力研究[J].环境科学与管理,2010,35(6):144-149.

[139] 韩晨霞,赵旭阳,贺军亮,刘浩杰.石家庄市生态安全动态变化趋势及预警机制研究[J].地域研究与开发,2010,29(5):99-103,143.

[140] 高杨,黄华梅,吴志峰.基于投影寻踪的珠江三角洲景观生态安全评价[J].生态学报,2010,30(21):5894-5903.

[141] 余敦,高群,欧阳龙华.鄱阳湖生态经济区土地生态安全警情研究[J].长江流域资源与环境,2012,21(6):678-683.

[142] 邰红娟,蔡广鹏,罗绪强,等.基于能值分析的贵州省2000—2010年耕地生态安全预警研究[J].水土保持研究,2013,20(6):307-310.

[143] 张森,陈健飞.基于 GIS 和 ANN-CA 的广州市黄埔区耕地预警[J].广州大学学报(自然科学版),2014,13(6):73-80.

[144] 徐成龙,程钰,任建兰.黄河三角洲地区生态安全预警测度及时空格局[J].经济地理,2014,34(3):149-155.

[145] 郭永奇.基于惩罚型变权的农地生态安全预警评价:以新疆生产建设兵团为例[J].地域研究与开发,2014,33(5):149-154.

[146] 张玉泽,任建兰,刘凯,等.山东省生态安全预警测度及时空格局[J].经济地理,2015,35(11):166-171,189.

[147] 张梦婕,官冬杰,苏维词.基于系统动力学的重庆三峡库区生态安全情景模拟及指标阈值确定[J].生态学报,2015,35(14):4880-4890.

[148] 潘真真,苏维词,王建伟.基于可拓-马尔科夫模型的贵州省生态安全预警[J].山地学报,2016,34(5):580-590.

[149] 王盼盼,宋戈,王越.黑龙江省耕地资源安全预警及调控研究[J].土壤通报,2016,47(4):783-789.

[150] 陈英,孔喆,路正,等.基于 RBF 神经网络模型的土地生态安全预警:以甘肃省张掖

市为例[J].干旱地区农业研究,2017,35(1):264-270.

[151]　陈勇,黄冉冉,唐荣彬,等.基于 DPSIR 和云模型的矿业城市生态安全评价[J].矿业研究与开发,2017,37(12):32-38.

[152]　杨嘉怡,曾旗.基于组合模型的煤炭城市生态安全预警研究:以焦作市为例[J].地域研究与开发,2018,37(3):113-119.

[153]　宋丽丽,白中科.煤炭资源型城市生态风险评价及预测:以鄂尔多斯市为例[J].资源与产业,2017,19(5):15-22.

[154]　李政,何伟,潘洪义,等.基于熵权 TOPSIS 法与 ARIMA 模型的四川省耕地生态安全动态预测预警[J].水土保持研究,2018,25(3):217-223,2.

[155]　范胜龙,杨玉珍,陈训争,等.基于 PSR 和无偏 GM(1,1)模型的福建省耕地生态安全评价与预测[J].中国土地科学,2016,30(9):19-27.

[156]　赵宏波,马延吉.基于变权-物元分析模型的老工业基地区域生态安全动态预警研究:以吉林省为例[J].生态学报,2014,34(16):4720-4733.

[157]　王耕.基于隐患因素的生态安全机理与评价方法研究[D].大连:大连理工大学,2007.

[158]　石小亮,陈珂,何丹.生态安全及其预警研究进展[J].中国林业经济,2017(5):1-5.

[159]　马书明.区域生态安全评价和预警研究[D].大连:大连理工大学,2009.

[160]　郭中伟.建设国家生态安全预警系统与维护体系:面对严重的生态危机的对策[J].科技导报,2001(1):54-56.

[161]　贺帅,杨赛霓,汪伟平,等.中国自然灾害社会脆弱性时空格局演化研究[J].北京师范大学学报(自然科学版),2015,51(3):299-305.

[162]　周扬,李宁,吴文祥.自然灾害社会脆弱性研究进展[J].灾害学,2014,29(2):128-135.

[163]　殷杰,尹占娥,许世远.上海市灾害综合风险定量评估研究[J].地理科学,2009,29(3):450-454.

[164]　石勇,许世远,石纯,等.沿海区域水灾脆弱性及风险的初步分析[J].地理科学,2009,29(6):853-857.

[165]　高吉喜,潘英姿,柳海鹰,等.区域洪水灾害易损性评价[J].环境科学研究,2004(6):30-34.

[166]　张会,张继权,韩俊山.基于 GIS 技术的洪涝灾害风险评估与区划研究:以辽河中下游地区为例[J].自然灾害学报,2005(6):141-146.

[167]　刘兰芳,何曙光.洪水灾害易损性模糊综合评价:以湖南省衡阳市为例[J].衡阳师范学院学报,2006(3):123-128.

[168]　莫建飞,陆甲,李艳兰,等.基于 GIS 的广西农业暴雨洪涝灾害风险评估[J].灾害学,2012,27(1):38-43.

[169]　吕辉红,王文杰,谢炳庚.基于网格空间数据的晋陕蒙接壤区生态环境综合评价[J].

中国环境监测,2002(1):11-14.

[170]　江善虎,任立良,雍斌,等.基于模糊物元模型的干旱等级评价[J].水电能源科学,2009,27(2):146-148.

[171]　裴欢,房世峰,覃志豪,等.干旱区绿洲生态脆弱性评价方法及应用研究:以吐鲁番绿洲为例[J].武汉大学学报(信息科学版),2013,38(5):528-532.

[172]　杜云,蒋尚明,金菊良,等.淮河流域农业旱灾风险评估研究[J].水电能源科学,2013,31(4):1-4.

[173]　李磊,席占生,朱永楠,等.基于投影寻踪聚类思想的区域旱灾综合风险动态评估模型[J].水电能源科学,2012,30(9):1-5.

[174]　石勇,许世远,石纯,等.自然灾害脆弱性研究进展[J].自然灾害学报,2011,20(2):131-137.

[175]　刘斌涛,陶和平,刘邵权,等.川滇黔接壤地区自然灾害危险度评价[J].地理研究,2014,33(2):225-236.

[176]　薛莹莹,贺山峰,吴绍洪.四川省自然灾害社会脆弱性评价研究[J].华北地震科学,2018,36(4):33-40.

[177]　洪成,王桂生,周家贵,等.基于云模型和风险矩阵的自然灾害风险评价[J].人民黄河,2019,41(6):14-20.

[178]　李永化,范强,王雪,等.基于SRP模型的自然灾害多发区生态脆弱性时空分异研究:以辽宁省朝阳县为例[J].地理科学,2015,35(11):1452-1459.

[179]　赵卫权,郭跃.基于主成分分析法和GIS技术的重庆市自然灾害社会易损性分析[J].水土保持研究,2007(6):305-308.

[180]　王文圣,金菊良,李跃清.基于集对分析的自然灾害风险度综合评价研究[J].四川大学学报(工程科学版),2009,41(6):6-12.

[181]　史培军,李宁,叶谦,等.全球环境变化与综合灾害风险防范研究[J].地球科学进展,2009,24(4):428-435.

[182]　张宗祜.环境地质与地质灾害[J].第四纪研究,2005(1):1-5.

[183]　张林鹏,魏一鸣,范英.基于洪水灾害快速评估的承灾体易损性信息管理系统[J].自然灾害学报,2002(4):66-73.

[184]　杨春燕,王静爱,苏筠,等.农业旱灾脆弱性评价:以北方农牧交错带兴和县为例[J].自然灾害学报,2005(6):88-93.

[185]　曹永强,李香云,马静,等.基于可变模糊算法的大连市农业干旱风险评价[J].资源科学,2011,33(5):983-988.

[186]　李强,杨娟,徐刚,等.泉州海岸带自然灾害易损性的模糊综合分析与评判[J].水土保持研究,2007(6):135-138.

[187]　刘延国,王青,杜杰,等.基于投影寻踪的岷江上游山区自然灾害社会易损性分析[J].灾害学,2017,32(4):108-113.

[188] 牛全福. 基于 GIS 的地质灾害风险评估方法研究[D]. 兰州:兰州大学,2011.

[189] 袁永博,窦玉丹,刘妍,等. 基于组合权重模糊可变模型的旱涝灾害评价[J]. 系统工程理论与实践,2013,33(10):2583-2589.

[190] 叶正伟,孙艳丽. 基于 AHP-Topsis 的南通市环境灾害风险评价[J]. 水土保持研究,2013,20(4):230-234.

[191] 张秋文,章永志,钟鸣. 基于云模型的水库诱发地震风险多级模糊综合评价[J]. 水利学报,2014,45(1):87-95.

[192] 胡娟,闵颖,李华宏,等. 云南省山洪地质灾害气象预报预警方法研究[J]. 灾害学,2014,29(1):62-66.

[193] 蔡维英,刘兴朋,张继权. 基于分布式 SCS 模型的山地景区山洪灾害模拟研究[J]. 灾害学,2016,31(2):15-18.

[194] 罗日洪,黄锦林,唐造造. 基于 AHP 和 GIS 的曹江上游小流域山洪灾害风险区划[J]. 水利与建筑工程学报,2017,15(6):153-157.

[195] 张思春. 枣庄生态市建设的理论与实践研究[D]. 天津:天津大学,2005.

[196] 王昱. 区域生态补偿的基础理论与实践问题研究[D]. 长春:东北师范大学,2009.

[197] 初小静,韩广轩,朱书玉,等. 环境和生物因子对黄河三角洲滨海湿地净生态系统 CO_2 交换的影响[J]. 应用生态学报,2016,27(7):2091-2100.

[198] 史晓平. 耗散结构与生态系统新探[J]. 系统科学学报,2008(4):76-80.

[199] 郝云龙,王林和,张国盛. 生态系统概念探讨[J]. 中国农学通报,2008(2):353-356.

[200] 马克明,傅伯杰,黎晓亚,等. 区域生态安全格局:概念与理论基础[J]. 生态学报,2004(4):761-768.

[201] 高江波,侯文娟,赵东升,等. 基于遥感数据的西藏高原自然生态系统脆弱性评估[J]. 地理科学,2016,36(4):580-587.

[202] 隋磊,赵智杰,金羽,等. 海南岛自然生态系统服务价值动态评估[J]. 资源科学,2012,34(3):572-580.

[203] 杜国柱,舒华英. 企业商业生态系统理论研究现状及展望[J]. 经济与管理研究,2007(7):75-79.

[204] 王娜. 现代服务业的商业生态系统研究[M]. 北京:经济管理出版社,2015.

[205] 张喜. 黔中山地喀斯特和非喀斯特岩组退化森林结构与功能规律研究[D]. 南京:南京林业大学,2007.

[206] 吴君君. 人工针叶林生态系统凋落物输入调控对土壤有机碳动态和稳定性的影响[D]. 武汉:中国科学院武汉植物园,2017.

[207] 张翼然. 基于效益转换的中国湖沼湿地生态系统服务功能价值估算[D]. 北京:首都师范大学,2014.

[208] 何珍珍,王宏卫,杨胜天,等. 王慧塔里木盆地中北部绿洲生态安全评价[J]. 干旱区研究,2018,35(4):963-970.

[209] 刘志红,惠春,林大专.化学教材中融入生态安全教育的探索[J].实验技术与管理,2017,34(5):147-149.

[210] 杨姗姗,邹长新,沈渭寿,等.基于RS和GIS的江西省区域生态安全动态评价[J].林业资源管理,2015(2):100-108.

[211] 孙晓娟.三峡库区森林生态系统健康评价与景观安全格局分析[D].北京:中国林业科学研究院,2007.

[212] 俞峰.基于多源信息的生态安全条件下土地利用变化格局模拟:以皇甫川流域为例[D].北京:北京师范大学.2015.

[213] 张艳芳.景观尺度上的区域生态安全研究[D].西安:陕西师范大学,2005.

[214] 胡秀芳.基于GIS的草原生态安全模糊评价研究[D].兰州:西北师范大学,2004.

[215] 万本太.学习习近平生态文明思想推进生态文明建设[N].长春日报,2018-07-23(4).

[216] 刘士余.降雨与植被变化对赣西北大坑小流域水文特征的影响研究[D].北京:北京林业大学,2008.

[217] 李素美.生态安全的经济评价方法及总体思路[J].山西林业科技,2003(2):26-28.

[218] 邹长新.内陆河流域生态安全研究:以黑河为例[D].南京:南京气象学院,2003.

[219] 王志伟,王平,王迅,等.中国农牧交错带生态评价研究[J].草业科学,2009,26(4):64-73.

[220] 周海燕.黄河三角洲数字生态模型及其应用研究[D].郑州:解放军信息工程大学,2006.

[221] 李炎女.工业生态安全评价与实证研究[D].大连:大连理工大学,2008.

[222] 于成学.基于"3S"技术的生态安全评价研究进展[J].华东经济管理,2013,27(4):149-154.

[223] 王淑静.金沙江流域典型生态脆弱县土地生态安全评价研究[D].昆明:云南财经大学,2019.

[224] 荣月静,郭新亚,杜世勋,等.基于生态系统服务功能及生态敏感性与PSR模型的生态承载力空间分析[J].水土保持研究,2019,26(1):323-329.

[225] 房巧玲,李登辉.基于PSR模型的领导干部资源环境离任审计评价研究:以中国31个省区市的经验数据为例[J].南京审计大学学报,2018,15(2):87-99.

[226] 张建清,张岚,王嵩,等.基于DPSIR-DEA模型的区域可持续发展效率测度及分析[J].中国人口·资源与环境,2017,27(11):1-9.

[227] 郑晶,于浩,黄森慰.基于DPSIR-TOPSIS模型的福建省生态环境承载力评价及障碍因素研究[J].环境科学学报,2017,37(11):4391-4398.

[228] 杨俊,宋振江,李争.基于PSR模型的耕地生态安全评价:以长江中下游粮食主产区为例[J].水土保持研究,2017,24(3):301-307,313.

[229] 谢小青,黄晶晶.基于PSR模型的城市创业环境评价分析:以武汉市为例[J].中国软

科学,2017(2):172-182.

[230] 冯彦,郑洁,祝凌云,等.基于 PSR 模型的湖北省县域森林生态安全评价及时空演变[J].经济地理,2017,37(2):171-178.

[231] 张凤太,王腊春,苏维词.基于物元分析-DPSIR 概念模型的重庆土地生态安全评价[J].中国环境科学,2016,36(10):3126-3134.

[232] 黄溶冰.基于 PSR 模型的自然资源资产离任审计研究[J].会计研究,2016(7):89-97.

[233] 高春泥,程金花,陈晓冰.基于灰色关联法的北京山区水土保持生态安全评价[J].自然灾害学报,2016,25(2):69-77.

[234] 李春燕,南灵.陕西省土地生态安全动态评价及障碍因子诊断[J].中国土地科学,2015,29(4):72-81.

[235] 谢花林,刘曲,姚冠荣,等.基于 PSR 模型的区域土地利用可持续性水平测度:以鄱阳湖生态经济区为例[J].资源科学,2015,37(3):449-457.

[236] 李玲,侯淑涛,赵悦,等.基于 P-S-R 模型的河南省土地生态安全评价及预测[J].水土保持研究,2014,21(1):188-192.

[237] 何淑勤,郑子成,孟庆文,等.基于生态足迹的雅安市土地生态安全研究[J].水土保持研究,2010,17(6):118-122.

[238] Shields J G, Bartram J. Human health and the water environment: Using the DPSEEA framework to identify the driving forces of disease[J]. Science of the Total Environment, 2014,468-469.

[239] 黄木易,程志光.区域城市化与社会经济耦合协调发展度的时空特征分析:以安徽省为例[J].经济地理,2012,32(2):77-81.

[240] 李迎迎,杨朝现,信桂新,等.重庆市土地生态安全动态变化研究[J].西南师范大学学报(自然科学版),2014,39(11):189-195.

[241] 侯玉乐,李钢,渠俊峰,等.基于改进灰靶模型的土地生态安全评价:以江苏省徐州市为例[J].水土保持研究,2017,24(1):285-290.

[242] 张虹波.宁南黄土丘陵区基于生态安全评价的土地利用优化模式研究:以彭阳县为例[D].中国农业大学,2007.

[243] 纪学朋,白永平,杜海波,等.甘肃省生态承载力空间定量评价及耦合协调性[J].生态学报,2017,37(17):5861-5870.

[244] 史学峰,曹露,刘辉,等.景观生态学法在生态影响评价中的应用:以某风电场工程为例[J].科技促进发展,2012(7):96-100.

[245] 陶晓燕.基于模糊物元和熵权法的土地生态安全评价[J].统计与决策,2012(6):55-57.

[246] Chu X, Deng X Z, Jin G, et al. Ecological security assessment based on ecological footprint approach in Beijing-Tianjin-Hebei region, China[J]. Physics and Chemis-

try of the Earth, 2017,101:43-51.

[247] 卢涛. 基于变权 TOPSIS-DPSIR 模型的土地生态安全评价[D]. 北京:中国地质大学,2016.

[248] 吴易雯,李莹杰,张列宇,等. 基于主客观赋权模糊综合评价法的湖泊水生态系统健康评价[J]. 湖泊科学,2017,29(5):1091-1102.

[249] 李帅,魏虹,倪细炉,等. 基于层次分析法和熵权法的宁夏城市人居环境质量评价[J]. 应用生态学报,2014,25(9):2700-2708.

[250] 姚昆,刘光辉,刘汉湖,等. 1996-2014 年四川省土地生态安全评价[J]. 安徽农学通报,2016,22(10):79-81.

[251] 骆文辉,赵清,王乾坤,等. 基于属性识别模型的区域土地生态安全评价:以徐州市为例[J]. 云南地理环境研究,2009,21(2):75-80.

[252] 欧定华,夏建国,张莉,等. 区域生态安全格局规划研究进展及规划技术流程探讨[J]. 生态环境学报,2015,24(1):163-173.

[253] 吴健生,岳新欣,秦维. 基于生态系统服务价值重构的生态安全格局构建:以重庆两江新区为例[J]. 地理研究,2017,36(3):429-440.

[254] 彭建,赵会娟,刘焱序,等. 区域生态安全格局构建研究进展与展望[J]. 地理研究,2017,36(3):407-419.

[255] 费世民,王莉,欧亚非. 城市森林建设规划方法概述[J]. 四川林业科技,2016,37(5):12-20.

[256] 马冰然,马安青,于欣鑫,等. 子牙河流域湿地动态变化特征分析[J]. 中国海洋大学学报(自然科学版),2018,48(9):108-117.

[257] 俞孔坚. 美丽中国的水生态基础设施:理论与实践[J]. 鄱阳湖学刊,2015(1):5-18.

[258] 俞孔坚,李海龙,李迪华,等. 国土尺度生态安全格局[J]. 生态学报,2009,29(10):5163-5175.

[259] 褚振伟. 城市楔形绿地空间梯度特征与尺度推移研究:以郑州市西南象限为例[D]. 郑州:河南农业大学,2010.

[260] 陆禹,佘济云,陈彩虹,等. 基于粒度反推法的景观生态安全格局优化:以海口市秀英区为例[J]. 生态学报,2015,35(19):6384-6393.

[261] 王云,潘竟虎. 基于生态系统服务价值重构的干旱内陆河流域生态安全格局优化:以张掖市甘州区为例[J]. 生态学报,2019,39(10):3455-3467.

[262] 彭建,赵会娟,刘焱序,等. 区域生态安全格局构建研究进展与展望[J]. 地理研究,2017,36(3):407-419.

[263] 方一平,秦大河,邓茂芝,等. 基于社会学视角的江河源区草地生态系统变化和影响因素研究[J]. 干旱区地理,2012,35(1):73-81.

[264] 马克明,傅伯杰,黎晓亚,等. 区域生态安全格局:概念与理论基础[J]. 生态学报,2004(4):761-768.

[265] 江源通,田野,郑拴宁. 海岛型城市生态安全格局研究:以平潭岛为例[J]. 生态学报, 2018,38(3):769-777.

[266] 杨青生,乔纪纲,艾彬. 基于元胞自动机的城市生态安全格局模拟:以东莞市为例 [J]. 应用生态学报,2013,24(9):2599-2607.

[267] 李海龙,于立. 中国生态城市评价指标体系构建研究[J]. 城市发展研究,2011,18 (7):81-86,118.

[268] 代顺民,黄贝贝,张思丽. 雅江县生态安全格局研究[J]. 四川林勘设计,2017(1):9- 14,46.

[269] 易卫红. 湖南环保科技产业园"两型"园区发展战略研究[D]. 长沙:国防科学技术大 学,2008.

[270] 高长波,陈新庚,韦朝海,等. 区域生态安全:概念及评价理论基础[J]. 生态环境, 2006(1):169-174.

[271] 肖薇薇. 黄土丘陵区农业生态安全评价研究[D]. 西北农林科技大学,2007.

[272] 曾翠萍. 庆阳市生态安全评价研究[D]. 兰州:甘肃农业大学,2010.

[273] 张超. 基于 GIS 汉江流域中下游地区生态安全的评价[D]. 武汉:华中师范大 学,2009.

[274] 李炎女. 工业生态安全评价与实证研究[D]. 大连:大连理工大学,2008.

[275] 刘丽梅,吕君. 生态安全的内涵及其研究意义[J]. 内蒙古师范大学学报(哲学社会科 学版),2007(3):36-42.

[276] 吕君. 草原旅游发展的生态安全研究[D]. 上海:华东师范大学,2006.

[277] 易卫红. 湖南环保科技产业园"两型"园区发展战略研究[D]. 长沙:国防科学技术大 学,2008.

[278] 张仁泉. 可持续发展战略与循环经济[C]. 循环经济理论与实践,2006:352-354.

[279] 吴越,翁伯琦,曾玉荣,等. 循环经济兴起与现代农业发展[J]. 福建农林大学学报(哲 学社会科学版),2007(1):52-55.

[280] 郑亚城. 浅析循环经济理念下的企业行为[J]. 能源与环境,2006(1):32-36.

[281] 段刚. 对云南省发展循环经济的思考[J]. 云南社会科学,2005(4):63-65.

[282] 杜晓军,高贤明,马克平. 生态系统退化程度诊断:生态恢复的基础与前提[J]. 植物 生态学报,2003(5):700-708.

[283] 李斌,顾万春,周世良. 白皮松的保育遗传学研究 I. 基因保护分析[J]. 生物多样性, 2003(1):28-36.

[284] 郭中伟,甘雅玲. 关于生态系统服务功能的几个科学问题[J]. 生物多样性,2003(1): 63-69.

[285] 谢钦铭,朱清泉. 区域水环境生态安全的预警系统构建初探[J]. 江西科学,2008(1): 37-42,49.

[286] 刘彦. 转型期农业生态安全问题研究[D]. 哈尔滨:东北林业大学,2007.

[287] 秦昌波.天津海岸带生态系统健康评价研究[D].北京:中国环境科学研究院,2006.

[288] 邬洁.河南省城市生态系统健康评价[D].郑州:河南农业大学,2006.

[289] 张欣.十堰市区域农业生态安全评价和对策研究[D].武汉:华中农业大学,2006.

[290] 周上游.农业生态安全与评估体系研究[D].长沙:中南林学院,2004.

[291] 谢钦铭,朱清泉.区域水环境生态安全的预警系统构建初探[J].江西科学,2008(1): 37-42,49.

[292] 邬洁.河南省城市生态系统健康评价[D].郑州:河南农业大学,2006.

[293] 崔保山,杨志峰.湿地生态系统健康的时空尺度特征[J].应用生态学报,2003(1): 121-125.

[294] 张国宝,汪伟忠.基于 DEMATEL 的铁路行车人因事故关键因素实证分析[J].安全 与环境学报,2017,17(5):1858-1862.

[295] 朱玲.浅析煤矿地质灾害的特征及防治[J].山东工业技术,2014(21):60.

[296] 刘阳阳,刘何清.煤矿企业职工安全行为能力评价指标体系研究[J].矿业工程研究, 2012,27(4):55-60.

[297] 王秦,支芬和.移动商务身份认证评价指标体系研究[J].技术经济与管理研究,2012 (4):16-20.

[298] 廖燕,张淳,罗小芳,等.永兴县土地生态安全评价研究[J].内蒙古农业科技,2010 (2):79-87.

[299] 乔国通.人力资本投资收益的系统动力学分析及风险规避研究[D].淮南:安徽理工 大学,2009.

[300] 张嘉勇.煤矿安全现状综合评价方法研究[D].唐山:河北理工大学,2005.

[301] 李茜,任志远.区域土地生态安全评价:以宁夏回族自治区为例[J].干旱区资源与环 境,2007(5):75-79.

[302] 修光利,蒋林明,侯丽敏,等.基于生态安全的区域规划战略环评初探[J].环境科学 与管理,2008(4):170-175.

[303] 付书科.生态脆弱区矿业 EEES 耦合协同发展研究[D].北京:中国地质大学,2014.

[304] 麦丽开·艾麦提,满苏尔·沙比提,张雪琪,等.基于 PSR-EEES 模型的叶尔羌河平 原绿洲生态安全预警测度[J].中国农业大学学报,2020,25(2):130-141.

[305] 徐美.湖南省土地生态安全预警及调控研究[D].长沙:湖南师范大学,2013.

[306] 易武英.基于 RS 和 IGS 技术乌江流域生态安全预警研究[D].重庆:重庆师范大 学,2013.

[307] 李京梅,周潇,郭斌.胶州湾产业结构生态安全预警研究[J].中国渔业经济,2013,31 (5):86-92.

[308] 李瑾,安树青,程小莉,等.生态系统健康评价的研究进展[J].植物生态学报,2001 (6):641-647.

[309] 潘永平,潘玉君,余祖亮,等.云南省城市生态子系统安全动态预警格局[J].昭通学

院学报,2016,38(5).

[310] 赵宏波,马延吉.基于变权-物元分析模型的老工业基地区域生态安全动态预警研究:以吉林省为例[J].生态学报,2014,34(16):4720-4733.

[311] 杨嘉怡,曾旗.基于组合模型的煤炭城市生态安全预警研究:以焦作市为例[J].地域研究与开发,2018,37.

[312] 董媛媛.基于"生态要素-DPSIRM"生态安全评价体系的构建[J/OL].水土保究,2020,1-7.

[313] 万炳彤,鲍学英,李爱春.基于未确知-集对耦合的生态护坡工程质量评价体系及应用[J].水土保持通报,2019,39(2):108-114.

[314] 刘文铮.河长制评价指标体系相关性构建研究[J].水利技术监督,2020(1):15-19,35.

[315] 董丽芳.基于DPSIRM框架的区域土地资源承载力综合评价:以南京市为例[J].农家参谋,2020(1):53-61.

[316] 权丽君.都市成长区旅游生态安全诊断与提升路径研究[D].南昌:江西财经大学,2019.

[317] 张峰,韩佳坤,薄鑫宇,等.基于GIS的诸城市土壤养分丰缺评价与分析[J].安徽农业科学,2019,47(20):54-60.

[318] 沈晓梅,姜明栋,王彦滢,等.河长制下海绵城市建设的思考[J].水利发展研究,2018,18(3):3-9.

[319] 彭博.武汉市蔡甸区生态旅游深度开发研究[D].桂林:广西师范大学,2016.

[320] 汪嘉杨,翟庆伟,郭倩,等.太湖流域水环境承载力评价研究[J].中国环境科学,2017,37(5):1979-1987.

[321] 董振华.基于DPSIRM和SD模型的草原生态安全评价研究[D].长春:东北师范大学,2017.

[322] 郭倩,汪嘉杨,张碧.基于DPSIRM框架的区域水资源承载力综合评价[J].自然资源学报,2017,32(3):484-493.

[323] 汪嘉杨,郭倩,王卓.岷沱江流域社会经济的水环境效应评估研究[J].环境科学学报,2017,37(4):1564-1572.

[324] 张凤太,王腊春,苏维词.基于物元分析-DPSIR概念模型的重庆土地生态安全评价[J].中国环境科学,2016,36(10):3126-3134.

[325] 张峰,杨俊,席建超,等.基于DPSIRM健康距离法的南四湖湖泊生态系统健康评价[J].资源科学,2014,36(4):831-839.

[326] 李杨帆,林静玉,孙翔.城市区域生态风险预警方法及其在景观生态安全格局调控中的应用[J].地理研究,2017,36(3):485-494.

[327] 马书明.区域生态安全评价和预警研究[D].大连:大连理工大学,2009.

[328] 王治和,黄坤,张强.基于可拓云模型的区域生态安全预警模型及应用:以祁连山冰

川与水源涵养生态功能区张掖段为例[J].安全与环境学报,2017,17(2):768-774.

[329] 刘冉芝,石惠春,李鲁华.甘肃省生态安全预警研究[J].中国农学通报,2018,34(24):110-116.

[330] 王丽婧,李小宝,郑丙辉,等.基于过程控制的流域水环境安全预警模型及其应用[C]//中国环境科学学会.2016中国环境科学学会学术年会论文集:第二卷.中国环境科学学会:中国环境科学学会,2016:377-385.

[331] 胡和兵.生态敏感型地区生态安全评价与预警研究:以安徽省池州市为例[D].上海:华东师范大学,2006.

[332] 吴玲倩,陈穗穗,赵煜.生态供求视角下宁夏生态安全现状与驱动因素分析[J].环境与发展,2019(3):1-3.

[333] 王耕,王嘉丽,王彦双.基于能值-生态足迹模型的辽河流域生态安全演变趋势[J].地域研究与开发,2014,33(1):122-127.

[334] 李朝,魏超.基于水生态环境质量综合指数评价徐州河流[J].环境监控与预警,2020,10(3):53-55.

[335] 万帆,吴汉涛,牛乐,等.基于GIS的水电规划陆生生态环境评价范围划分[J].水力发电,2014,40(2):30-32.

[336] 蒋勇军,袁道先,章程,等.典型岩溶流域土地整理的生态评价:以云南小江流域为例[J].中国岩溶,2006,25(4):309-312.

[337] 王刚毅,刘杰.基于改进水生态足迹的水资源环境与经济发展协调性评价:以中原城市群为例[J].2019,28(1):81-87.

[338] 王艳慧,李静怡.连片特困区生态环境质量与经济发展水平耦合协调性评价[J].应用生态学报,2015,26(5):1520-1525.

[339] 李茜.区域土地生态安全评价及生态重建研究:以宁夏回族自治区为例[D].西安:陕西师范大学,2007.

[340] 左伟,周慧珍,王桥.区域生态安全评价指标体系选取的概念框架研究[J].土壤,2003(1):2-6.

[341] 李昊.南水北调中线工程环境影响与河南生态经济发展[J].地域研究与开发,2006,25(6):55-57.

[342] 杨玉珍.区域EEES耦合系统演化机理与协同发展研究[D].天津:天津大学,2011.

[343] 李德毅,孟海军,史雪梅.隶属云和隶属云发生器[J].计算机研究与发展,1995(6):15-20.

[344] Li D Y,Han J W,Shi X M, et al. Knowledge representation and discovery based on linguistic atoms[J]. Knowledge-Based Systems,1998,10(7).

[345] 杨朝晖,李德毅.二维云模型及其在预测中的应用[J].计算机学报,1998(11):3-5.

[346] 张屹,李德毅,张燕.隶属云及其在数据发掘中的应用[C]//青岛-香港国际计算机会议论文集:下册.1999:890-895.

[347] 邸凯昌,李德毅,李德仁. 云理论及其在空间数据发掘和知识发现中的应用[J]. 中国图象图形学报,1999(11):3-5.

[348] 蒋嵘,李德毅,范建华. 数值型数据的泛概念树的自动生成方法[J]. 计算机学报,2000(5):470-476.

[349] 杜鹢,李德毅. 基于云的概念划分及其在关联采掘上的应用[J]. 软件学报,2001(2):196-203.

[350] 李德毅,刘常昱,杜鹢,等. 不确定性人工智能[J]. 软件学报,2004(11):1583-1594.

[351] 刘常昱,李德毅,杜鹢,等. 正态云模型的统计分析[J]. 信息与控制,2005(2):236-239,248.

[352] 穆东. 综合排序的双基点法的改进及灵敏度分析[J]. 系统工程理论与实践,1993(5):33-37.

[353] 王应明,傅国伟. 运用相对关联度进行有限方案多目标决策[J]. 科技通报,1993(5):281-285.

[354] Lai Y J, Liu T Y, Hwang C L. TOPSIS for MODM[J]. European Journal of Operational Research, 1994,76(3):486-500.

[355] 吕广斌,廖铁军,姚秋昇,等. 基于 DPSIR-EES-TOPSIS 模型的重庆市土地生态安全评价及其时空分异[J]. 水土保持研究,2019,26(6):249-258,266.

[356] 田培,张志好,许新宜,等. 基于变权 TOPSIS 模型的长江经济带水资源承载力综合评价[J]. 华中师范大学学报(自然科学版),2019,53(5):755-764.

[357] 程广斌,陈曦,蓝庆新. 丝绸之路经济带中国西北地区经济发展与生态环境耦合协调度分析:基于 DEA-熵权 TOPSIS 模型的实证研究[J]. 国际商务(对外经济贸易大学学报),2018(5):96-106,118.

[358] 马慧敏,丁阳. 区域生态-经济-社会协调发展的系统学分析[J]. 上海师范大学学报(哲学社会科学版),2016,45(6):49-57.

[359] 洪启颖. 福州市森林公园旅游经济发展与生态环境耦合协调度分析[J]. 林业经济,2019,41(1):76-80.

[360] 陈睿. 西南地区农业生态和经济系统协调发展分析[J]. 中国农业资源与区划,2018,39(7):54-57.

[361] 蔡文静,夏咏,赵向豪. 西北 5 省区"生态环境、经济发展、城镇化"耦合协调发展及预测分析[J/OL]. 中国农业资源与区划:1-8[2020-08-06]. http://kns. cnki. net/kcms/detail/11. 3513. S. 20190426. 0836. 004. html.

[362] 贾巨才,孔伟,任亮. 京津冀协同发展背景下冀西北地区旅游经济与生态环境协调发展研究[J]. 中国农业资源与区划,2019,40(2):167-173.

[363] 谷国锋,张媛媛,姚丽. 东北三省经济一体化与生态环境的耦合协调度研究[J]. 东北师大学报(哲学社会科学版),2016(5):117-122.